大学数学学习辅导丛书

线性代数附册
学习辅导与习题全解

同济·第五版

同济大学数学系　编

高等教育出版社

内容提要

本书是与同济大学数学系编《线性代数》第五版配套的学习辅导书，主要面向使用该教材的读者。本书编者之一是《线性代数》第五版的编者，另一位编者在同济大学多年执教线性代数课程。

本书是在《线性代数》第四版辅导书的基础上修订而成的，修订时对原书中要求偏高的内容作了较大幅度的删节或改写，使它更贴近"工科类本科数学基础课程教学基本要求"。全书与教材一致分为六章，每章内容包括基本要求、内容提要、学习要点、释疑解难、例题剖析与增补、习题解答、补充习题(附答案和提示)等七个栏目。其中"释疑解难"显示出编者对课程内容的深刻理解和长期积累的丰富经验；"例题剖析与增补"充分开发出例题的内涵，并有助于读者掌握举一反三的学习方法；"习题解答"注重阐明解题的思想和方法，并作出规范解答。本书相对于教材有一定的独立性，可作为线性代数课程的学习参考书。

图书在版编目(CIP)数据

线性代数附册学习辅导与习题全解：同济·第五版/同济大学数学系编.—北京：高等教育出版社，2007.6 (2012.5 重印)

ISBN 978-7-04-021507-6

Ⅰ.线… Ⅱ.同… Ⅲ.线性代数-高等学校-教学参考资料 Ⅳ.O151.2

中国版本图书馆CIP数据核字(2007)第054857号

策划编辑 王 强　　责任编辑 蒋 青　　封面设计 王凌波　　版式设计 马静如
责任校对 金 辉　　责任印制 田 甜

出版发行	高等教育出版社	咨询电话	400-810-0598
社　　址	北京市西城区德外大街4号	网　　址	http://www.hep.edu.cn
邮政编码	100120		http://www.hep.com.cn
印　　刷	廊坊市科通印业有限公司	网上订购	http://www.landraco.com
开　　本	787×960　1/16		http://www.landraco.com.cn
印　　张	13.5	版　　次	2007年6月第1版
字　　数	250 000	印　　次	2012年5月第16次印刷
购书热线	010-58581118	定　　价	18.90元

物 料 号　21507-A0

前　言

本书是与同济大学数学系编《线性代数》第五版相配套的学习辅导书，是在第四版辅导书的基础上修订而成的。修订时对原书中要求偏高的内容作了较大幅度的删节或改写，使它更贴近"工科类本科数学基础课程教学基本要求"。

本书按《线性代数》第五版的章节顺序逐章编写，每章包括以下几部分内容：

一、基本要求　主要根据教育部高教司颁发的"工科类本科数学基础课程教学基本要求"确定，同时也根据当前的教学实际作了少许修改并细化。

二、内容提要　归纳本章的主要内容。

三、学习要点　概括地阐明本章的重点和学习的关键。

四、释疑解难　针对本章的重点内容和较难理解的内容，针对学生在学习本章时常常问及的一些共同性的并有较大意义的问题，编选出若干个问题予以分析、解答，以帮助读者释疑解难并加深理解。

五、例题剖析与增补　对教材中约1/2的例题加以剖析，分析其解题思路、所用的原理和方法，说明该例的意义或引申到一般化的结论。并适当补充若干例题，补充的例题不在于它的解题技巧，其内容和要求仍属于基本要求的范围。

六、习题解答　对教材中全部习题作出解答，其中部分习题给出几种解法，并视需要作适当的评述。

七、补充习题（附答案和提示）　为满足读者练习的需要，补充少量习题，其中包括若干选择题。

本书由同济大学数学系骆承钦、胡志庠合编。限于水平，书中难免存在不足之处，恳请同行和读者批评指正。

编　者

2007年1月

使用说明

1. 本书中所称“教材”是指同济大学数学系编《线性代数》第五版。

2. “释疑解难”中的问题编号用“问 $m.n$”，其中 m 为章号，n 为题号。“例题剖析与增补”中例题的编号“例 n”为该例在教材同一章中的编号，补充例题的编号用“例 $m.n$”，其中 m 为章号，n 为题号。“习题解答”中的题号为该习题在教材同一章中的编号。

3. 本书中采用的逻辑符号的含义：

$\forall$　任给

$\Rightarrow$　推出

$\Leftrightarrow$　互推，等价，充分必要条件

$\because$　因为

$\therefore$　所以

目　　录

第一章　行列式 …… 1

第二章　矩阵及其运算 …… 28

第三章　矩阵的初等变换与线性方程组 …… 58

第四章　向量组的线性相关性 …… 89

第五章　相似矩阵及二次型 …… 133

*第六章　线性空间与线性变换 …… 177

自测题一 …… 198

自测题二 …… 203

第一章

行 列 式

基本要求

1. 会用对角线法则计算二阶和三阶行列式.
2. 知道 n 阶行列式的定义及性质.
3. 知道代数余子式的定义及性质
4. 会利用行列式的性质及按行(列)展开计算简单的 n 阶行列式.
5. 知道克拉默法则.

内容提要

1. 行列式的定义

n 阶行列式

$$D=\begin{vmatrix} a_{11} & a_{12} & \cdots & a_{1n} \\ a_{21} & a_{22} & \cdots & a_{2n} \\ \vdots & \vdots & & \vdots \\ a_{n1} & a_{n2} & \cdots & a_{nn} \end{vmatrix}=\sum_{p_1p_2\cdots p_n}(-1)^t a_{1p_1}a_{2p_2}\cdots a_{np_n},$$

其中 $p_1p_2\cdots p_n$ 为自然数 $1,2,\cdots,n$ 的一个排列,t 为这个排列的逆序数,求和符号 $\sum\limits_{p_1p_2\cdots p_n}$ 是对所有排列 $p_1p_2\cdots p_n$ 求和.

n 阶行列式 D 中所含 n^2 个数叫做 D 的元素,位于第 i 行第 j 列的元素 a_{ij} 叫做 D 的 (i,j) 元.

二阶和三阶行列式的计算适用对角线法则.

2. 行列式的性质

(1) 行列式 D 与它的转置行列式 D^{T} 相等.

(2) 互换行列式的两行(列),行列式变号.

(3) 行列式的某一行(列)中所有元素都乘以同一数 k,等于用数 k 乘此行列式;或者,行列式的某一行(列)的各元素有公因子 k,则 k 可提到行列式记号之外.

(4) 行列式中如果有两行(列)元素完全相同或成比例,则此行列式为零.

(5) 若行列式的某一列(行)中各元素均为两项之和,则此行列式等于两个行列式之和.

例如

$$\overset{\text{第 } j \text{ 列}}{\begin{vmatrix} a_{11} & a_{12} & \cdots & (a_{1j}+a_{1j}') & \cdots & a_{1n} \\ a_{21} & a_{22} & \cdots & (a_{2j}+a_{2j}') & \cdots & a_{2n} \\ \vdots & \vdots & & \vdots & & \vdots \\ a_{n1} & a_{n2} & \cdots & (a_{nj}+a_{nj}') & \cdots & a_{nn} \end{vmatrix}}$$

$$= \overset{\text{第 } j \text{ 列}}{\begin{vmatrix} a_{11} & a_{12} & \cdots & a_{1j} & \cdots & a_{1n} \\ a_{21} & a_{22} & \cdots & a_{2j} & \cdots & a_{2n} \\ \vdots & \vdots & & \vdots & & \vdots \\ a_{n1} & a_{n2} & \cdots & a_{nj} & \cdots & a_{nn} \end{vmatrix}} + \overset{\text{第 } j \text{ 列}}{\begin{vmatrix} a_{11} & a_{12} & \cdots & a_{1j}' & \cdots & a_{1n} \\ a_{21} & a_{22} & \cdots & a_{2j}' & \cdots & a_{2n} \\ \vdots & \vdots & & \vdots & & \vdots \\ a_{n1} & a_{n2} & \cdots & a_{nj}' & \cdots & a_{nn} \end{vmatrix}}.$$

如果这样,就形象地称为行列式按第 j 列拆成两个行列式.

(6) 把行列式的某一行(列)的各元素乘以同一数然后加到另一行(列)的对应元素上去,行列式的值不变.

3. 行列式的按行(按列)展开

(1) 把 n 阶行列式中(i,j)元 a_{ij} 所在的第 i 行和第 j 列划去后所成的 $n-1$ 阶行列式称为(i,j)元 a_{ij} 的余子式,记作 M_{ij};记 $A_{ij}=(-1)^{i+j}M_{ij}$,称 A_{ij} 为(i,j)元 a_{ij} 的代数余子式.

(2) n 阶行列式等于它的任意一行(列)的各元素与对应的代数余子式的乘积的和.即可以按第 i 行展开:

$$D=a_{i1}A_{i1}+a_{i2}A_{i2}+\cdots+a_{in}A_{in}\quad(i=1,2,\cdots,n);$$

或者按第 j 列展开:

$$D=a_{1j}A_{1j}+a_{2j}A_{2j}+\cdots+a_{nj}A_{nj}\quad(j=1,2,\cdots,n).$$

(3) 行列式中任一行(列)的元素与另一行(列)的对应元素的代数余子式乘积之和等于零.即

$$a_{i1}A_{j1}+a_{i2}A_{j2}+\cdots+A_{in}A_{jn}=0,i\neq j,$$

和

$$a_{1i}A_{1j}+a_{2i}A_{2j}+\cdots+A_{ni}A_{nj}=0,i\neq j.$$

4. 一些常用的行列式

(1) 上、下三角形行列式等于主对角线上的元素的乘积.即

$$\begin{vmatrix} a_{11} & a_{12} & \cdots & a_{1n} \\ & a_{22} & \cdots & a_{2n} \\ & & \ddots & \vdots \\ & & & a_{nn} \end{vmatrix} = \begin{vmatrix} a_{11} & & & \\ a_{21} & a_{22} & & \\ \vdots & \vdots & \ddots & \\ a_{n1} & a_{n2} & \cdots & a_{nn} \end{vmatrix} = a_{11}a_{22}\cdots a_{nn}$$

(未标明的元素均为零,下同).

特别,对角行列式等于对角线元素的乘积,即

$$\begin{vmatrix} \lambda_1 & & & \\ & \lambda_2 & & \\ & & \ddots & \\ & & & \lambda_n \end{vmatrix} = \lambda_1\lambda_2\cdots\lambda_n.$$

(2) 设 $D_1 = \begin{vmatrix} a_{11} & \cdots & a_{1k} \\ \vdots & & \vdots \\ a_{k1} & \cdots & a_{kk} \end{vmatrix}, D_2 = \begin{vmatrix} b_{11} & \cdots & b_{1n} \\ \vdots & & \vdots \\ b_{n1} & \cdots & b_{nn} \end{vmatrix}$,

则

$$\begin{vmatrix} a_{11} & \cdots & a_{1k} & & & \\ \vdots & & \vdots & & 0 & \\ a_{k1} & \cdots & a_{kk} & & & \\ c_{11} & \cdots & c_{1k} & b_{11} & \cdots & b_{1n} \\ \vdots & & \vdots & \vdots & & \vdots \\ c_{n1} & \cdots & c_{nk} & b_{n1} & \cdots & b_{nn} \end{vmatrix} = D_1 D_2.$$

5. 克拉默法则

含有 n 个未知数 $x_1, x_2, \cdots, x_n$ 的 n 个线性方程的方程组

$$\begin{cases} a_{11}x_1 + a_{12}x_2 + \cdots + a_{1n}x_n = b_1, \\ a_{21}x_1 + a_{22}x_2 + \cdots + a_{2n}x_n = b_2, \\ \cdots\cdots\cdots\cdots \\ a_{n1}x_1 + a_{n2}x_2 + \cdots + a_{nn}x_n = b_n, \end{cases}$$

当 $b_1, b_2, \cdots, b_n$ 全为零时,称为齐次线性方程组;否则,称为非齐次线性方程组.

(1) 如果上列方程组的系数行列式 $D \neq 0$,那么它有惟一解:$x_i = \dfrac{D_i}{D}$ $(i=1, 2, \cdots, n)$,其中 D_i $(i=1,2,\cdots,n)$是把 D 中第 i 列元素用方程组的右端的自由项替代后所得到的 n 阶行列式;

(2) 如果上列方程组无解或有两个不同的解,那么它的系数行列式 $D=0$;

(3) 如果齐次线性方程组的系数行列式 $D \neq 0$,那么它只有零解;如果齐次线性方程组有非零解,那么它的系数行列式必定等于零.

学习要点

本章的重点是行列式的计算.对于 n 阶行列式的定义只需了解其大概的意思,对于行列式各条性质的证明只需了解其基本思路.要注重学会利用这些性质及按行(列)展开等基本方法来简化行列式的计算,并掌握两行(列)交换、某行(列)乘数、某行(列)加上另一行(列)的 k 倍这三类运算.按照"会计算简单的 n 阶行列式"这一基本要求,对于计算行列式的技巧毋需作过多的探求.

释疑解难

问 1.1 行列式与行列式的值有什么区别?

答 这是一个"形式"与"内涵"的问题.以二阶行列式为例.式子 $\begin{vmatrix} x & y \\ u & v \end{vmatrix}$ 叫做二阶行列式,它表示一个数

$$xv - yu,$$

这个数叫做二阶行列式的值,并记作

$$\begin{vmatrix} x & y \\ u & v \end{vmatrix} = xv - yu.$$

注意上式中的等号是"记作"的意思,但由于等号通常理解为两边的数相等,因此上式左边的行列式记号也就表示行列式的值.两个行列式相等是指它们的值相等.

由于行列式记号既表示行列式,又表示它的值,因此教材中没有明确提出"行列式的值"这一名称,把"行列式的值"也叫做"行列式".

问 1.2 如何理解行列式的定义?

答 n 阶行列式 $D=\det(a_{ij})$ 的定义

$$D = \sum(-1)^t a_{1p_1} a_{2p_2} \cdots a_{np_n},$$

其中 t 是排列 $p_1 p_2 \cdots p_n$ 的逆序数.此定义中应注意两点:

(1) 和式记号$\sum$是对集合 $P=\{p_1 p_2 \cdots p_n \mid p_1 p_2 \cdots p_n$ 是 $1,2,\cdots,n$ 的排列$\}$作和,因 n 个不同元素的排列数是 $n!$,于是该和式共有 $n!$ 项;

(2) 和式中的任一项 σ 是取自 D 中不同行、不同列的元素之积.由排列知识知,D 中这样不同行、不同列的 n 个元素之积共有 $n!$ 个.

(3) 和式中任一项 σ 都带有符号 $(-1)^t$，t 是列标排列 $p_1p_2\cdots p_n$ 的逆序数，即根据此排列的逆序数为偶数或奇数，σ 依次取"+"或"-". 根据排列的性质，和式中各有 $\frac{n!}{2}$ 项取"+"和取"-".

由上所述可知，n 阶行列式 D 恰好是它的不同行、不同列的 n 个元素之积的代数和，是一个"积和式"，其中一半带有正号，一半带有负号.

问 1.3 (1) 余子式与代数余子式有什么特点？(2) 它们之间有什么联系？

答 (1) 对于给定的 n 阶行列式 $D=\det(a_{ij})$，(i,j) 元 a_{ij} 的余子式 M_{ij} 和代数余子式 A_{ij} 仅与位置 (i,j) 有关，而与 D 的 (i,j) 元的数值无关.

(2) 它们间的联系是 $A_{ij}=(-1)^{i+j}M_{i+j}$，因而当 $i+j$ 为偶数时，二者相同；当 $i+j$ 为奇数时，二者符号相反. 它们间的关系也可用图示为

$$\begin{pmatrix} + & - & & & & \\ - & + & - & & \ddots & \\ & - & + & & & \\ & & & \ddots & & \\ & \ddots & \ddots & \ddots & & \\ & & & & & - \\ & & & & - & + \end{pmatrix},$$

其中，符号"+"表示对应位置上 $A_{ij}=M_{ij}$；符号"-"表示对应位置上 $A_{ij}=-M_{ij}$. 上图的规律可简单地归结为：对角线上为正，正的"邻居"为负，负的"邻居"为正.

例题剖析与增补

例 5 证明 n 阶行列式

$$\begin{vmatrix} & & & \lambda_1 \\ & & \lambda_2 & \\ & \therefore & & \\ \lambda_n & & & \end{vmatrix} = (-1)^{\frac{n(n-1)}{2}}\lambda_1\lambda_2\cdots\lambda_n,$$

其中未写出的元素都是 0.

析 本例根据行列式的定义来证明. 在 n 阶行列式的定义中，元素 a_{ij} 不仅代表一个数，还表明这个数在行列式中的位置. 本例中的数 λ_i 不能显示它在行列式中的位置. 因此需要按 λ_i 在行列式中的位置，把 λ_i 改记作 $a_{i,n-i+1}$，从而得到乘积 $\lambda_1\lambda_2\cdots\lambda_n$ 中各元素的列标排列为

$$n(n-1)\cdots 21,$$

由此计算出这个排列的逆序数为

$$t=0+1+\cdots+(n-1)=\frac{n(n-1)}{2}.$$

例 7 计算

$$D=\begin{vmatrix} 3 & 1 & -1 & 2 \\ -5 & 1 & 3 & -4 \\ 2 & 0 & 1 & -1 \\ 1 & -5 & 3 & -3 \end{vmatrix}.$$

析 教材分别在§5及§6两节中，利用行列式性质(包括按行(列)展开性质)计算此行列式 D 的值. §5中，把 D 化成上三角形行列式. §6中，把 D 按行(或列)展开，因第三行元素的数值较简单，故按第三行展开. 为减少展开式中非零项的项数，先利用行列式性质，把第三行除元素 a_{33} 之外全化成0，使展开式中只有一项. 这两种方法是行列式计算的基本方法，要熟练掌握.

例 8 计算

$$D=\begin{vmatrix} 3 & 1 & 1 & 1 \\ 1 & 3 & 1 & 1 \\ 1 & 1 & 3 & 1 \\ 1 & 1 & 1 & 3 \end{vmatrix}.$$

析 本例中 D 属于一类重要的行列式，在后继内容中会多次遇到此类行列式，其特点是对角元相同，并且非对角元也相同. 它的一般形式为教材习题8(2)，可以用多种方法计算其值，但最基本也最方便的方法就是本例介绍的，即利用各列(行)元素之和相等，把各行(列)同时加到第1行(列).

例 10 设

$$D=\begin{vmatrix} a_{11} & \cdots & a_{1k} & & & \\ \vdots & & \vdots & & 0 & \\ a_{k1} & \cdots & a_{kk} & & & \\ c_{11} & \cdots & c_{1k} & b_{11} & \cdots & b_{1n} \\ \vdots & & \vdots & \vdots & & \vdots \\ c_{n1} & \cdots & c_{nk} & b_{n1} & \cdots & b_{nn} \end{vmatrix}, D_1=\det(a_{ij})=\begin{vmatrix} a_{11} & \cdots & a_{1k} \\ \vdots & & \vdots \\ a_{k1} & \cdots & a_{kk} \end{vmatrix},$$

$$D_2=\det(b_{ij})=\begin{vmatrix} b_{11} & \cdots & b_{1n} \\ \vdots & & \vdots \\ b_{n1} & \cdots & b_{nn} \end{vmatrix},$$

证明 $D=D_1D_2$.

析 学习本例，应侧重于它的结果，以后常要用到此结果. 用第二章矩阵的

语言来叙述,此结果是

$$\begin{vmatrix} \boldsymbol{A}_1 & \boldsymbol{O} \\ \boldsymbol{B} & \boldsymbol{A}_2 \end{vmatrix} = |\boldsymbol{A}_1||\boldsymbol{A}_2|.$$

例 11 计算 $2n$ 阶行列式

$$D_{2n} = \underbrace{\begin{vmatrix} a & & & & & b \\ & \ddots & & & \iddots & \\ & & a & b & & \\ & & c & d & & \\ & \iddots & & & \ddots & \\ c & & & & & d \end{vmatrix}}_{2n},$$

其中未写出的元素为 0.

析 此例的目的是介绍递推法.递推法是行列式,尤其是高阶行列式计算中常用的、有效的方法.应用递推法的实质是数学归纳法,因此建立了递推公式 $D_{2n}=(ad-bc)D_{2(n-1)}$ 之后应注意要验证归纳的基础,例如 $n=1$ 或 $n=2$ 时命题成立.

例 12 证明范德蒙德(Vandermonde)行列式

$$D_n = \begin{vmatrix} 1 & 1 & \cdots & 1 \\ x_1 & x_2 & \cdots & x_n \\ x_1^2 & x_2^2 & \cdots & x_n^2 \\ \vdots & \vdots & & \vdots \\ x_1^{n-1} & x_2^{n-1} & \cdots & x_n^{n-1} \end{vmatrix} = \prod_{n \geqslant i > j \geqslant 1} (x_i - x_j),$$

其中记号“$\prod$”表示全体同类因子的乘积.

析 (1) 应注意教材中把 D_n 降阶的技巧:从第 n 行开始,后行减前行的 x_1 倍.如果进行相反方向的运算,即从第 2 行开始,后行减前行的若干倍,则无法得到关于 D_n 的递推公式.

(2) 范德蒙德行列式看做 n 个变元 $x_1, x_2, \cdots, x_n$ 的函数,有三个特点:

(i) 从列的角度看,第 j 列元素从上到下依次为变元 x_j 的零次幂、一次幂、…、$(n-1)$次幂,$j=1,2,\cdots,n$;

(ii) 从行的角度看,第 i 行(i,k)元是变元 x_k 的$(i-1)$次幂,$k=1,2,\cdots,n$,$i=1,2,\cdots,n$;

(iii) 从结果看,范德蒙德行列式是以所有可能的足标大的变元与足标小的变元之差作为因子的乘积.

例 13　设

$$D=\begin{vmatrix}3&-5&2&1\\1&1&0&-5\\-1&3&1&3\\2&-4&-1&3\end{vmatrix},$$

D 的(i,j)元的余子式和代数余子式依次记作 M_{ij} 和 A_{ij}，求

$$A_{11}+A_{12}+A_{13}+A_{14}\text{及 } M_{11}+M_{21}+M_{31}+M_{41}.$$

析　本例的目的是熟悉代数余子式(或余子式)的性质以及行列式的按行(或按列)展开.以求 $\sigma=A_{11}+A_{12}+A_{13}+A_{14}$ 为例.

(1) 如果直接用代数余子式定义，那么要计算 4 个三阶行列式，显然计算量比较大.

(2) 代数余子式 A_{ij} 的特点是它与 D 的(i,j)元的数值无关.因此，与其说 D 的(i,j)元 a_{ij} 对应着 A_{ij}，倒不如说 D 的(i,j)元所在的位置(i,j)对应着 A_{ij}.由此可知，和式 σ 与 D 的第 1 行元素无关.令

$$D_1=\begin{vmatrix}1&1&1&1\\1&1&0&-5\\-1&3&1&3\\2&-4&-1&3\end{vmatrix},$$

则 D_1 与 D 的第一行元素的代数余子式是相同的，即 A_{1j} 也是 D_1 的$(1,j)$元的代数余子式，从而和式 σ 恰好是 D_1 按第 1 行的展开式，于是

$$\sigma=A_{11}+A_{12}+A_{13}+A_{14}=D_1.$$

同理，因 $M_{11}+M_{21}+M_{31}+M_{41}=A_{11}-A_{21}+A_{31}-A_{41}$，此和式与 D 的第 1 列元素无关.

例 1.1　由行列式定义，计算

$$f(x)=\begin{vmatrix}2x&x&1&2\\1&x&1&-1\\3&2&x&1\\1&1&1&x\end{vmatrix}$$

中 x^4 与 x^3 的系数.

解　由行列式定义，$f(x)$是所给行列式中所有取自不同行、不同列的元素之积的代数和，记为 D，它是关于 x 的 4 次多项式.因行列式中每个元素至多是 x 的一次多项式，于是

σ 是 D 中的 x^4 项

$\Leftrightarrow\sigma$ 含有 4 个取自不同行、不同列的 x 的一次多项式的元素；

$\Leftrightarrow \sigma$ 是 D 的(1,1),(2,2),(3,3),(4,4)元之积;

$\Leftrightarrow \sigma = 2x^4$(容易知道该项的符号为正);

σ 是 D 中的 x^3 项

$\Leftrightarrow \sigma$ 含有 3 个取自不同行、不同列的 x 的一次多项式的元素,而余下一行、一列的元素(已惟一确定)是常数;

$\Leftrightarrow \sigma$ 是 D 的(1,2),(2,1),(3,3),(4,4)元之积;

$\Leftrightarrow \sigma = -x^3$ (容易知道该项的符号为负).

例 1.2 计算五阶行列式

$$D = \begin{vmatrix} 1 & 2 & 3 & 4 & 5 \\ 2 & 3 & 4 & 5 & 1 \\ 3 & 4 & 5 & 1 & 2 \\ 4 & 5 & 1 & 2 & 3 \\ 5 & 1 & 2 & 3 & 4 \end{vmatrix}.$$

解一 利用各行的元素之和相同的特点,把除第 1 列以外的各列加到第 1 列,得

$$D = \begin{vmatrix} 15 & 2 & 3 & 4 & 5 \\ 15 & 3 & 4 & 5 & 1 \\ 15 & 4 & 5 & 1 & 2 \\ 15 & 5 & 1 & 2 & 3 \\ 15 & 1 & 2 & 3 & 4 \end{vmatrix} = 15 \begin{vmatrix} 1 & 2 & 3 & 4 & 5 \\ 1 & 3 & 4 & 5 & 1 \\ 1 & 4 & 5 & 1 & 2 \\ 1 & 5 & 1 & 2 & 3 \\ 1 & 1 & 2 & 3 & 4 \end{vmatrix}$$

$$\xlongequal[\substack{r_3 - r_2 \\ r_2 - r_1}]{\substack{r_5 - r_4 \\ r_4 - r_3}} 15 \begin{vmatrix} 1 & 2 & 3 & 4 & 5 \\ 0 & 1 & 1 & 1 & -4 \\ 0 & 1 & 1 & -4 & 1 \\ 0 & 1 & -4 & 1 & 1 \\ 0 & -4 & 1 & 1 & 1 \end{vmatrix}$$

$$\xlongequal{\text{按第 1 列展开}} 15 \begin{vmatrix} 1 & 1 & 1 & -4 \\ 1 & 1 & -4 & 1 \\ 1 & -4 & 1 & 1 \\ -4 & 1 & 1 & 1 \end{vmatrix},$$

对上式最后一个行列式作变换:把各行加到第 1 行并提取第 1 行的公因子 -1,得

$$D = -15 \begin{vmatrix} 1 & 1 & 1 & 1 \\ 1 & 1 & -4 & 1 \\ 1 & -4 & 1 & 1 \\ -4 & 1 & 1 & 1 \end{vmatrix} \xlongequal[\substack{r_3 - r_1 \\ r_4 - r_1}]{r_2 - r_1} -15 \begin{vmatrix} 1 & 1 & 1 & 1 \\ 0 & 0 & -5 & 0 \\ 0 & -5 & 0 & 0 \\ -5 & 0 & 0 & 0 \end{vmatrix}$$

$$\xlongequal{\text{按第 4 列展开}} 15\begin{vmatrix} 0 & 0 & -5 \\ 0 & -5 & 0 \\ -5 & 0 & 0 \end{vmatrix} = 1875.$$

解二　从 D 的最后一行开始,后行减去前行,得

$$D = \begin{vmatrix} 1 & 2 & 3 & 4 & 5 \\ 1 & 1 & 1 & 1 & -4 \\ 1 & 1 & 1 & -4 & 1 \\ 1 & 1 & -4 & 1 & 1 \\ 1 & -4 & 1 & 1 & 1 \end{vmatrix} \xlongequal[i=2,3,4,5]{c_i - c_1} \begin{vmatrix} 1 & 1 & 2 & 3 & 4 \\ 1 & 0 & 0 & 0 & -5 \\ 1 & 0 & 0 & -5 & 0 \\ 1 & 0 & -5 & 0 & 0 \\ 1 & -5 & 0 & 0 & 0 \end{vmatrix}$$

$$\xlongequal{c_1 + \sum_{i=2}^{5} \frac{1}{5} c_i} \begin{vmatrix} a & 1 & 2 & 3 & 4 \\ 0 & & & & -5 \\ \vdots & & & -5 & \\ & & -5 & & \\ 0 & -5 & & & \end{vmatrix} \xlongequal{\text{按第 1 列展开}} a \begin{vmatrix} & & & -5 \\ & & -5 & \\ & -5 & & \\ -5 & & & \end{vmatrix}$$

$$= a \times (-5)^4,$$

其中 $a = 1 + \dfrac{1+2+3+4}{5} = 3$,所以　$D = 1875$.

例 1.3　计算 n 阶行列式

$$D = \begin{vmatrix} a_1 & 1 & \cdots & 1 \\ 1 & a_2 & & 0 \\ \vdots & 0 & \ddots & \\ 1 & & & a_n \end{vmatrix}, \text{其中 } a_1 a_2 \cdots a_n \neq 0.$$

解一　通过把 D 的第 1 行中除(1,1)元 a_1 外其他元素均变成为零,化 D 为下三角形行列式,具体如下:

$$D \xlongequal[\substack{\cdots \\ r_1 - \frac{1}{a_n} r_n}]{r_1 - \frac{1}{a_2} r_2} \begin{vmatrix} b & & & \\ & a_2 & & 0 \\ & & a_3 & \\ & * & & \ddots \\ & & & & a_n \end{vmatrix} = b a_2 a_3 \cdots a_n \text{[注]},$$

其中, $b = a_1 - \dfrac{1}{a_2} - \cdots - \dfrac{1}{a_n}$,于是, $D = a_2 a_3 \cdots a_n \left(a_1 - \sum\limits_{i=2}^{n} \dfrac{1}{a_i} \right)$.

解二　把 D 按第 1 行展开,由代数余子式

[注]　在行列式的计算中,我们常用"*"表示那里可能有一些非零元素,但对行列式的值没有影响;用 0 表示那里的元素都是零.

$$A_{1j}=(-1)^{1+j}\begin{vmatrix}1 & a_2 & & & & & \\ \vdots & & \ddots & & & & \\ 1 & & & a_{j-1} & & & \\ 1 & 0 & \cdots & 0 & 0 & \cdots & 0 \\ 1 & & & & a_{j+1} & & \\ \vdots & & & & & \ddots & \\ 1 & & & & & & a_n\end{vmatrix}$$

$$\xlongequal{\text{按第 } j-1 \text{ 行展开}} -a_2\cdots a_{j-1}a_{j+1}\cdots a_n \quad (j=2,3,\cdots,n)$$

得
$$D=a_1a_2\cdots a_n-\sum_{j=2}^{n}\frac{a_2a_3\cdots a_n}{a_j},$$

注 解二毋须 $a_1a_2\cdots a_n\neq 0$ 的条件.

例 1.4 利用范德蒙德行列式计算四阶行列式

$$D=\begin{vmatrix}a & b & c & d \\ a^2 & b^2 & c^2 & d^2 \\ a^3 & b^3 & c^3 & d^3 \\ b+c+d & a+c+d & a+b+d & a+b+c\end{vmatrix}.$$

解 $D\xlongequal[r_4\div(a+b+c+d)]{r_4+r_1}(a+b+c+d)\begin{vmatrix}a & b & c & d \\ a^2 & b^2 & c^2 & d^2 \\ a^3 & b^3 & c^3 & d^3 \\ 1 & 1 & 1 & 1\end{vmatrix},$

把上式等号右边的行列式的最后一行依次与前面的行交换,共交换 3 次,得

$$D=-(a+b+c+d)\begin{vmatrix}1 & 1 & 1 & 1 \\ a & b & c & d \\ a^2 & b^2 & c^2 & d^2 \\ a^3 & b^3 & c^3 & d^3\end{vmatrix},$$

此为 4 阶范德蒙德行列式,根据例 12 的结果,得

$$D=-(a+b+c+d)(b-a)(c-a)(d-a)(c-b)(d-b)(d-c).$$

例 1.5 计算 $n+1$ 阶行列式

$$D_{n+1}=\begin{vmatrix}a_1^n & a_1^{n-1}b_1 & a_1^{n-2}b_1^2 & \cdots & b_1^n \\ a_2^n & a_2^{n-1}b_2 & a_2^{n-2}b_2^2 & \cdots & b_2^n \\ \vdots & \vdots & \vdots & & \vdots \\ a_{n+1}^n & a_{n+1}^{n-1}b_{n+1} & a_{n+1}^{n-2}b_{n+1}^2 & \cdots & b_{n+1}^n\end{vmatrix}.$$

解 首先,我们恒可设 $a_i\neq 0, i=1,2,\cdots,n+1$.因若有某一 $a_i=0$,例如

$a_{n+1}=0$,则将 D_{n+1} 按它的第 $n+1$ 行展开,得到 $D_{n+1}=b_{n+1}^n D_n$;若 D_n 中诸 a_i 均不为零,则已如我们之假设;不然,对 D_n 作相同的讨论.其次考察此行列式,它的第 i 行元素是 a_i、b_i 的 n 次齐次函数,于是从第 i 行提取因子 a_i^n($i=1,2,\cdots,n+1$)后,第 i 行、第 j 列元素成为 $\left(\frac{b_i}{a_i}\right)^{j-1}$ ($j=1,2,\cdots,n+1$;$i=1,2,\cdots,n+1$),即有

$$D_{n+1}=a_1^n a_2^n\cdots a_{n+1}^n\begin{vmatrix}1 & \frac{b_1}{a_1} & \left(\frac{b_1}{a_1}\right)^2 & \cdots & \left(\frac{b_1}{a_1}\right)^n\\ 1 & \frac{b_2}{a_2} & \left(\frac{b_2}{a_2}\right)^2 & \cdots & \left(\frac{b_2}{a_2}\right)^n\\ \vdots & \vdots & \vdots & & \vdots\\ 1 & \frac{b_{n+1}}{a_{n+1}} & \left(\frac{b_{n+1}}{a_{n+1}}\right)^2 & \cdots & \left(\frac{b_{n+1}}{a_{n+1}}\right)^n\end{vmatrix},$$

上式等号右边的行列式为 $n+1$ 阶范德蒙德行列式之转置行列式,因此

$$\begin{aligned}D_{n+1} &= a_1^n a_2^n\cdots a_{n+1}^n\prod_{1\leqslant i<j\leqslant n+1}\left(\frac{b_j}{a_j}-\frac{b_i}{a_i}\right)\\ &=\prod_{1\leqslant i<j\leqslant n+1}(a_ib_j-a_jb_i).\end{aligned}$$

习题解答

1. 利用对角线法则计算下列三阶行列式:

(1) $\begin{vmatrix}2 & 0 & 1\\ 1 & -4 & -1\\ -1 & 8 & 3\end{vmatrix}$; (2) $\begin{vmatrix}a & b & c\\ b & c & a\\ c & a & b\end{vmatrix}$;

(3) $\begin{vmatrix}1 & 1 & 1\\ a & b & c\\ a^2 & b^2 & c^2\end{vmatrix}$; (4) $\begin{vmatrix}x & y & x+y\\ y & x+y & x\\ x+y & x & y\end{vmatrix}$.

解 (1) 原式 $=2\times(-4)\times3+0\times(-1)\times(-1)+1\times1\times8$
$-1\times(-4)\times(-1)-2\times(-1)\times8-0\times1\times3=-4$;

(2) 原式 $=acb+bac+cba-c^3-a^3-b^3$
$=3abc-a^3-b^3-c^3$;

(3) 原式 $=1\cdot b\cdot c^2+1\cdot c\cdot a^2+1\cdot a\cdot b^2-1\cdot b\cdot a^2-1\cdot c\cdot b^2-1\cdot a\cdot c^2$
$=bc^2+ca^2+ab^2-ba^2-cb^2-ac^2$

$$= c^2(b-a)+ab(b-a)-c(b^2-a^2)=(a-b)(b-c)(c-a);$$

(4) 原式 $= x(x+y)y+yx(x+y)+(x+y)yx-(x+y)^3-x^3-y^3$

$$= -2(x^3+y^3).$$

2. 按自然数从小到大为标准次序，求下列各排列的逆序数：

(1) 1 2 3 4; (2) 4 1 3 2;

(3) 3 4 2 1; (4) 2 4 1 3;

(5) 1 3 … $(2n-1)$ 2 4 … $(2n)$;

(6) 1 3 … $(2n-1)$ $(2n)$ $(2n-2)$ … 2.

解 (1) 此排列为自然排列，其逆序数为 0;

(2) 此排列的首位元素的逆序数为 0;第 2 位元素 1 的逆序数为 1;第 3 位元素 3 的逆序数为 1;末位元素 2 的逆序数为 2,故它的逆序数为 $0+1+1+2=4$;

(3) 此排列的前两位元素的逆序数均为 0;第 3 位元素 2 的逆序数为 2;末位元素 1 的逆序数为 3,故它的逆序数为 $0+0+2+3=5$;

(4) 类似于上面，此排列的从首位元素到末位元素的逆序数依次为 0,0,2,1,故它的逆序数为 $0+0+2+1=3$;

(5) 注意到这 $2n$ 个数的排列中，前 n 位元素之间没有逆序对. 第 $n+1$ 位元素 2 与它前面的 $n-1$ 个数构成逆序对，故它的逆序数为 $n-1$;同理，第 $n+2$ 倍元素 4 的逆序数为 $n-2$;…;末位元素 $2n$ 的逆序数为 0. 故此排列的逆序数为 $(n-1)+(n-2)+\cdots+0=\dfrac{1}{2}n(n-1)$;

(6) 与(5)相仿，此排列的前 $n+1$ 位元素没有逆序对；第 $n+2$ 位元素 $(2n-2)$ 的逆序数为 2;第 $n+3$ 位元素 $2n-4$ 与它前面的 $2n-3, 2n-1, 2n, 2n-2$ 构成逆序对，故它的逆序为 4;…;末位元素 2 的逆序数为 $2(n-1)$,故此排列的逆序数为 $2+4+\cdots+2(n-1)=n(n-1)$.

3. 写出四阶行列式中含有因子 $a_{11}a_{23}$ 的项.

解 由行列式定义知这项必还含有分别位于第 3 行和第 4 行的某两元素，而它们又分别位于第 2 列和第 4 列，即 a_{32} 和 a_{44} 或 a_{34} 和 a_{42}. 注意到排列 1324 与 1342 的逆序数分别为 1 与 2,故此行列式中含有 $a_{11}a_{23}$ 的项为 $-a_{11}a_{23}a_{32}a_{44}$ 与 $a_{11}a_{23}a_{34}a_{42}$.

4. 计算下列各行列式：

(1) $\begin{vmatrix} 4 & 1 & 2 & 4 \\ 1 & 2 & 0 & 2 \\ 10 & 5 & 2 & 0 \\ 0 & 1 & 1 & 7 \end{vmatrix}$; (2) $\begin{vmatrix} 2 & 1 & 4 & 1 \\ 3 & -1 & 2 & 1 \\ 1 & 2 & 3 & 2 \\ 5 & 0 & 6 & 2 \end{vmatrix}$;

(3) $\begin{vmatrix} -ab & ac & ae \\ bd & -cd & de \\ bf & cf & -ef \end{vmatrix}$； (4) $\begin{vmatrix} a & 1 & 0 & 0 \\ -1 & b & 1 & 0 \\ 0 & -1 & c & 1 \\ 0 & 0 & -1 & d \end{vmatrix}$.

解 (1)

$$D \xlongequal{r_1 \leftrightarrow r_2} -\begin{vmatrix} 1 & 2 & 0 & 2 \\ 4 & 1 & 2 & 4 \\ 10 & 5 & 2 & 0 \\ 0 & 1 & 1 & 7 \end{vmatrix} \xlongequal[r_3-10r_1]{r_2-4r_1} -\begin{vmatrix} 1 & 2 & 0 & 2 \\ 0 & -7 & 2 & -4 \\ 0 & -15 & 2 & -20 \\ 0 & 1 & 1 & 7 \end{vmatrix}$$

$$\xlongequal{r_4 \leftrightarrow r_2} \begin{vmatrix} 1 & 2 & 0 & 2 \\ 0 & 1 & 1 & 7 \\ 0 & -15 & 2 & -20 \\ 0 & -7 & 2 & -4 \end{vmatrix} \xlongequal[r_4+7r_2]{r_3+15r_2} \begin{vmatrix} 1 & 2 & 0 & 2 \\ 0 & 1 & 1 & 7 \\ 0 & 0 & 17 & 85 \\ 0 & 0 & 9 & 45 \end{vmatrix}$$

$=0$（因第 3,4 行成比例）；

(2) $D \xlongequal{r_2+r_1} \begin{vmatrix} 2 & 1 & 4 & 1 \\ 5 & 0 & 6 & 2 \\ 1 & 2 & 3 & 2 \\ 5 & 0 & 6 & 2 \end{vmatrix} = 0$（因有两行相同）；

(3) $$D \xlongequal[\substack{r_2 \div d \\ r_3 \div f}]{r_1 \div a} adf \begin{vmatrix} -b & c & e \\ b & -c & e \\ b & c & -e \end{vmatrix} \xlongequal[\substack{c_2 \div c \\ c_3 \div e}]{c_1 \div b} abcdef \begin{vmatrix} -1 & 1 & 1 \\ 1 & -1 & 1 \\ 1 & 1 & -1 \end{vmatrix}$$

$$\xlongequal[r_3+r_1]{r_2+r_1} abcdef \begin{vmatrix} -1 & 1 & 1 \\ 0 & 0 & 2 \\ 0 & 2 & 0 \end{vmatrix} = 4abcdef;$$

(4) $$D \xlongequal{r_1+ar_2} \begin{vmatrix} 0 & 1+ab & a & 0 \\ -1 & b & 1 & 0 \\ 0 & -1 & c & 1 \\ 0 & 0 & -1 & d \end{vmatrix} \xlongequal{\text{按 } c_1 \text{ 展开}} (-1)(-1)^3 \begin{vmatrix} 1+ab & a & 0 \\ -1 & c & 1 \\ 0 & -1 & d \end{vmatrix}$$

$$\xlongequal{c_3+dc_2} \begin{vmatrix} 1+ab & a & ad \\ -1 & c & 1+cd \\ 0 & -1 & 0 \end{vmatrix} \xlongequal{\text{按 } r_3 \text{ 展开}} (-1)(-1)^5 \begin{vmatrix} 1+ab & ad \\ -1 & 1+cd \end{vmatrix}$$

$=(1+ab)(1+cd)+ad$.

5. 求解下列方程：

(1) $\begin{vmatrix} x+1 & 2 & -1 \\ 2 & x+1 & 1 \\ -1 & 1 & x+1 \end{vmatrix}=0$；(2) $\begin{vmatrix} 1 & 1 & 1 & 1 \\ x & a & b & c \\ x^2 & a^2 & b^2 & c^2 \\ x^3 & a^3 & b^3 & c^3 \end{vmatrix}=0$，其中 a,b,c 互不相等.

解 (1) 左式 $\xlongequal[r_1\div(x+3)]{r_1+r_2}(x+3)\begin{vmatrix} 1 & 1 & 0 \\ 2 & x+1 & 1 \\ -1 & 1 & x+1 \end{vmatrix}$

$$\xlongequal{c_2-c_1}(x+3)\begin{vmatrix} 1 & 0 & 0 \\ 2 & x-1 & 1 \\ -1 & 2 & x+1 \end{vmatrix}$$

$$=(x+3)\begin{vmatrix} x-1 & 1 \\ 2 & x+1 \end{vmatrix}=(x+3)(x^2-3).$$

于是方程的解为：$x_1=-3, x_2=\sqrt{3}, x_3=-\sqrt{3}$；

(2) 注意到方程左式为 4 阶范德蒙德行列式，由例 12 的结果得

$$(x-a)(x-b)(x-c)(a-b)(a-c)(b-c)=0.$$

因 a,b,c 互不相等，故方程的解为：$x_1=a, x_2=b, x_3=c$.

6. 证明：

(1) $\begin{vmatrix} a^2 & ab & b^2 \\ 2a & a+b & 2b \\ 1 & 1 & 1 \end{vmatrix}=(a-b)^3$；

(2) $\begin{vmatrix} ax+by & ay+bz & az+bx \\ ay+bz & az+bx & ax+by \\ az+bx & ax+by & ay+bz \end{vmatrix}=(a^3+b^3)\begin{vmatrix} x & y & z \\ y & z & x \\ z & x & y \end{vmatrix}$；

(3) $\begin{vmatrix} a^2 & (a+1)^2 & (a+2)^2 & (a+3)^2 \\ b^2 & (b+1)^2 & (b+2)^2 & (b+3)^2 \\ c^2 & (c+1)^2 & (c+2)^2 & (c+3)^2 \\ d^2 & (d+1)^2 & (d+2)^2 & (d+3)^2 \end{vmatrix}=0$；

(4) $\begin{vmatrix} 1 & 1 & 1 & 1 \\ a & b & c & d \\ a^2 & b^2 & c^2 & d^2 \\ a^4 & b^4 & c^4 & d^4 \end{vmatrix}$

$=(a-b)(a-c)(a-d)(b-c)(b-d)(c-d)(a+b+c+d)$；

(5) $\begin{vmatrix} x & -1 & 0 & \cdots & 0 & 0 \\ 0 & x & -1 & \cdots & 0 & 0 \\ \vdots & \vdots & \vdots & & \vdots & \vdots \\ 0 & 0 & 0 & \cdots & x & -1 \\ a_0 & a_1 & a_2 & \cdots & a_{n-1} & a_n \end{vmatrix} = a_nx^n + a_{n-1}x^{n-1} + \cdots + a_1x + a_0.$

证 (1) 左式 $\xlongequal[c_2-c_3]{c_1-c_3} \begin{vmatrix} a^2-b^2 & ab-b^2 & b^2 \\ 2(a-b) & a-b & 2b \\ 0 & 0 & 1 \end{vmatrix} \xlongequal{c_1-2c_2} \begin{vmatrix} (a-b)^2 & ab-b^2 & b^2 \\ 0 & a-b & 2b \\ 0 & 0 & 1 \end{vmatrix}$

$=(a-b)^3=$ 右式;

(2) 将左式按第 1 列拆开得

$$左式=\begin{vmatrix} ax & ay+bz & az+bx \\ ay & az+bx & ax+by \\ az & ax+by & ay+bz \end{vmatrix} + \begin{vmatrix} by & ay+bz & az+bx \\ bz & az+bx & ax+by \\ bx & ax+by & ay+bz \end{vmatrix} = aD_1 + bD_2,$$

其中 $D_1 = \begin{vmatrix} x & ay+bz & az+bx \\ y & az+bx & ax+by \\ z & ax+by & ay+bz \end{vmatrix} \xlongequal[c_3 \div a]{c_3-bc_1} a\begin{vmatrix} x & ay+bz & z \\ y & az+bx & x \\ z & ax+by & y \end{vmatrix}$

$\xlongequal[c_2 \div a]{c_2-bc_3} a^2\begin{vmatrix} x & y & z \\ y & z & x \\ z & x & y \end{vmatrix};$

$D_2 = \begin{vmatrix} y & ay+bz & az+bx \\ z & az+bx & ax+by \\ x & ax+by & ay+bz \end{vmatrix} \xlongequal[c_2 \div b]{c_2-ac_1} b\begin{vmatrix} y & z & az+bx \\ z & x & ax+by \\ x & y & ay+bz \end{vmatrix}$

$\xlongequal[c_3 \div b]{c_3-ac_2} b^2\begin{vmatrix} y & z & x \\ z & x & y \\ x & y & z \end{vmatrix} \xlongequal[c_2 \leftrightarrow c_1]{c_3 \leftrightarrow c_2} b^2\begin{vmatrix} x & y & z \\ y & z & x \\ z & x & y \end{vmatrix},$

于是 $D = aD_1 + bD_2 = (a^3+b^3)\begin{vmatrix} x & y & z \\ y & z & x \\ z & x & y \end{vmatrix} =$ 右式.

(3) 左式 $\xlongequal[\substack{c_3-c_2 \\ c_2-c_1}]{c_4-c_3} \begin{vmatrix} a^2 & 2a+1 & 2a+3 & 2a+5 \\ b^2 & 2b+1 & 2b+3 & 2b+5 \\ c^2 & 2c+1 & 2c+3 & 2c+5 \\ d^2 & 2d+1 & 2d+3 & 2d+5 \end{vmatrix}$

$$\xlongequal[c_3-c_2]{c_4-c_3}\begin{vmatrix} a^2 & 2a+1 & 2 & 2 \\ b^2 & 2b+1 & 2 & 2 \\ c^2 & 2c+1 & 2 & 2 \\ d^2 & 2d+1 & 2 & 2 \end{vmatrix}=0 \text{（因有两列相同）；}$$

(4) 左式 $\xlongequal[\substack{r_3-ar_2\\ r_2-ar_1}]{r_4-a^2r_3}\begin{vmatrix} 1 & 1 & 1 & 1 \\ 0 & b-a & c-a & d-a \\ 0 & b(b-a) & c(c-a) & d(d-a) \\ 0 & b^2(b^2-a^2) & c^2(c^2-a^2) & d^2(d^2-a^2) \end{vmatrix}$

$$\xlongequal[\text{各列提取公因子}]{\text{按 } c_1 \text{ 展开}}(b-a)(c-a)(d-a)\begin{vmatrix} 1 & 1 & 1 \\ b & c & d \\ b^2(b+a) & c^2(c+a) & d^2(d+a) \end{vmatrix}$$

$$\xlongequal[r_2-br_1]{r_3-b(b+a)r_2}(b-a)(c-a)(d-a)\begin{vmatrix} 1 & 1 & 1 \\ 0 & c-b & d-b \\ 0 & x & y \end{vmatrix}$$

$$=(b-a)(c-a)(d-a)\begin{vmatrix} c-b & d-b \\ x & y \end{vmatrix},$$

其中：$x=c^2(c+a)-(bc)(b+a)=c(c^2+ac-b^2-ab)=c(a+b+c)(c-b)$；

$y=d^2(d+a)-bd(b+a)=d(a+b+d)(d-b)$.

故
$$\begin{vmatrix} c-b & d-b \\ x & y \end{vmatrix}=(c-b)(d-b)\begin{vmatrix} 1 & 1 \\ c(a+b+c) & d(a+b+d) \end{vmatrix}$$
$$=(c-b)(d-b)[d(a+b+d)-c(a+b+c)]$$
$$=(c-b)(d-b)[(d-c)(a+b)+d^2-c^2]$$
$$=(c-b)(d-b)(d-c)(a+b+c+d),$$

因此，左式$=(b-a)(c-a)(d-a)(c-b)(d-b)(d-c)(a+b+c+d)=$右式.

(5) **证一** 递推法.按第 1 列展开，以建立递推公式，

$$D_{n+1}=xD_n+(-1)^{n+2}a_0\begin{vmatrix} -1 & & & \\ x & -1 & & 0 \\ & \ddots & \ddots & \\ * & & x & -1 \end{vmatrix}$$

$$=xD_n+(-1)^{2n+2}a_0=xD_n+a_0.$$

又，归纳基础为：$D_1=a_n$（注意不是 x），于是

$$D_{n+1}=xD_n+a_0$$
$$=x(xD_{n-1}+a_1)+a_0$$

$$\begin{aligned}&= x^2 D_{n-1} + a_1 x + a_0\\&=\cdots\\&= x^n D_1 + a_{n-1}x^{n-1} + \cdots + a_1 x + a_0\\&= a_0 + a_1 x + a_2 x^2 + \cdots + a_n x^n.\end{aligned}$$

证二 按最后一行展开得

$$D_{n+1} = \sum_{j=0}^{n}(-1)^{n+j+2}a_j \left|\begin{array}{cccc:cccc} x & -1 & & & & & & \\ & \ddots & \ddots & & & & & \\ & & \ddots & -1 & & & & \\ & & & x & & & & \\ \hdashline & & & & -1 & & & \\ & & & & x & \ddots & & \\ & & & & & \ddots & \ddots & \\ & & & & & & x & -1 \end{array}\right|$$

（其中左上块为 j 列，右下块为 $n-j$ 列）

$$\begin{aligned}&= \sum_{j=0}^{n}(-1)^{n+j+2+n-j}a_j x^j\\&= \sum_{j=0}^{n}a_j x^j = a_0 + a_1 x + a_2 x^2 + \cdots + a_{n-1}x^{n-1} + a_n x^n.\end{aligned}$$

7. 设 n 阶行列式 $D=\det(a_{ij})$，把 D 上下翻转、或逆时针旋转 90°、或依副对角线翻转，依次得

$$D_1 = \begin{vmatrix} a_{n1} & \cdots & a_{nn}\\ \vdots & & \vdots\\ a_{11} & \cdots & a_{1n}\end{vmatrix}, D_2 = \begin{vmatrix} a_{1n} & \cdots & a_{nn}\\ \vdots & & \vdots\\ a_{11} & \cdots & a_{n1}\end{vmatrix}, D_3 = \begin{vmatrix} a_{nn} & \cdots & a_{1n}\\ \vdots & & \vdots\\ a_{n1} & \cdots & a_{11}\end{vmatrix},$$

证明 $D_1 = D_2 = (-1)^{\frac{n(n-1)}{2}}D$，$D_3 = D$.

证 (1) 先计算 D_1，为此通过交换行将 D_1 变换成 D，从而找出 D_1 与 D 的关系.

D_1 的最后一行是 D 的第 1 行，把它依次与前面的行交换，直至换到第 1 行，共进行 $n-1$ 次交换；这时最后一行是 D 的第 2 行，把它依次与前面的行交换，直至换到第 2 行，共进行 $n-2$ 次交换；……，直至最后一行是 D 的第 $n-1$ 行，再通过一次交换将它换到第 $n-1$ 行，这样就把 D_1 变换成 D，共进行

$$(n-1)+(n-2)+\cdots+1 = \frac{1}{2}n(n-1)$$

次交换，故 $D_1 = (-1)^{\frac{1}{2}n(n-1)}D$.

注 1° 上述交换行列式的行(列)的方法,在解题时,经常用到.它的特点是在把最后一行换到某一行的同时,保持其余 $n-1$ 个行之间原有的先后次序(但行的序号可能改变).2° 同理把 D 左右翻转所得行列式为 $(-1)^{\frac{1}{2}n(n-1)}D$.

(2) 计算 D_2.注意到 D_2 的第 $1,2,\cdots,n$ 行恰好依次是 D 的第 $n,n-1,\cdots,1$ 列,故若把 D_2 上下翻转得 $\widetilde{D}_2$,则 $\widetilde{D}_2$ 的第 $1,2,\cdots,n$ 行依次是 D 的第 $1,2,\cdots,n$ 列,即 $\widetilde{D}_2=D^{\mathrm{T}}$.于是由(1)

$$D_2=(-1)^{\frac{1}{2}n(n-1)}\widetilde{D}_2=(-1)^{\frac{1}{2}n(n-1)}D^{\mathrm{T}}=(-1)^{\frac{1}{2}n(n-1)}D.$$

(3) 计算 D_3.注意到若把 D_3 逆时针旋转 90°得 $\widetilde{D}_3$,则 $\widetilde{D}_3$ 的第 $1,2,\cdots,n$ 列恰好是 D 的第 $n,n-1,\cdots,1$ 列,于是再把 $\widetilde{D}_3$ 左右翻转就得到 D.由(1)之注及(2),有

$$D_3=(-1)^{\frac{1}{2}n(n-1)}\widetilde{D}_3=D.$$

注 本例的结论值得记取,即对行列式 D 作转置、依副对角线翻转、旋转 180°所得行列式不变;作上下翻转、左右翻转、逆(顺)时针旋转 90°所得行列式为 $(-1)^{\frac{1}{2}n(n-1)}D$.

8. 计算下列各行列式(D_k 为 k 阶行列式):

(1) $D_n=\begin{vmatrix} a & & 1 \\ & \ddots & \\ 1 & & a \end{vmatrix}$,其中对角线上元素都是 a,未写出的元素都是 0;

(2) $D_n=\begin{vmatrix} x & a & \cdots & a \\ a & x & \cdots & a \\ \vdots & \vdots & & \vdots \\ a & a & \cdots & x \end{vmatrix}$;

(3) $D_{n+1}=\begin{vmatrix} a^n & (a-1)^n & \cdots & (a-n)^n \\ a^{n-1} & (a-1)^{n-1} & \cdots & (a-n)^{n-1} \\ \vdots & \vdots & & \vdots \\ a & a-1 & \cdots & a-n \\ 1 & 1 & \cdots & 1 \end{vmatrix}$;

提示:利用范德蒙德行列式的结果.

(4) $D_{2n}=\begin{vmatrix} a_n & & & & & b_n \\ & \ddots & & & \iddots & \\ & & a_1 & b_1 & & \\ & & c_1 & d_1 & & \\ & \iddots & & & \ddots & \\ c_n & & & & & d_n \end{vmatrix}$,其中未写出的元素都是 0;

(5) $D_n=\det(a_{ij})$,其中 $a_{ij}=|i-j|$;

(6) $D_n=\begin{vmatrix}1+a_1 & 1 & \cdots & 1\\ 1 & 1+a_2 & \cdots & 1\\ \vdots & \vdots & & \vdots\\ 1 & 1 & \cdots & 1+a_n\end{vmatrix}$,其中 $a_1a_2\cdots a_n\neq 0$.

(1) **解一** 化 D_n 为上三角行列式

$$D_n \xlongequal{r_n+r_1} \begin{vmatrix} a & & 1\\ & \ddots & \\ a+1 & & a+1\end{vmatrix}$$

$$\xlongequal{c_1-c_n} \begin{vmatrix} a-1 & & 1\\ & \ddots & \\ 0 & & a+1\end{vmatrix} = a^{n-2}(a^2-1),$$

上式中最后那个行列式为上三角行列式;

解二 把 D_n 按第二行展开,因 D_n 的第二行除对角线元素外全为零,故有

$$D_n = a\begin{vmatrix} a & & 1\\ & \ddots & \\ 1 & & a\end{vmatrix}_{(n-1)\times(n-1)},\text{即 } D_n=aD_{n-1},$$

于是有 $D_n=aD_{n-1}=\cdots=a^{n-2}\begin{vmatrix}a & 1\\ 1 & a\end{vmatrix}=a^{n-2}(a^2-1)$.

(2) 本题中 D_n 是教材例 8 中行列式的一般形式,它是一个非常有用的行列式,在以后各章中有不少应用.

解 利用各列的元素之和相同,提取公因式.

$$D_n \xlongequal{r_1+r_2+\cdots+r_n} \begin{vmatrix} x+(n-1)a & x+(n-1)a & \cdots & x+(n-1)a\\ a & x & \cdots & a\\ \vdots & \vdots & & \vdots\\ a & a & \cdots & x\end{vmatrix}$$

$$=[x+(n-1)a]\begin{vmatrix}1 & 1 & \cdots & 1\\ a & x & \cdots & a\\ \vdots & \vdots & & \vdots\\ a & a & \cdots & x\end{vmatrix}$$

$$\xlongequal[i=2,\cdots,n]{c_i - ac_1}[x+(n-1)a]\begin{vmatrix} 1 & 1 & \cdots & 1 \\ & x-a & & \\ & & \ddots & \\ & & & x-a \end{vmatrix}$$

$$=(x-a)^{n-1}[x+(n-1)a].$$

(3) **解** 把所给行列式上下翻转,即为范德蒙德行列式,若再将它左右翻转,由于上下翻转与左右翻转所用交换次数相等,故行列式经上下翻转再左右翻转(相当于转 180°,参看题 7)其值不变.于是按范德蒙德行列式的结果,可得

$$D_{n+1}=\begin{vmatrix} 1 & 1 & \cdots & 1 \\ a-n & a-n+1 & \cdots & a \\ \vdots & \vdots & & \vdots \\ (a-n)^n & (a-n+1)^n & \cdots & a^n \end{vmatrix}=\prod_{1\leqslant j<i\leqslant n+1}(i-j)$$

(4) **解** 本题与例 11 相仿,解法也大致相同,用递推法.

$$D_{2n}\xlongequal[c_2\leftrightarrow c_{2n}]{r_2\leftrightarrow r_{2n}}\left|\begin{array}{cc:c} a_n & b_n & 0 \\ c_n & d_n & \\ \hdashline & 0 & D_{2(n-1)} \end{array}\right|\xlongequal{\text{由例 10}}(a_nd_n-b_nc_n)D_{2(n-1)},$$

即有递推公式

$$D_{2n}=(a_nd_n-b_nc_n)D_{2(n-1)}.$$

另一方面,归纳基础为 $D_2=\begin{vmatrix} a_1 & b_1 \\ c_1 & d_1 \end{vmatrix}=a_1d_1-b_1c_1$,利用这些结果,递推得

$$D_{2n}=(a_nd_n-b_nc_n)\cdots(a_1d_1-b_1c_1)=\prod_{k=1}^{n}(a_kd_k-b_kc_k).$$

(5) **解**

$$D_n=\begin{vmatrix} 0 & 1 & 2 & \cdots & n-1 \\ 1 & 0 & 1 & \cdots & n-2 \\ 2 & 1 & 0 & \cdots & n-3 \\ \vdots & \vdots & \vdots & & \vdots \\ n-1 & n-2 & n-3 & \cdots & 0 \end{vmatrix}\xlongequal[\substack{r_{n-1}-r_{n-2}\\ \cdots \\ r_2-r_1}]{r_n-r_{n-1}}\begin{vmatrix} 0 & 1 & \cdots & n-2 & n-1 \\ 1 & -1 & \cdots & -1 & -1 \\ 1 & 1 & \cdots & -1 & -1 \\ \vdots & \vdots & & \vdots & \vdots \\ 1 & 1 & \cdots & 1 & -1 \end{vmatrix}$$

$$\xlongequal[\substack{c_2+c_n\\ \cdots \\ c_{n-1}+c_n}]{c_1+c_n}\begin{vmatrix} n-1 & n & \cdots & 2n-3 & n-1 \\ 0 & -2 & \cdots & -2 & -1 \\ 0 & 0 & \cdots & -2 & -1 \\ \vdots & \vdots & & \vdots & \vdots \\ 0 & 0 & \cdots & 0 & -1 \end{vmatrix}=(-1)^{n-1}(n-1)2^{n-2}.$$

(6) **解** 将原行列式化为上三角形行列式. 为此,从第 2 行起,各行均减去第 1 行,得与例 1.3 相仿的行列式

$$D_n \xlongequal[i=2,\cdots,n]{r_i-r_1} \begin{vmatrix} 1+a_1 & 1 & \cdots & 1 \\ -a_1 & a_2 & & \\ \vdots & & \ddots & \\ -a_1 & \cdots & & a_n \end{vmatrix} \xlongequal[i=2,\cdots,n]{c_1+\frac{a_1}{a_i}c_i} \begin{vmatrix} b & 1 & \cdots & 1 \\ 0 & a_2 & & \\ \vdots & & \ddots & \\ 0 & \cdots & & a_n \end{vmatrix},$$

其中 $b = 1 + a_1 + a_1\sum_{i=2}^{n}\frac{1}{a_i} = a_1\left(1+\sum_{i=1}^{n}\frac{1}{a_i}\right)$. 于是

$$D_n = a_1\cdots a_n\left(1+\sum_{i=1}^{n}\frac{1}{a_i}\right).$$

9. 设 $D=\begin{vmatrix} 3 & 1 & -1 & 2 \\ -5 & 1 & 3 & -4 \\ 2 & 0 & 1 & -1 \\ 1 & -5 & 3 & -3 \end{vmatrix}$, D 的 (i,j) 元的代数余子式记作 A_{ij},求 $A_{31}+3A_{32}-2A_{33}+2A_{34}$.

解 与例 13 相仿, $A_{31}+3A_{32}-2A_{33}+2A_{34}$ 等于用 1,3, −2,2 替换 D 的第 3 行对应元素所得行列式,即

$$A_{31}+3A_{32}-2A_{33}+2A_{34} = \begin{vmatrix} 3 & 1 & -1 & 2 \\ -5 & 1 & 3 & -4 \\ 1 & 3 & -2 & 2 \\ 1 & -5 & 3 & -3 \end{vmatrix} \xlongequal{c_4+c_3} \begin{vmatrix} 3 & 1 & -1 & 1 \\ -5 & 1 & 3 & -1 \\ 1 & 3 & -2 & 0 \\ 1 & -5 & 3 & 0 \end{vmatrix}$$

$$\xlongequal{r_2+r_1} \begin{vmatrix} 3 & 1 & -1 & 1 \\ -2 & 2 & 2 & 0 \\ 1 & 3 & -2 & 0 \\ 1 & -5 & 3 & 0 \end{vmatrix} \xlongequal[\text{按 } c_4 \text{ 展开}]{r_2\div(-2)} 2\begin{vmatrix} 1 & -1 & -1 \\ 1 & 3 & -2 \\ 1 & -5 & 3 \end{vmatrix}$$

$$\xlongequal[r_3-r_1]{r_2-r_1} 2\begin{vmatrix} 1 & -1 & -1 \\ 0 & 4 & -1 \\ 0 & -4 & 4 \end{vmatrix} \xlongequal{r_3+r_2} 2\begin{vmatrix} 1 & -1 & -1 \\ 0 & 4 & -1 \\ 0 & 0 & 3 \end{vmatrix}$$

$$=24.$$

10. 用克拉默法则解下列方程组:

(1) $\begin{cases} x_1+x_2+x_3+x_4=5; \\ x_1+2x_2-x_3+4x_4=-2; \\ 2x_1-3x_2-x_3-5x_4=-2, \\ 3x_1+x_2+2x_3+11x_4=0; \end{cases}$ (2) $\begin{cases} 5x_1+6x_2 = 1, \\ x_1+5x_2+6x_3 = 0, \\ x_2+5x_3+6x_4=0, \\ x_3+5x_4=1. \end{cases}$

解　(1) $D=\begin{vmatrix}1&1&1&1\\1&2&-1&4\\2&-3&-1&-5\\3&1&2&11\end{vmatrix}\xlongequal[r_4-3r_1]{\substack{r_2-r_1\\r_3-2r_1}}\begin{vmatrix}1&1&1&1\\0&1&-2&3\\0&-5&-3&-7\\0&-2&-1&8\end{vmatrix}$

$$\xlongequal[r_4+2r_2]{r_3+5r_2}\begin{vmatrix}1&1&1&1\\0&1&-2&3\\0&0&-13&8\\0&0&-5&14\end{vmatrix}=\begin{vmatrix}1&1\\0&1\end{vmatrix}\begin{vmatrix}-13&8\\-5&14\end{vmatrix}=-142;$$

$$D_1=\begin{vmatrix}5&1&1&1\\-2&2&-1&4\\-2&-3&-1&-5\\0&1&2&11\end{vmatrix}\xlongequal[r_4-2r_1]{\substack{r_2+r_1\\r_3+r_1}}\begin{vmatrix}5&1&1&1\\3&3&0&5\\3&-2&0&-4\\-10&-1&0&9\end{vmatrix}$$

$$\xlongequal{按\,c_3\,展开}\begin{vmatrix}3&3&5\\3&-2&-4\\-10&-1&9\end{vmatrix}\xlongequal[r_2-2r_3]{r_1+3r_3}\begin{vmatrix}-27&0&32\\23&0&-22\\-10&-1&9\end{vmatrix}$$

$$=\begin{vmatrix}-27&32\\23&-22\end{vmatrix}=-142;$$

$$D_2=\begin{vmatrix}1&5&1&1\\1&-2&-1&4\\2&-2&-1&-5\\3&0&2&11\end{vmatrix}\xlongequal[r_4-3r_1]{\substack{r_2-r_1\\r_3-2r_1}}\begin{vmatrix}1&5&1&1\\0&-7&-2&3\\0&-12&-3&-7\\0&-15&-1&8\end{vmatrix}$$

$$=\begin{vmatrix}-7&-2&3\\-12&-3&-7\\-15&-1&8\end{vmatrix}\xlongequal[r_2-3r_3]{r_1-2r_3}\begin{vmatrix}23&0&-13\\33&0&-31\\-15&-1&8\end{vmatrix}$$

$$\xlongequal{按\,c_2\,展开}\begin{vmatrix}23&-13\\33&-31\end{vmatrix}=-284;$$

$$D_3=\begin{vmatrix}1&1&5&1\\1&2&-2&4\\2&-3&-2&-5\\3&1&0&11\end{vmatrix}\xlongequal[r_4-3r_1]{\substack{r_2-r_1\\r_3-2r_1}}\begin{vmatrix}1&1&5&1\\0&1&-7&3\\0&-5&-12&-7\\0&-2&-15&8\end{vmatrix}.$$

$$\xlongequal[r_4+2r_2]{r_3+5r_2}\begin{vmatrix}1&1&5&1\\0&1&-7&3\\0&0&-47&8\\0&0&-29&14\end{vmatrix}=\begin{vmatrix}1&1\\0&1\end{vmatrix}\cdot\begin{vmatrix}-47&8\\-29&14\end{vmatrix}=-426;$$

$$D_4=\begin{vmatrix}1&1&1&5\\1&2&-1&-2\\2&-3&-1&-2\\3&1&2&0\end{vmatrix}\xlongequal[\substack{r_3-2r_1\\r_4-3r_1}]{r_2-r_1}\begin{vmatrix}1&1&1&5\\0&1&-2&-7\\0&-5&-3&-12\\0&-2&-1&-15\end{vmatrix}$$

$$\xlongequal[r_4+2r_2]{r_3+5r_2}\begin{vmatrix}1&1&1&5\\0&1&-2&-7\\0&0&-13&-47\\0&0&-5&-29\end{vmatrix}=\begin{vmatrix}-13&-47\\-5&-29\end{vmatrix}=142,$$

由克拉默法则，得

$$x_1=\frac{D_1}{D}=1,x_2=\frac{D_2}{D}=2,x_3=\frac{D_3}{D}=3,x_4=\frac{D_4}{D}=-1;$$

(2) $$D=\begin{vmatrix}5&6&0&0\\1&5&6&0\\0&1&5&6\\0&0&1&5\end{vmatrix}\xlongequal{\text{按 }c_1\text{ 展开}}5\begin{vmatrix}5&6&0\\1&5&6\\0&1&5\end{vmatrix}-\begin{vmatrix}6&0&0\\1&5&6\\0&1&5\end{vmatrix},$$

而 $$\begin{vmatrix}5&6&0\\1&5&6\\0&1&5\end{vmatrix}=5\begin{vmatrix}5&6\\1&5\end{vmatrix}-\begin{vmatrix}6&0\\1&5\end{vmatrix}=65; \qquad (*)$$

$$\begin{vmatrix}6&0&0\\1&5&6\\0&1&5\end{vmatrix}=114,$$

于是 $D=325-114=211$；

$$D_1=\begin{vmatrix}1&6&0&0\\0&5&6&0\\0&1&5&6\\1&0&1&5\end{vmatrix}\xlongequal{\text{按 }c_1\text{ 展开}}\begin{vmatrix}5&6&0\\1&5&6\\0&1&5\end{vmatrix}-\begin{vmatrix}6&0&0\\5&6&0\\1&5&6\end{vmatrix}$$

$$\xlongequal{\text{由}(*)\text{式}}65-216=-151;$$

$$D_2=\begin{vmatrix}5&1&0&0\\1&0&6&0\\0&0&5&6\\0&1&1&5\end{vmatrix}\xlongequal{\text{按 }c_2\text{ 展开}}-\begin{vmatrix}1&6&0\\0&5&6\\0&1&5\end{vmatrix}+\begin{vmatrix}5&0&0\\1&6&0\\0&5&6\end{vmatrix}$$

$$=-19+180=161;$$

$$D_3=\begin{vmatrix}5&6&1&0\\1&5&0&0\\0&1&0&6\\0&0&1&5\end{vmatrix}\xlongequal{\text{按 } c_3 \text{ 展开}}\begin{vmatrix}1&5&0\\0&1&6\\0&0&5\end{vmatrix}-\begin{vmatrix}5&6&0\\1&5&0\\0&1&6\end{vmatrix}$$

$$=5-114=-109;$$

$$D_4=\begin{vmatrix}5&6&0&1\\1&5&6&0\\0&1&5&0\\0&0&1&1\end{vmatrix}\xlongequal{\text{按 } c_4 \text{ 展开}}-\begin{vmatrix}1&5&6\\0&1&5\\0&0&1\end{vmatrix}+\begin{vmatrix}5&6&0\\1&5&6\\0&1&5\end{vmatrix}$$

$$\xlongequal{\text{由}(*)\text{式}}-1+65=64.$$

由克拉默法则，得

$$x_1=\frac{D_1}{D}=-\frac{151}{211},x_2=\frac{D_2}{D}=\frac{161}{211},x_3=\frac{D_3}{D}=-\frac{109}{211},x_4=\frac{D_4}{D}=\frac{64}{211}.$$

11. 问 λ,μ 取何值时，齐次线性方程组

$$\begin{cases}\lambda x_1+x_2+x_3=0,\\x_1+\mu x_2+x_3=0,\\x_1+2\mu x_2+x_3=0\end{cases}$$

有非零解？

解 由定理 5′，此时方程组的系数行列式必须为 0.

因 $$D=\begin{vmatrix}\lambda&1&1\\1&\mu&1\\1&2\mu&1\end{vmatrix}\xlongequal{r_3-r_2}\begin{vmatrix}\lambda&1&1\\1&\mu&1\\0&\mu&0\end{vmatrix}=-\mu(\lambda-1),$$

故只有当 $\mu=0$ 或 $\lambda=1$ 时，方程组才可能有非零解.

当 $\mu=0$，原方程组成为

$$\begin{cases}\lambda x_1+x_2+x_3=0,\\x_1+x_3=0,\end{cases}$$

显然 $x_1=1,x_2=1-\lambda,x_3=-1$ 是它的一个非零解；

当 $\lambda=1$，原方程组成为

$$\begin{cases}x_1+x_2+x_3=0,\\x_1+\mu x_2+x_3=0,\\x_1+2\mu x_2+x_3=0,\end{cases}$$

显然，$x_1=-1,x_2=0,x_3=1$ 是它的一个非零解.

因此，当 $\mu=0$ 或 $\lambda=1$ 时，方程组有非零解.

注 定理 5(或定理 5′)仅表明齐次线性方程组要有非零解，它的系数行列

式必为零.至于这条件是否充分将在第三章中予以解决,目前还是应验证它有非零解.下题也是同样情形.

12. 问 λ 取何值时,齐次线性方程组

$$\begin{cases}(1-\lambda)x_1 - 2x_2 + 4x_3 = 0,\\ 2x_1 + (3-\lambda)x_2 + x_3 = 0,\\ x_1 + x_2 + (1-\lambda)x_3 = 0\end{cases}$$

有非零解?

解　若方程组有非零解,由定理 5′,它的系数行列式 $D=0$.

因

$$D=\begin{vmatrix}1-\lambda & -2 & 4\\ 2 & 3-\lambda & 1\\ 1 & 1 & 1-\lambda\end{vmatrix} \xlongequal{r_1\leftrightarrow r_3} -\begin{vmatrix}1 & 1 & 1-\lambda\\ 2 & 3-\lambda & 1\\ 1-\lambda & -2 & 4\end{vmatrix}$$

$$\xlongequal[r_3-(1-\lambda)r_1]{r_2-2r_1} -\begin{vmatrix}1 & 1 & 1-\lambda\\ 0 & 1-\lambda & 2\lambda-1\\ 0 & -3+\lambda & 4-(1-\lambda)^2\end{vmatrix}$$

$$=-\begin{vmatrix}1-\lambda & 2\lambda-1\\ -3+\lambda & 4-(1-\lambda)^2\end{vmatrix} \xlongequal{c_2+c_1} -\begin{vmatrix}1-\lambda & \lambda\\ \lambda-3 & 3\lambda-\lambda^2\end{vmatrix}$$

$$\xlongequal[r_2\div(\lambda-3)]{c_3\div\lambda} -\lambda(\lambda-3)\begin{vmatrix}1-\lambda & 1\\ 1 & -1\end{vmatrix} = -\lambda(\lambda-2)(\lambda-3).$$

故 $D=0\Rightarrow\lambda=0$ 或 $\lambda=2$ 或 $\lambda=3$,并且不难验证:

当 $\lambda=0$ 时,$x_1=-2,x_2=1,x_3=1$;当 $\lambda=2$ 时,$x_1=-2,x_2=3,x_3=1$;当 $\lambda=3$ 时,$x_1=-1,x_2=5,x_3=2$ 均是该方程组的非零解.所以当 $\lambda=0,2,3$ 时方程组有非零解.

习题 1(附答案和提示)

1.1　计算行列式

$$D=\begin{vmatrix}1823 & 823 & 23 & 3\\ 1549 & 549 & 49 & 9\\ 1667 & 667 & 67 & 7\\ 1986 & 986 & 86 & 6\end{vmatrix}.$$

1.2　计算四阶行列式

$$D=\begin{vmatrix}1+a & 1 & 1 & 1\\ 1 & 1-a & 1 & 1\\ 1 & 1 & 1+b & 1\\ 1 & 1 & 1 & 1-b\end{vmatrix}.$$

1.3 求满足下列方程的实数 x,y,z:

$$\begin{vmatrix} 1 & x & y & z \\ x & 1 & 0 & 0 \\ y & 0 & 1 & 0 \\ z & 0 & 0 & 1 \end{vmatrix}=1.$$

1.4 计算 n 阶行列式

$$D_n=\begin{vmatrix} a_0 & -1 & & & \\ b_1 & a_1 & -1 & & \\ & & & \ddots & \\ \vdots & & \ddots & & \\ & & & & -1 \\ b_{n-1} & & & & a_{n-1} \end{vmatrix}\ (\text{未标明元素均为零}).$$

1.5 计算 n 阶行列式

$$D_n=\begin{vmatrix} 1+a_1^2 & a_1a_2 & \cdots & a_1a_n \\ a_2a_1 & 1+a_2^2 & \cdots & a_2a_n \\ \vdots & \vdots & & \vdots \\ a_na_1 & a_na_2 & \cdots & 1+a_n^2 \end{vmatrix}.$$

1.6 已知多项式

$$f(x)=\begin{vmatrix} x+1 & 2 & x-3 & 2 \\ 1 & 2x+2 & 7 & 5 \\ 3x+1 & 3 & 3x+3 & 8 \\ 1 & 8 & 0 & 4x+4 \end{vmatrix},$$

求 $f(x)$的最高次项.

答案和提示

1.1 -4×10^7.

1.2 $D=a^2b^2$.

1.3 提示:将 D 按第一行展开,得 $x^2+y^2+z^2=0$,解得 $x=y=z=0$.

1.4 $D_n=a_0a_1\cdots a_{n-1}+b_1a_2\cdots a_{n-1}+\cdots+b_{n-2}a_{n-1}+b_{n-1}$.

1.5 $1+\sum_{i=1}^{n}a_i^2$.

1.6 $112x^3$.

第二章
矩阵及其运算

基本要求

1. 理解矩阵的概念，知道零矩阵、对角矩阵、单位矩阵、对称矩阵等特殊的矩阵.

2. 熟练掌握矩阵的线性运算（即矩阵的加法及矩阵与数的乘法）、矩阵与矩阵的乘法、矩阵的转置、方阵的行列式以及它们的运算规律.

3. 理解可逆矩阵的概念、性质以及矩阵可逆的充要条件. 理解伴随矩阵的概念和性质，会用伴随矩阵求矩阵的逆阵.

4. 知道分块矩阵及其运算规律. 熟悉矩阵的行向量组和列向量组.

内容提要

1. 矩阵的定义与记号

$m\times n$ 矩阵，记作 $\boldsymbol{A}$ 或 $\boldsymbol{A}_{m\times n}$. 矩阵的第 i 行、第 j 列元素称为该矩阵的 (i,j) 元；以 a_{ij} 为 (i,j) 元的矩阵记作 (a_{ij}) 或 $(a_{ij})_{m\times n}$.

n 阶矩阵（或称 n 阶方阵），记作 $\boldsymbol{A}$ 或 $\boldsymbol{A}_n$. 列矩阵（或称列向量），常用 $\boldsymbol{a},\boldsymbol{\alpha}$，$\boldsymbol{x}$ 表示；行矩阵（或称行向量），常用 $\boldsymbol{a}^{\mathrm{T}},\boldsymbol{\alpha}^{\mathrm{T}},\boldsymbol{x}^{\mathrm{T}}$ 表示.

零矩阵，记作 $\boldsymbol{O}$ 或 $\boldsymbol{O}_{m\times n}$. 对角阵，也记作 $\mathrm{diag}(\lambda_1,\lambda_2,\cdots,\lambda_n)$. 单位阵，记作 $\boldsymbol{E}$ 或 $\boldsymbol{E}_n$.

如同教材的约定一样，本书中的矩阵除特别说明者外，都指实矩阵，即矩阵的元素都是实数.

设 $\boldsymbol{A}=(a_{ij})$，$\boldsymbol{B}=(b_{ij})$ 是两个 $m\times n$ 矩阵，如果

$$a_{ij}=b_{ij},\ i=1,2,\cdots,m;\ j=1,2,\cdots,n,$$

那么称矩阵 $\boldsymbol{A}$ 与 $\boldsymbol{B}$ 相等，记作 $\boldsymbol{A}=\boldsymbol{B}$.

2. 矩阵的运算及运算规律

(1) 矩阵的加法满足：

(i) $\boldsymbol{A}+\boldsymbol{B}=\boldsymbol{B}+\boldsymbol{A}$；

(ii) $(\boldsymbol{A}+\boldsymbol{B})+\boldsymbol{C}=\boldsymbol{A}+(\boldsymbol{B}+\boldsymbol{C})$.

(2) 数乘矩阵满足(其中 $\lambda,\mu\in\mathbb{R}$)：

(i) $\lambda(\mu\boldsymbol{A})=(\lambda\mu)\boldsymbol{A}$；

(ii) $(\lambda+\mu)\boldsymbol{A}=\lambda\boldsymbol{A}+\mu\boldsymbol{A}$；

(iii) $\lambda(\boldsymbol{A}+\boldsymbol{B})=\lambda\boldsymbol{A}+\boldsymbol{\lambda B}$.

(3) 矩阵与矩阵相乘满足(设运算都是可行的)：

(i) $(\boldsymbol{AB})\boldsymbol{C}=\boldsymbol{A}(\boldsymbol{BC})$；

(ii) $\boldsymbol{A}(\boldsymbol{B}+\boldsymbol{C})=\boldsymbol{AB}+\boldsymbol{AC},(\boldsymbol{A}+\boldsymbol{B})\boldsymbol{C}=\boldsymbol{AC}+\boldsymbol{BC}$；

(iii) $(\lambda\boldsymbol{A})\boldsymbol{B}=\boldsymbol{A}(\lambda\boldsymbol{B})=\lambda(\boldsymbol{AB})$.

矩阵的乘法不满足交换律.若方阵 $\boldsymbol{A}$ 与 $\boldsymbol{B}$ 满足 $\boldsymbol{AB}=\boldsymbol{BA}$,则称方阵 $\boldsymbol{A}$ 与 $\boldsymbol{B}$ 是可交换的.

当 $\boldsymbol{AB}=\boldsymbol{O}$ 时,$\boldsymbol{A}$ 与 $\boldsymbol{B}$ 可以都不是零矩阵.

(4) 矩阵的转置满足：

(i) $(\boldsymbol{A}^{\mathrm{T}})^{\mathrm{T}}=\boldsymbol{A}$；

(ii) $(\boldsymbol{A}+\boldsymbol{B})^{\mathrm{T}}=\boldsymbol{A}^{\mathrm{T}}+\boldsymbol{B}^{\mathrm{T}}$；

(iii) $(\lambda\boldsymbol{A})^{\mathrm{T}}=\lambda\boldsymbol{A}^{\mathrm{T}}$；

(iv) $(\boldsymbol{AB})^{\mathrm{T}}=\boldsymbol{B}^{\mathrm{T}}\boldsymbol{A}^{\mathrm{T}}$.

若方阵 $\boldsymbol{A}$ 满足 $\boldsymbol{A}^{\mathrm{T}}=\boldsymbol{A}$,则称 $\boldsymbol{A}$ 为对称阵.$\boldsymbol{A}=(a_{ij})_n$ 为对称阵的充要条件是 $a_{ij}=a_{ji}(i,j=1,2,\cdots,n)$.

(5) 方阵的幂和方阵的多项式.

设 $\varphi(\lambda)=a_0+a_1\lambda+\cdots+a_m\lambda^m$ 为 λ 的 m 次多项式,记

$$\varphi(\boldsymbol{A})=a_0\boldsymbol{E}+a_1\boldsymbol{A}+\cdots+a_m\boldsymbol{A}^m,$$

$\varphi(\boldsymbol{A})$称为方阵 $\boldsymbol{A}$ 的 m 次多项式.

方阵的幂和多项式满足：

(i) $\boldsymbol{A}^k\boldsymbol{A}^l=\boldsymbol{A}^{k+l},(\boldsymbol{A}^k)^l=\boldsymbol{A}^{kl}(k,l\in\mathbb{Z}_+)$；

(ii) 设 $\varphi(\boldsymbol{A}),f(\boldsymbol{A})$是 $\boldsymbol{A}$ 的两个多项式,则 $\varphi(\boldsymbol{A})f(\boldsymbol{A})=f(\boldsymbol{A})\varphi(\boldsymbol{A})$.

因此,方阵的多项式可以像数的多项式一样分解因式.

(6) 方阵的行列式满足：

(i) $|\boldsymbol{A}^{\mathrm{T}}|=|\boldsymbol{A}|$；

(ii) $|\lambda\boldsymbol{A}_n|=\lambda^n|\boldsymbol{A}_n|$；

(iii) $|\boldsymbol{AB}|=|\boldsymbol{A}||\boldsymbol{B}|$.

3. 逆矩阵

(1) 定义 对于方阵 $\boldsymbol{A}$ 若有方阵 $\boldsymbol{B}$ 使

$$\boldsymbol{AB}=\boldsymbol{BA}=\boldsymbol{E},$$

则称矩阵 $\boldsymbol{A}$ 是可逆的, $\boldsymbol{B}$ 称为 $\boldsymbol{A}$ 的逆阵,并记为 $\boldsymbol{B}=\boldsymbol{A}^{-1}$.

(2) 方阵 $\boldsymbol{A}$ 可逆 $\Leftrightarrow |\boldsymbol{A}|\neq 0$

$\Leftrightarrow$ 存在方阵 $\boldsymbol{B}$, 使 $\boldsymbol{AB}=\boldsymbol{E}$

$\Leftrightarrow$ 存在方阵 $\boldsymbol{B}$, 使 $\boldsymbol{BA}=\boldsymbol{E}$.

(3) 逆阵的性质

(i) 若 $\boldsymbol{A}$ 可逆,则 $\boldsymbol{A}^{-1}$ 也可逆,且 $(\boldsymbol{A}^{-1})^{-1}=\boldsymbol{A}$;

(ii) 若 $\boldsymbol{A}$ 可逆,则 $\boldsymbol{A}^{\mathrm{T}}$ 也可逆,且 $(\boldsymbol{A}^{\mathrm{T}})^{-1}=(\boldsymbol{A}^{-1})^{\mathrm{T}}$;

(iii) 若 $\boldsymbol{A}$ 可逆, $k\neq 0$, 则 $k\boldsymbol{A}$ 也可逆,且 $(k\boldsymbol{A})^{-1}=\dfrac{1}{k}\boldsymbol{A}^{-1}$;

(iv) 若 $\boldsymbol{A}, \boldsymbol{B}$ 均可逆,则 $\boldsymbol{AB}$ 也可逆,且 $(\boldsymbol{AB})^{-1}=\boldsymbol{B}^{-1}\boldsymbol{A}^{-1}$.

(4) 伴随矩阵

方阵 $\boldsymbol{A}$ 的伴随阵 $\boldsymbol{A}^{*}$ 定义为

$$\boldsymbol{A}^{*}=(A_{ij})^{\mathrm{T}}.$$

其中 A_{ij} 是行列式 $|\boldsymbol{A}|$ 中 (i,j) 元的代数余子式.

伴随阵具有下述性质:

(i) $\boldsymbol{AA}^{*}=\boldsymbol{A}^{*}\boldsymbol{A}=|\boldsymbol{A}|\boldsymbol{E}$;

(ii) 若 $|\boldsymbol{A}|\neq 0$, 则 $\boldsymbol{A}^{-1}=\dfrac{1}{|\boldsymbol{A}|}\boldsymbol{A}^{*}$, $\boldsymbol{A}^{*}=|\boldsymbol{A}|\boldsymbol{A}^{-1}$.

4. 分块矩阵

用一些横线和竖线把矩阵分成若干小块,这种“操作”称为对矩阵进行分块;矩阵分块后,以子块为元素的形式上的矩阵称为分块矩阵,分块矩阵在运算时,可以把每个小块看做“数”来运算.

利用把矩阵按列(行)分块,建立起矩阵与列(行)向量组的对应.这是第四章中讨论问题的基本方法.

5. 克拉默法则用矩阵语言叙述为:

若方阵 $\boldsymbol{A}$ 的行列式 $|\boldsymbol{A}|\neq 0$, 则方程 $\boldsymbol{Ax}=\boldsymbol{b}$ 有惟一解

$$\boldsymbol{x}=\frac{1}{|\boldsymbol{A}|}\boldsymbol{A}^{*}\boldsymbol{b}\quad(\text{即 } \boldsymbol{x}=\boldsymbol{A}^{-1}\boldsymbol{b}).$$

其中 $\boldsymbol{A}^{*}$ 为 $\boldsymbol{A}$ 的伴随阵.

学 习 要 点

矩阵是本课程研究的主要对象,也是本课程讨论问题的主要工具.因此,本

章所述矩阵的概念及其运算都是最基本的,应切实掌握.矩阵的线性运算(即矩阵的加法和数乘)是容易掌握的.需要重点关注的是矩阵乘法和逆阵的概念.矩阵乘法除需熟练掌握外,还需理解它不满足交换律及消去律,明了由此特性带来的不同于实数乘法的运算规则.要理解逆矩阵的概念,熟悉矩阵可逆的条件,知道伴随矩阵的性质及利用伴随矩阵求逆矩阵的公式.知道分块矩阵的概念,着重了解按列分块矩阵和按行分块矩阵的运算规则,对于利用分块法简化矩阵运算的技巧,不必追求.

释疑解难

问 2.1　矩阵运算与我们熟悉的实数运算的本质区别是什么?

答　两者的一些本质区别在于:

(1) 实数乘法是可交换的,而矩阵乘法是不满足交换律的,这表现在:若矩阵 $\boldsymbol{A}$ 与 $\boldsymbol{B}$ 可乘,但 $\boldsymbol{B}$ 与 $\boldsymbol{A}$ 未必可乘;$\boldsymbol{A}_{m\times n}\boldsymbol{B}_{n\times m}$ 为 m 阶矩阵,$\boldsymbol{B}_{n\times m}\boldsymbol{A}_{m\times n}$ 为 n 阶矩阵,当 $m\neq n$ 时 $\boldsymbol{AB}\neq\boldsymbol{BA}$;即使 $\boldsymbol{A},\boldsymbol{B}$ 均为 n 阶方阵,$\boldsymbol{AB}$ 也未必等于 $\boldsymbol{BA}$.例如

取 $\boldsymbol{A}=\begin{pmatrix}1 & -1\\ 0 & 0\end{pmatrix},\boldsymbol{B}=\begin{pmatrix}1 & 0\\ 1 & 0\end{pmatrix}$,则

$$\boldsymbol{AB}=\boldsymbol{O},\text{而 }\boldsymbol{BA}=\begin{pmatrix}1 & -1\\ 1 & -1\end{pmatrix}. \tag{2.1}$$

正缘于此,矩阵的乘法就有 $\boldsymbol{B}$ 左乘 $\boldsymbol{A}$(即 $\boldsymbol{BA}$)与 $\boldsymbol{B}$ 右乘 $\boldsymbol{A}$(即 $\boldsymbol{AB}$)之分.

(2) 由(2.1)式可知,即使 $\boldsymbol{A}\neq\boldsymbol{O},\boldsymbol{B}\neq\boldsymbol{O}$,但它们的乘积 $\boldsymbol{AB}$ 也仍可能是零矩阵.这种情况在实数运算中是不可能发生的.因为若有 $ab=0,a,b\in\mathbb{R}$,则 a,b 中至少有一个数是零.

(3) 在实数运算中,若有方程 $ax=0$ 且 $a\neq0$,则它必有惟一解 $x=0$;等价地,若有方程 $ax=ay$ 且 $a\neq0$,则有 $x=y$,即 a 可从方程两边消去,这种运算规律称为消去律.(2.1)式表明,若矩阵 $\boldsymbol{A},\boldsymbol{X}$ 满足 $\boldsymbol{AX}=\boldsymbol{O}$,且 $\boldsymbol{A}\neq\boldsymbol{O}$,并不能得出 $\boldsymbol{X}=\boldsymbol{O}$;等价地,若有矩阵方程 $\boldsymbol{AX}=\boldsymbol{AY}$,且 $\boldsymbol{A}\neq\boldsymbol{O}$,并不能把 $\boldsymbol{A}$ 从方程两边消去,得出 $\boldsymbol{X}=\boldsymbol{Y}$.进一步,按克拉默法则,若 $\boldsymbol{A}$ 为方阵且 $|\boldsymbol{A}|\neq0$,则由 $\boldsymbol{AX}=\boldsymbol{O}$,可得出 $\boldsymbol{X}=\boldsymbol{O}$,这表明矩阵乘法消去律成立的条件与实数乘法也不一样.教材在第三章中给出了(当 $\boldsymbol{A}$ 不一定是方阵时)由 $\boldsymbol{AX}=\boldsymbol{O}$ 可推出 $\boldsymbol{X}=\boldsymbol{O}$ 的充要条件是 $\boldsymbol{A}$ 为列满秩矩阵.

问 2.2　设 $\boldsymbol{A}$ 是 n 阶矩阵($n\geqslant2$),下列等式是否正确?为什么?

(1) $|k\boldsymbol{A}|=|k||\boldsymbol{A}|$;　　(2) $(k\boldsymbol{A})^*=k\boldsymbol{A}^*\ (k\neq0)$.

答 (1) 不正确.由方阵的行列式的性质知道 $|k\boldsymbol{A}|=k^n|\boldsymbol{A}|$.

(2) 不正确.因由伴随矩阵的定义

$(k\boldsymbol{A})^*$ 的 (j,i) 元 = 矩阵 $k\boldsymbol{A}$ 中 (i,j) 元的代数余子式

$$=(-1)^{i+j}\begin{vmatrix} ka_{11} & \cdots & ka_{1,j-1} & ka_{1,j+1} & \cdots & ka_{1n} \\ \vdots & & \vdots & \vdots & & \vdots \\ ka_{i-1,1} & \cdots & ka_{i-1,j-1} & ka_{i-1,j+1} & \cdots & ka_{i-1,n} \\ ka_{i+1,1} & \cdots & ka_{i+1,j-1} & ka_{i+1,j+1} & \cdots & ka_{i+1,n} \\ \vdots & & \vdots & \vdots & & \vdots \\ ka_{n1} & \cdots & ka_{n,j-1} & ka_{n,j+1} & \cdots & ka_{nn} \end{vmatrix}$$

$$=k^{n-1}A_{ij},$$

所以

$$(k\boldsymbol{A})^*=k^{n-1}\boldsymbol{A}^*.$$

问 2.3 $\boldsymbol{A}$ 的伴随矩阵 $\boldsymbol{A}^*$ 有些什么重要的性质?

答 (1) 基本性质 $\boldsymbol{A}^*\boldsymbol{A}=\boldsymbol{A}\boldsymbol{A}^*=|\boldsymbol{A}|\boldsymbol{E}$;

(2) 当 $|\boldsymbol{A}|\neq 0$ 时,有 $\boldsymbol{A}^{-1}=\dfrac{1}{|\boldsymbol{A}|}\boldsymbol{A}^*$, $(\boldsymbol{A}^*)^{-1}=\dfrac{1}{|\boldsymbol{A}|}\boldsymbol{A}$;

(3) $|\boldsymbol{A}^*|=|\boldsymbol{A}|^{n-1}$(这里 n 是方阵 $\boldsymbol{A}$ 的阶数,见习题 25);

(4) $(\boldsymbol{A}^*)^{\mathrm{T}}=(\boldsymbol{A}^{\mathrm{T}})^*$, $(\boldsymbol{A}^*)^{-1}=(\boldsymbol{A}^{-1})^*$.

问 2.4 称一个行列式不等于零的方阵为非奇异矩阵有什么缘由?非奇异矩阵有什么重要意义?

答 奇异一词由英语 singular 译来,意为异常的,独一无二的.如果我们定义实数 a 是可逆的:存在实数 b,使 $ab(=ba)=1$,那么,所有非零数 a 均可逆,且其逆为其倒数:$a^{-1}=\dfrac{1}{a}$;0 是独一无二的不可逆的实数,因而它就显得奇异.另一方面,方阵 $\boldsymbol{A}$ 可逆的充要条件是 $\det \boldsymbol{A}\neq 0$.与实数的情形对照起来,行列式等于零的矩阵也就显得奇异.

非奇异矩阵或可逆矩阵是线性代数中最重要和最基本的概念之一,在问3.7中有关于可逆矩阵性质的概括.这里把它与实数的情形作一比较,以加深对它的理解:

实数集合 $\mathbb{R}$	n 阶矩阵集合 M_n
元素 a 可逆 $\Leftrightarrow$ 存在 b,使 $ab=ba=1$ $\Leftrightarrow a\neq 0$ $\Leftrightarrow$ 存在 b,使 $ab=1$	元素 $\boldsymbol{A}$ 可逆 $\Leftrightarrow$ 存在 $\boldsymbol{B}$,使 $\boldsymbol{AB}=\boldsymbol{BA}=\boldsymbol{E}$ $\Leftrightarrow \det \boldsymbol{A}\neq 0$ $\Leftrightarrow$ 存在 $\boldsymbol{B}$,使 $\boldsymbol{AB}=\boldsymbol{E}$

如果把实数 1 称为 $\mathbb{R}$ 中乘法的"单位元素",把单位矩阵 $\boldsymbol{E}$ 称为 M_n 中乘法的"单

位元素”,并把两者对应起来;同时把$\mathbb{R}$中非奇异元素 $a\neq0$ 对应于 M_n 中非奇异元素$\boldsymbol{A}$:$\det \boldsymbol{A}\neq0$,则从运算角度抽象地看,二者是没有什么差别的,(这里 M_n 表示 n 阶方阵全体).

正如实数方程 $ax=b$,当 $a\neq0$ 时有解 $x=a^{-1}b=\dfrac{b}{a}$一样,非奇异矩阵的一个最直接的应用就是求解矩阵方程 $\boldsymbol{AX}=\boldsymbol{B}$,当 $\boldsymbol{A}$ 为非奇异矩阵时,它有解 $\boldsymbol{X}=\boldsymbol{A}^{-1}\boldsymbol{B}$.另一方面,也应看到矩阵是一个数表,远比一个数复杂,所以当 $\boldsymbol{A}$ 为奇异矩阵时,甚至 $\boldsymbol{A}$ 不是方阵时,仍可讨论方程 $\boldsymbol{AX}=\boldsymbol{B}$ 的解(见第三章).

问 2.5 矩阵与行列式有什么区别与联系?

答 矩阵的记号(数表外加括号)与行列式记号(数表外加两竖线)很相像,但它们是两个截然不同的概念,不要混淆,更不要随意混用.矩阵是一个数表,而行列式则是一个数.另一方面,方阵与它的行列式又是紧密相关的.方阵确定了它的行列式;而行列式又是方阵特性的重要标志.如问 2.4 所述,根据行列式是否为 0,把方阵划分为奇异与非奇异两类,这样的分类具有基本而深刻的意义.第三章中将要把方阵的行列式这一概念推广为矩阵的 k 阶子式的概念,用以揭示出矩阵更深刻的特性.

问 2.6 矩阵多项式有什么意义?

答 (1) 设有 x 的 m 次多项式

$$\varphi(x)=a_mx^m+\cdots+a_1x+a_0,$$

当文字 x 用n 阶矩阵$\boldsymbol{A}$ 替代时,就成为矩阵多项式

$$\varphi(\boldsymbol{A})=a_m\boldsymbol{A}^m+\cdots+a_1\boldsymbol{A}+a_0\boldsymbol{E},$$

(注意常数项 a_0被替代成 $a_0\boldsymbol{E}$.)它满足:

(i) $\varphi(\boldsymbol{A})$也是 n 阶矩阵;

(ii) 设 $\varphi(\boldsymbol{A})$和 $\psi(\boldsymbol{A})$为矩阵 $\boldsymbol{A}$ 的两个多项式,那么尽管矩阵乘法不满足交换律,但 $\varphi(\boldsymbol{A})$与 $\psi(\boldsymbol{A})$总是可交换的,即

$$\varphi(\boldsymbol{A})\psi(\boldsymbol{A})=\psi(\boldsymbol{A})\varphi(\boldsymbol{A}),$$

从而熟知的普通多项式的乘法规则和因式分解规则,对于矩阵多项式也成立,如

$$(\boldsymbol{A}+\boldsymbol{E})^m=\boldsymbol{E}+\sum_{k=1}^{m}\mathrm{C}_m^k\boldsymbol{A}^k$$

(2) 就像实数多项式是最重要、最基本的函数之一那样,矩阵多项式也是线性代数的重要而基本的内容.教材中仅介绍了矩阵多项式的一种特殊的计算法,即

(i) 若 $\boldsymbol{\Lambda}=\mathrm{diag}(\lambda_1,\cdots,\lambda_n)$,则 $\varphi(\boldsymbol{\Lambda})=\mathrm{diag}(\varphi(\lambda_1),\cdots,\varphi(\lambda_n))$;

(ii) 若 $\boldsymbol{A}=\boldsymbol{PBP}^{-1}$,则 $\varphi(\boldsymbol{A})=\boldsymbol{P}\varphi(\boldsymbol{B})\boldsymbol{P}^{-1}$.

第五章中将讨论如何求对角阵 $\boldsymbol{\Lambda}$ 和可逆阵 $\boldsymbol{P}$,使 $\boldsymbol{A}=\boldsymbol{P\Lambda P}^{-1}$,从而求得

$\varphi(\boldsymbol{A})=\boldsymbol{P}\varphi(\boldsymbol{\Lambda})\boldsymbol{P}^{-1}$.

例题剖析与增补

例 4 求矩阵

$$\boldsymbol{A}=\begin{pmatrix}1&0&3&-1\\2&1&0&2\end{pmatrix} \text{与} \boldsymbol{B}=\begin{pmatrix}4&1&0\\-1&1&3\\2&0&1\\1&3&4\end{pmatrix}$$

的乘积 $\boldsymbol{AB}$.

析 这是利用矩阵乘法定义的基本计算题. 矩阵乘法比数的乘法要复杂,也许要问,为什么要这样来定义矩阵乘法. 教材已用线性变换等例子作了说明. 这里再举一个例子. 如教材例 1,设矩阵 $\boldsymbol{A}$ 为某公司向三个商店发送四种产品的数量表

$$\begin{array}{cc} & \begin{array}{cccc}\text{空调} & \text{冰箱} & 29''\text{彩电} & 25''\text{彩电}\end{array}\\ \boldsymbol{A}=\begin{array}{c}\text{甲商店}\\\text{乙商店}\\\text{丙商店}\end{array} & \begin{pmatrix}30&20&50&20\\0&7&10&0\\50&40&50&50\end{pmatrix}\end{array},$$

矩阵 $\boldsymbol{B}$ 是这四种产品的售价(单位:百元)及重量(单位:千克)的数表

$$\begin{array}{cc} & \begin{array}{cc}\text{售价} & \text{重量}\end{array}\\ \boldsymbol{B}=\begin{array}{c}\text{空　调}\\\text{冰　箱}\\29''\text{彩电}\\25''\text{彩电}\end{array} & \begin{pmatrix}30&40\\16&30\\22&30\\18&20\end{pmatrix}\end{array},$$

则该公司向每个商店发送产品的总售价及总重量,用矩阵(数表)表示恰好是 $\boldsymbol{AB}$,即

$$\begin{array}{cc} & \begin{array}{cc}\text{售价} & \text{重量}\end{array}\\ \boldsymbol{AB}=\begin{array}{c}\text{甲商店}\\\text{乙商店}\\\text{丙商店}\end{array} & \begin{pmatrix}2680&3700\\332&510\\4140&5700\end{pmatrix}\end{array}.$$

例 5 求矩阵 $\boldsymbol{A}=\begin{pmatrix}-2&4\\1&-2\end{pmatrix}$, $\boldsymbol{B}=\begin{pmatrix}2&4\\-3&-6\end{pmatrix}$ 的乘积 $\boldsymbol{AB}$ 及 $\boldsymbol{BA}$.

析 本例的意义已超出单纯的计算,而是表明:(1) 矩阵乘法不满足交换律;(2) 实数乘法的消去律不能简单套用于矩阵乘法,即(i)若 $\boldsymbol{AB}=\boldsymbol{O}$,且 $\boldsymbol{A}\neq$

O,不能推出 $B=O$;(ii) 若 $A(X-Y)=O$,且 $A\neq O$,不能推出 $X=Y$(详见问 2.1).

例 8 设列矩阵 $X=(x_1,x_2,\cdots,x_n)^{\mathrm{T}}$ 满足 $X^{\mathrm{T}}X=1$,E 是 n 阶单位矩阵,$H=E-2XX^{\mathrm{T}}$,证明 H 是对称阵,且 $HH^{\mathrm{T}}=E$.

析 (1) 当 X 为 $n\times 1$ 的列矩阵时,XX^{T} 为 n 阶方阵,而 $X^{\mathrm{T}}X$ 是一阶方阵,也就是一个数.

(2) 因为矩阵 XX^{T} 与 E 可交换,所以

$$(E-2XX^{\mathrm{T}})^2=E-4XX^{\mathrm{T}}+4(XX^{\mathrm{T}})^2,$$

又因矩阵乘法满足结合律,所以

$$(XX^{\mathrm{T}})^2=(XX^{\mathrm{T}})(XX^{\mathrm{T}})=X(X^{\mathrm{T}}X)X^{\mathrm{T}}=X1X^{\mathrm{T}}=XX^{\mathrm{T}},$$

易证 H 是对称阵,于是得 $HH^{\mathrm{T}}=H^2=E$.

例 9 证明 $AA^*=A^*A=|A|E$.

析 这是方阵 A 的伴随矩阵 A^* 的基本而重要的性质,应当作为公式熟练掌握(A^* 的性质可参见问 2.3).

例 10 求二阶矩阵 $A=\begin{pmatrix}a & b\\ c & d\end{pmatrix}$的逆阵.

析 当 $ad-bc\neq 0$ 时,

$$\begin{pmatrix}a & b\\ c & d\end{pmatrix}^{-1}=\frac{1}{ad-bc}\begin{pmatrix}d & -b\\ -c & a\end{pmatrix}.$$

此式应当作为公式熟练应用.

例 11 求方阵 $A=\begin{pmatrix}1 & 2 & 3\\ 2 & 2 & 1\\ 3 & 4 & 3\end{pmatrix}$的逆阵.

析 本例是求三阶矩阵的逆阵.利用公式 $A^{-1}=\dfrac{1}{|A|}A^*$ 来计算时,计算量较大,较容易出错.本例给出一个“标准程序”,值得仿效.注意它是计算 M_{ij},而不直接算 A_{ij},这有助于减少出错.

例 12 设

$$A=\begin{pmatrix}1 & 2 & 3\\ 2 & 2 & 1\\ 3 & 4 & 3\end{pmatrix},B=\begin{pmatrix}2 & 1\\ 5 & 3\end{pmatrix},C=\begin{pmatrix}1 & 3\\ 2 & 0\\ 3 & 1\end{pmatrix},$$

求矩阵 X,使其满足

$$AXB=C.$$

析 本例是求解矩阵方程,其解为 $X=A^{-1}CB^{-1}$.注意这里不能写成 $X=$

$B^{-1}CA^{-1}$,更不能写成 $X=\dfrac{C}{AB}$(矩阵没有除法).

例 13 设 $P=\begin{pmatrix}1&2\\1&4\end{pmatrix}$, $\Lambda=\begin{pmatrix}1&0\\0&2\end{pmatrix}$且 $AP=P\Lambda$,求 A^n.

例 14 设 $P=\begin{pmatrix}-1&1&1\\1&0&2\\1&1&-1\end{pmatrix}$, $\Lambda=\begin{pmatrix}1&&\\&2&\\&&-3\end{pmatrix}$, $AP=P\Lambda$,

求 $\varphi(A)=A^3+2A^2-3A$.

析 这两例是关于方阵的幂或多项式的计算.它们的方法往往不是直接计算 A 的幂或多项式,而是如这两例所介绍的方法:先把 A 通过可逆矩阵 P 与对角阵 Λ 联系起来,

$$A=P\Lambda P^{-1}\Rightarrow A^k=P\Lambda^kP^{-1}$$
$$\Rightarrow\varphi(A)=P\varphi(\Lambda)P^{-1}.$$

上式表明,当 $A=P\Lambda P^{-1}$时,A 的幂和多项式可经由对角阵 Λ 的同一幂和同一多项式来计算,而后者的计算,如教材所示,是非常容易的.

例 17 证明矩阵 $A=O$ 的充要条件是 $A^{\mathrm T}A=O$.

析 由本例可得以下结果:

$$A^{\mathrm T}A=O\Leftrightarrow AA^{\mathrm T}=O\Leftrightarrow A=O.$$

此结果的特例是:若 a 为列向量,则

$$a^{\mathrm T}a=0\Leftrightarrow a=\mathbf{0}.$$

例 2.1 设方阵 A 满足 $A^2+A=4E$,证明 $A-E$ 可逆,并求其逆.

解 由 $(A-E)(A+kE)=A^2+(k-1)A-kE$,取 $k=2$,有

$$(A-E)(A+2E)=A^2+A-2E=4E-2E=2E,$$

于是
$$(A-E)\left(\frac{1}{2}(A+2E)\right)=E.$$

由矩阵可逆的充要条件(定理 2 的推论),知矩阵 $A-E$ 可逆,且

$$(A-E)^{-1}=\frac{1}{2}(A+2E).$$

注 对于类似于本例的问题,往往用类似于数的多项式的乘法或因式分解,对矩阵多项式乘以适当的因式或作因式分解,利用定理 2 的推论可以同时解决逆阵的存在性及表达式.

例 2.2 设 $A=\begin{pmatrix}1&0&1\\0&2&0\\1&0&1\end{pmatrix}$, $n\geqslant2$ 为正整数,求 A^n-2A^{n-1}.

解 因 $A^2=\begin{pmatrix}1&0&1\\0&2&0\\1&0&1\end{pmatrix}\begin{pmatrix}1&0&1\\0&2&0\\1&0&1\end{pmatrix}=2\begin{pmatrix}1&0&1\\0&2&0\\1&0&1\end{pmatrix}=2A$,即 A 满足 $A^2=$

$2\boldsymbol{A}$,利用此关系式得

$$\boldsymbol{A}^n-2\boldsymbol{A}^{n-1}=\boldsymbol{A}^{n-2}(\boldsymbol{A}^2-2\boldsymbol{A})=\boldsymbol{A}^{n-2}\boldsymbol{O}=\boldsymbol{O}.$$

注 本例是方阵求幂问题.方阵求幂大致有两种方法.一是根据所给矩阵 $\boldsymbol{A}$,找出 $\boldsymbol{A}$ 所满足的关系式(如本例及下例);或通过具体计算 $\boldsymbol{A}^2,\boldsymbol{A}^3$ 等等,找出求 $\boldsymbol{A}$ 的幂的规律(习题 8);另一种,也是更主要的,是如教材例 13 和例 14 所用的方法(见例 13 和例 14 之析).

例 2.3 已知 $\boldsymbol{\alpha}=(1,2,3)^{\mathrm{T}},\boldsymbol{\beta}=\left(1,\frac{1}{2},\frac{1}{3}\right)^{\mathrm{T}}$.又方阵 $\boldsymbol{A}=\boldsymbol{\alpha\beta}^{\mathrm{T}}$,求 $\boldsymbol{A}^n$.

解 由方阵幂的定义有

$$\boldsymbol{A}^n=\underbrace{(\boldsymbol{\alpha\beta}^{\mathrm{T}})(\boldsymbol{\alpha\beta}^{\mathrm{T}})\cdots(\boldsymbol{\alpha\beta}^{\mathrm{T}})}_{n\text{个}}.$$

把上式看做 $2n$ 个矩阵的乘积,使用结合律,得

$$\boldsymbol{A}^n=\boldsymbol{\alpha}\underbrace{(\boldsymbol{\beta}^{\mathrm{T}}\boldsymbol{\alpha})\cdots(\boldsymbol{\beta}^{\mathrm{T}}\boldsymbol{\alpha})}_{(n-1)\text{个}}\boldsymbol{\beta}^{\mathrm{T}}.$$

注意到矩阵 $\boldsymbol{\beta}^{\mathrm{T}}\boldsymbol{\alpha}$ 是一个 1×1 的矩阵,也即是一个数,$\boldsymbol{\beta}^{\mathrm{T}}\boldsymbol{\alpha}=3$,根据矩阵数乘的运算规则,有

$$\boldsymbol{A}^n=\boldsymbol{\alpha}3^{n-1}\boldsymbol{\beta}^{\mathrm{T}}=3^{n-1}\boldsymbol{\alpha\beta}^{\mathrm{T}}=3^{n-1}\begin{pmatrix}1\\2\\3\end{pmatrix}\left(1,\frac{1}{2},\frac{1}{3}\right)=3^{n-1}\begin{pmatrix}1&\frac{1}{2}&\frac{1}{3}\\2&1&\frac{2}{3}\\3&\frac{3}{2}&1\end{pmatrix}.$$

例 2.4 设 $\boldsymbol{A}$ 是 n 阶非零方阵,且满足 $\boldsymbol{A}^*=\boldsymbol{A}^{\mathrm{T}}$.证明 $|\boldsymbol{A}|\neq0$.

证 把题设条件 $\boldsymbol{A}^*=\boldsymbol{A}^{\mathrm{T}}$ 代入公式 $\boldsymbol{A}^*\boldsymbol{A}=|\boldsymbol{A}|\boldsymbol{E}$ 中,即有 $\boldsymbol{A}^{\mathrm{T}}\boldsymbol{A}=|\boldsymbol{A}|\boldsymbol{E}$.为证 $|\boldsymbol{A}|\neq0$,用反证法:若 $|\boldsymbol{A}|=0$,则 $\boldsymbol{A}^{\mathrm{T}}\boldsymbol{A}=\boldsymbol{O}$,根据例 17 的结论知 $\boldsymbol{A}$ 为零矩阵,此与题设 $\boldsymbol{A}$ 为非零矩阵矛盾,故 $|\boldsymbol{A}|\neq0$.

例 2.5 设矩阵 $\boldsymbol{X}$ 满足 $\boldsymbol{AXA}+\boldsymbol{BXB}=\boldsymbol{AXB}+\boldsymbol{BXA}+\boldsymbol{E}$,其中矩阵 $\boldsymbol{A}=\begin{pmatrix}1&0&0\\1&1&0\\1&1&1\end{pmatrix},\boldsymbol{B}=\begin{pmatrix}0&1&1\\1&0&1\\1&1&0\end{pmatrix}$,$\boldsymbol{E}$ 为 3 阶单位阵,求 $\boldsymbol{X}$.

解 由题设矩阵方程得

$$\begin{aligned}&\boldsymbol{AX}(\boldsymbol{A}-\boldsymbol{B})+\boldsymbol{BX}(\boldsymbol{B}-\boldsymbol{A})=\boldsymbol{E}\\&\Rightarrow\boldsymbol{AX}(\boldsymbol{A}-\boldsymbol{B})-\boldsymbol{BX}(\boldsymbol{A}-\boldsymbol{B})=\boldsymbol{E}\\&\Rightarrow(\boldsymbol{A}-\boldsymbol{B})\boldsymbol{X}(\boldsymbol{A}-\boldsymbol{B})=\boldsymbol{E},\end{aligned}\tag{2.2}$$

由于 $|\boldsymbol{A}-\boldsymbol{B}|=\begin{vmatrix}1&-1&-1\\0&1&-1\\0&0&1\end{vmatrix}\neq0$,故 $\boldsymbol{A}-\boldsymbol{B}$ 可逆,且

$$(\boldsymbol{A}-\boldsymbol{B})^{-1}=\begin{pmatrix}1&1&2\\0&1&1\\0&0&1\end{pmatrix}.$$

于是,用$(\boldsymbol{A}-\boldsymbol{B})^{-1}$左乘、右乘(2.2)式的等号两边,得

$$\boldsymbol{X}=(\boldsymbol{A}-\boldsymbol{B})^{-1}(\boldsymbol{A}-\boldsymbol{B})^{-1}=[(\boldsymbol{A}-\boldsymbol{B})^{-1}]^2=\begin{pmatrix}1&2&5\\0&1&2\\0&0&1\end{pmatrix}.$$

例 2.6　设矩阵 $\boldsymbol{X}$ 满足

$$\boldsymbol{A}^*\boldsymbol{X}=\boldsymbol{A}^{-1}\boldsymbol{B}+2\boldsymbol{X},$$

其中 $\boldsymbol{A}=\begin{pmatrix}1&1&-1\\-1&1&1\\1&-1&1\end{pmatrix},\boldsymbol{B}=\begin{pmatrix}1&1\\1&0\\0&-1\end{pmatrix}$,

求矩阵 $\boldsymbol{X}$.

解　因$|\boldsymbol{A}|=4$,故 $\boldsymbol{A}^*=|\boldsymbol{A}|\boldsymbol{A}^{-1}=4\boldsymbol{A}^{-1}$,代入矩阵方程得

$$4\boldsymbol{A}^{-1}\boldsymbol{X}=\boldsymbol{A}^{-1}\boldsymbol{B}+2\boldsymbol{X}$$
$$\Rightarrow 4\boldsymbol{X}=\boldsymbol{B}+2\boldsymbol{A}\boldsymbol{X}\quad(\text{用 }\boldsymbol{A}\text{ 左乘上式两边})$$
$$\Rightarrow 2(2\boldsymbol{E}-\boldsymbol{A})\boldsymbol{X}=\boldsymbol{B}.$$

因 $2\boldsymbol{E}-\boldsymbol{A}=\begin{pmatrix}1&-1&1\\1&1&-1\\-1&1&1\end{pmatrix}$是可逆阵,且$(2\boldsymbol{E}-\boldsymbol{A})^{-1}=\dfrac{1}{2}\begin{pmatrix}1&1&0\\0&1&1\\1&0&1\end{pmatrix}$,用

$(2\boldsymbol{E}-\boldsymbol{A})^{-1}$左乘上式等号两边,得

$$2\boldsymbol{X}=(2\boldsymbol{E}-\boldsymbol{A})^{-1}\boldsymbol{B}$$
$$\Rightarrow \boldsymbol{X}=\frac{1}{2}(2\boldsymbol{E}-\boldsymbol{A})^{-1}\boldsymbol{B}$$
$$=\frac{1}{4}\begin{pmatrix}1&1&0\\0&1&1\\1&0&1\end{pmatrix}\begin{pmatrix}1&1\\1&0\\0&-1\end{pmatrix}=\frac{1}{4}\begin{pmatrix}2&1\\1&-1\\1&0\end{pmatrix}.$$

注　本例与上例都是求解矩阵方程,因此必须注意在问 2.1 中提出的几点.求解矩阵方程,一般先将方程化简,然后代入具体的元素以求出未知矩阵,这样可以使步骤清晰,计算量减少.

例 2.7　设 $\boldsymbol{\alpha}_1,\boldsymbol{\alpha}_2,\boldsymbol{\alpha}_3,\boldsymbol{\beta}_1,\boldsymbol{\beta}_2$ 均为 4 维列向量,行列式 $\det(\boldsymbol{\alpha}_1,\boldsymbol{\alpha}_2,\boldsymbol{\alpha}_3,\boldsymbol{\beta}_1)=m,\det(\boldsymbol{\alpha}_1,\boldsymbol{\alpha}_2,\boldsymbol{\beta}_2,\boldsymbol{\alpha}_3)=n$.求 $\det(\boldsymbol{\alpha}_3,\boldsymbol{\alpha}_2,\boldsymbol{\alpha}_1,\boldsymbol{\beta}_1+\boldsymbol{\beta}_2)$.

解　因所求行列式的第四列元素均是两个数之和,于是可按第四列拆成两个行列式:

$$\det(\boldsymbol{\alpha}_3,\boldsymbol{\alpha}_2,\boldsymbol{\alpha}_1,\boldsymbol{\beta}_1+\boldsymbol{\beta}_2)=\det(\boldsymbol{\alpha}_3,\boldsymbol{\alpha}_2,\boldsymbol{\alpha}_1,\boldsymbol{\beta}_1)+\det(\boldsymbol{\alpha}_3,\boldsymbol{\alpha}_2,\boldsymbol{\alpha}_1,\boldsymbol{\beta}_2)$$

$$= -\det(\boldsymbol{\alpha}_1,\boldsymbol{\alpha}_2,\boldsymbol{\alpha}_3,\boldsymbol{\beta}_1)+\det(\boldsymbol{\alpha}_1,\boldsymbol{\alpha}_2,\boldsymbol{\beta}_2,\boldsymbol{\alpha}_3)$$
$$= n-m.$$

例 2.8 设 $\boldsymbol{A}=\boldsymbol{E}-\boldsymbol{\alpha}\boldsymbol{\alpha}^{\mathrm{T}}$，其中 $\boldsymbol{E}$ 是 n 阶单位矩阵，$\boldsymbol{\alpha}$ 是 n 维非零列向量，$\boldsymbol{\alpha}^{\mathrm{T}}$是 $\boldsymbol{\alpha}$ 的转置.证明：

(1) $\boldsymbol{A}^2=\boldsymbol{A}$ 的充要条件是$\boldsymbol{\alpha}^{\mathrm{T}}\boldsymbol{\alpha}=1$；

(2) 当 $\boldsymbol{\alpha}^{\mathrm{T}}\boldsymbol{\alpha}=1$ 时，$\boldsymbol{A}$ 不是可逆矩阵.

证 (1) 先计算 $\boldsymbol{A}^2$：

$$\begin{aligned}\boldsymbol{A}^2&=(\boldsymbol{E}-\boldsymbol{\alpha}\boldsymbol{\alpha}^{\mathrm{T}})(\boldsymbol{E}-\boldsymbol{\alpha}\boldsymbol{\alpha}^{\mathrm{T}})=\boldsymbol{E}-2\boldsymbol{\alpha}\boldsymbol{\alpha}^{\mathrm{T}}+(\boldsymbol{\alpha}\boldsymbol{\alpha}^{\mathrm{T}})(\boldsymbol{\alpha}\boldsymbol{\alpha}^{\mathrm{T}})\\&=\boldsymbol{E}-2\boldsymbol{\alpha}\boldsymbol{\alpha}^{\mathrm{T}}+(\boldsymbol{\alpha}^{\mathrm{T}}\boldsymbol{\alpha})(\boldsymbol{\alpha}\boldsymbol{\alpha}^{\mathrm{T}})=\boldsymbol{E}-\boldsymbol{\alpha}\boldsymbol{\alpha}^{\mathrm{T}}+(\boldsymbol{\alpha}^{\mathrm{T}}\boldsymbol{\alpha}-1)\boldsymbol{\alpha}\boldsymbol{\alpha}^{\mathrm{T}}\\&=\boldsymbol{A}+(\boldsymbol{\alpha}^{\mathrm{T}}\boldsymbol{\alpha}-1)\boldsymbol{\alpha}\boldsymbol{\alpha}^{\mathrm{T}}.\end{aligned}$$

(这里应用矩阵乘法的结合律，并注意到 $\boldsymbol{\alpha}^{\mathrm{T}}\boldsymbol{\alpha}$ 是一个数.)

于是 $$\boldsymbol{A}^2=\boldsymbol{A}\Leftrightarrow(\boldsymbol{\alpha}^{\mathrm{T}}\boldsymbol{\alpha}-1)\boldsymbol{\alpha}\boldsymbol{\alpha}^{\mathrm{T}}=\boldsymbol{O}\Leftrightarrow\boldsymbol{\alpha}^{\mathrm{T}}\boldsymbol{\alpha}-1=0\Leftrightarrow\boldsymbol{\alpha}^{\mathrm{T}}\boldsymbol{\alpha}=1.$$

(因 $\boldsymbol{\alpha}\neq\boldsymbol{0}$，故 $\boldsymbol{\alpha}\boldsymbol{\alpha}^{\mathrm{T}}$为非零 n 阶矩阵.)

(2) 由(1)知，此时，$\boldsymbol{A}^2=\boldsymbol{A}$.反证：若 $\boldsymbol{A}$ 是可逆矩阵，用 $\boldsymbol{A}^{-1}$左乘 $\boldsymbol{A}^2=\boldsymbol{A}$ 的两边，得 $\boldsymbol{A}=\boldsymbol{E}$.又由题设 $\boldsymbol{A}=\boldsymbol{E}-\boldsymbol{\alpha}\boldsymbol{\alpha}^{\mathrm{T}}$，因而 $\boldsymbol{\alpha}\boldsymbol{\alpha}^{\mathrm{T}}=\boldsymbol{O}$，此与 $\boldsymbol{\alpha}$ 为非零向量矛盾.故 $\boldsymbol{A}$ 不可逆.

习 题 解 答

1. 计算下列乘积：

(1) $\begin{pmatrix}4&3&1\\1&-2&3\\5&7&0\end{pmatrix}\begin{pmatrix}7\\2\\1\end{pmatrix}$；　(2) $(1,2,3)\begin{pmatrix}3\\2\\1\end{pmatrix}$；　(3) $\begin{pmatrix}2\\1\\3\end{pmatrix}(-1,2)$；

(4) $\begin{pmatrix}2&1&4&0\\1&-1&3&4\end{pmatrix}\begin{pmatrix}1&3&1\\0&-1&2\\1&-3&1\\4&0&-2\end{pmatrix}$；

(5) $(x_1,x_2,x_3)\begin{pmatrix}a_{11}&a_{12}&a_{13}\\a_{12}&a_{22}&a_{23}\\a_{13}&a_{23}&a_{33}\end{pmatrix}\begin{pmatrix}x_1\\x_2\\x_3\end{pmatrix}$.

解 (1) $\begin{pmatrix}4&3&1\\1&-2&3\\5&7&0\end{pmatrix}_{3\times3}\begin{pmatrix}7\\2\\1\end{pmatrix}_{3\times1}=\begin{pmatrix}35\\6\\49\end{pmatrix}_{3\times1}$；

(2) $(1,2,3)_{1\times 3}\begin{pmatrix}3\\2\\1\end{pmatrix}_{3\times 1}=(10)_{1\times 1}=10$;

(3) $\begin{pmatrix}2\\1\\3\end{pmatrix}_{3\times 1}(-1,2)_{1\times 2}=\begin{pmatrix}-2&4\\-1&2\\-3&6\end{pmatrix}_{3\times 2}$;

(4) $\begin{pmatrix}2&1&4&0\\1&-1&3&4\end{pmatrix}_{2\times 4}\begin{pmatrix}1&3&1\\0&-1&2\\1&-3&1\\4&0&-2\end{pmatrix}_{4\times 3}=\begin{pmatrix}6&-7&8\\20&-5&-6\end{pmatrix}_{2\times 3}$;

(5) $$(x_1,x_2,x_3)_{1\times 3}\begin{pmatrix}a_{11}&a_{12}&a_{13}\\a_{12}&a_{22}&a_{23}\\a_{13}&a_{23}&a_{33}\end{pmatrix}_{3\times 3}\begin{pmatrix}x_1\\x_2\\x_3\end{pmatrix}_{3\times 1}$$

$$=(x_1,x_2,x_3)_{1\times 3}\begin{pmatrix}a_{11}x_1+a_{12}x_2+a_{13}x_3\\a_{12}x_1+a_{22}x_2+a_{23}x_3\\a_{13}x_1+a_{23}x_2+a_{33}x_3\end{pmatrix}_{3\times 1}$$

$$=a_{11}x_1^2+a_{12}x_1x_2+a_{13}x_1x_3+a_{12}x_2x_1+a_{22}x_2^2+a_{23}x_2x_3+a_{13}x_3x_1+a_{23}x_3x_2+a_{33}x_3^2$$

$$=a_{11}x_1^2+a_{22}x_2^2+a_{33}x_3^2+2a_{12}x_1x_2+2a_{13}x_1x_3+2a_{23}x_2x_3.$$

2. 设 $\boldsymbol{A}=\begin{pmatrix}1&1&1\\1&1&-1\\1&-1&1\end{pmatrix}$, $\boldsymbol{B}=\begin{pmatrix}1&2&3\\-1&-2&4\\0&5&1\end{pmatrix}$,

求 $3\boldsymbol{AB}-2\boldsymbol{A}$ 及 $\boldsymbol{A}^{\mathrm{T}}\boldsymbol{B}$.

解

$$\boldsymbol{AB}=\begin{pmatrix}1&1&1\\1&1&-1\\1&-1&1\end{pmatrix}\begin{pmatrix}1&2&3\\-1&-2&4\\0&5&1\end{pmatrix}=\begin{pmatrix}0&5&8\\0&-5&6\\2&9&0\end{pmatrix}.$$

于是 $$3\boldsymbol{AB}-2\boldsymbol{A}=3\begin{pmatrix}0&5&8\\0&-5&6\\2&9&0\end{pmatrix}-2\begin{pmatrix}1&1&1\\1&1&-1\\1&-1&1\end{pmatrix}$$

$$=\begin{pmatrix}0&15&24\\0&-15&18\\6&27&0\end{pmatrix}-\begin{pmatrix}2&2&2\\2&2&-2\\2&-2&2\end{pmatrix}=\begin{pmatrix}-2&13&22\\-2&-17&20\\4&29&-2\end{pmatrix};$$

因 $\boldsymbol{A}^{\mathrm{T}}=\boldsymbol{A}$,即 $\boldsymbol{A}$ 为对称阵,故

$$A^{\mathrm{T}}B = AB = \begin{pmatrix} 0 & 5 & 8 \\ 0 & -5 & 6 \\ 2 & 9 & 0 \end{pmatrix}.$$

3. 已知两个线性变换

$$\begin{cases} x_1 = 2y_1 + y_3, \\ x_2 = -2y_1 + 3y_2 + 2y_3, \\ x_3 = 4y_1 + y_2 + 5y_3, \end{cases} \quad \begin{cases} y_1 = -3z_1 + z_2, \\ y_2 = 2z_1 + z_3, \\ y_3 = -z_2 + 3z_3, \end{cases}$$

求从 z_1, z_2, z_3 到 x_1, x_2, x_3 的线性变换.

解 依次将两个线性变换写成矩阵形式:

$$X = AY, Y = BZ,$$

其中 $A = \begin{pmatrix} 2 & 0 & 1 \\ -2 & 3 & 2 \\ 4 & 1 & 5 \end{pmatrix}$, $B = \begin{pmatrix} -3 & 1 & 0 \\ 2 & 0 & 1 \\ 0 & -1 & 3 \end{pmatrix}$ 分别为对应的系数矩阵; $X = \begin{pmatrix} x_1 \\ x_2 \\ x_3 \end{pmatrix}$,

$Y = \begin{pmatrix} y_1 \\ y_2 \\ y_3 \end{pmatrix}$, $Z = \begin{pmatrix} z_1 \\ z_2 \\ z_3 \end{pmatrix}$. 在这些记号下,从 z_1, z_2, z_3 到 x_1, x_2, x_3 的线性变换的矩阵形式为

$$X = AY = A(BZ) = (AB)Z = CZ,$$

这里矩阵

$$C = AB = \begin{pmatrix} 2 & 0 & 1 \\ -2 & 3 & 2 \\ 4 & 1 & 5 \end{pmatrix}\begin{pmatrix} -3 & 1 & 0 \\ 2 & 0 & 1 \\ 0 & -1 & 3 \end{pmatrix} = \begin{pmatrix} -6 & 1 & 3 \\ 12 & -4 & 9 \\ -10 & -1 & 16 \end{pmatrix},$$

即有

$$\begin{cases} x_1 = -6z_1 + z_2 + 3z_3 \\ x_2 = 12z_1 - 4z_2 + 9z_3 \\ x_3 = -10z_1 - z_2 + 16z_3. \end{cases}$$

4. 设 $A = \begin{pmatrix} 1 & 2 \\ 1 & 3 \end{pmatrix}$, $B = \begin{pmatrix} 1 & 0 \\ 1 & 2 \end{pmatrix}$,问:

(1) $AB = BA$ 吗?

(2) $(A+B)^2 = A^2 + 2AB + B^2$ 吗?

(3) $(A+B)(A-B) = A^2 - B^2$ 吗?

解 (1) 因 $AB = \begin{pmatrix} 1 & 2 \\ 1 & 3 \end{pmatrix}\begin{pmatrix} 1 & 0 \\ 1 & 2 \end{pmatrix} = \begin{pmatrix} 3 & 4 \\ 4 & 6 \end{pmatrix}$, $BA = \begin{pmatrix} 1 & 0 \\ 1 & 2 \end{pmatrix}\begin{pmatrix} 1 & 2 \\ 1 & 3 \end{pmatrix} =$

$\begin{pmatrix}1 & 2\\3 & 8\end{pmatrix}$，故 $AB \neq BA$；

(2) $(A+B)^2=(A+B)(A+B)=A^2+AB+BA+B^2$，但由(1)，$AB\neq BA$，故 $AB+BA\neq 2AB$，从而

$$(A+B)^2\neq A^2+2AB+B^2;$$

(3) $(A+B)(A-B)=A^2+BA-AB-B^2$，但由(1)，$AB\neq BA$，故 $BA-AB\neq O$，从而

$$(A+B)(A-B)\neq A^2-B^2.$$

5. 举反例说明下列命题是错误的：

(1) 若 $A^2=O$，则 $A=O$；

(2) 若 $A^2=A$，则 $A=O$ 或 $A=E$；

(3) 若 $AX=AY$，且 $A\neq O$，则 $X=Y$.

解　(1) 取 $A=\begin{pmatrix}0 & 1\\0 & 0\end{pmatrix}$，有 $A^2=O$，但 $A\neq O$；

(2) 取 $A=\begin{pmatrix}1 & 0\\0 & 0\end{pmatrix}$，有 $A^2=A$，但 $A\neq O$ 且 $A\neq E$；

(3) 取 $A=\begin{pmatrix}1 & 0\\0 & 0\end{pmatrix}$，$X=\begin{pmatrix}1 & 0\\0 & 1\end{pmatrix}$，$Y=A=\begin{pmatrix}1 & 0\\0 & 0\end{pmatrix}$，有 $AX=AY$，且 $A\neq O$，但 $X\neq Y$.

6. 设 $A=\begin{pmatrix}1 & 0\\\lambda & 1\end{pmatrix}$，求 $A^2,A^3,\cdots,A^k$.

解　直接计算得 $A^2=\begin{pmatrix}1 & 0\\\lambda & 1\end{pmatrix}\begin{pmatrix}1 & 0\\\lambda & 1\end{pmatrix}=\begin{pmatrix}1 & 0\\2\lambda & 1\end{pmatrix}$，

$$A^3=\begin{pmatrix}1 & 0\\\lambda & 1\end{pmatrix}^2\begin{pmatrix}1 & 0\\\lambda & 1\end{pmatrix}=\begin{pmatrix}1 & 0\\2\lambda & 1\end{pmatrix}\begin{pmatrix}1 & 0\\\lambda & 1\end{pmatrix}=\begin{pmatrix}1 & 0\\3\lambda & 1\end{pmatrix},$$

一般可得

$$A^k=\begin{pmatrix}1 & 0\\k\lambda & 1\end{pmatrix},\tag{2.3}$$

事实上，当 $k=1$ 时，(2.3)式显然成立；

设当 $k=n$ 时，(2.3)式成立，那么当 $k=n+1$ 时，

$$A^{n+1}=A^n\cdot A=\begin{pmatrix}1 & 0\\n\lambda & 1\end{pmatrix}\begin{pmatrix}1 & 0\\\lambda & 1\end{pmatrix}=\begin{pmatrix}1 & 0\\(n+1)\lambda & 1\end{pmatrix}.$$

由归纳法，知(2.3)式成立.

7. 设 $A=\begin{pmatrix}\lambda & 1 & 0\\ 0 & \lambda & 1\\ 0 & 0 & \lambda\end{pmatrix}$,求 A^n.

解 把 A 写成两个矩阵之和

$$A=\begin{pmatrix}\lambda & 0 & 0\\ 0 & \lambda & 0\\ 0 & 0 & \lambda\end{pmatrix}+\begin{pmatrix}0 & 1 & 0\\ 0 & 0 & 1\\ 0 & 0 & 0\end{pmatrix}=\lambda E+B,$$

其中三阶矩阵 $B=\begin{pmatrix}0 & 1 & 0\\ 0 & 0 & 1\\ 0 & 0 & 0\end{pmatrix}$ 满足 $B^2=\begin{pmatrix}0 & 0 & 1\\ 0 & 0 & 0\\ 0 & 0 & 0\end{pmatrix}$, $B^k=O\ (k\geqslant 3)$.

于是

$$\begin{aligned}A^n&=(\lambda E+B)^n=C_n^0\lambda^n E+C_n^1\lambda^{n-1}B+\cdots+C_n^n B^n\\&=C_n^0\lambda^n E+C_n^1\lambda^{n-1}B+C_n^2\lambda^{n-2}B^2\\&=\begin{pmatrix}\lambda^n & C_n^1\lambda^{n-1} & C_n^2\lambda^{n-2}\\ 0 & \lambda^n & C_n^1\lambda^{n-1}\\ 0 & 0 & \lambda^n\end{pmatrix}=\lambda^{n-1}\begin{pmatrix}\lambda^2 & n\lambda & \dfrac{n(n-1)}{2}\\ 0 & \lambda^2 & n\lambda\\ 0 & 0 & \lambda^2\end{pmatrix}\quad(n\geqslant 2).\end{aligned}$$

8. 设 A,B 为 n 阶矩阵,且 A 为对称阵,证明 $B^{\mathrm T}AB$ 也是对称阵.

证 根据矩阵乘积的转置规则,有

$$(B^{\mathrm T}AB)^{\mathrm T}=B^{\mathrm T}A^{\mathrm T}(B^{\mathrm T})^{\mathrm T}=B^{\mathrm T}AB\ (\text{因 } A \text{ 为对称阵}),$$

故由定义,知 $B^{\mathrm T}AB$ 为对称阵.

9. 设 A,B 都是 n 阶对称阵,证明 AB 是对称阵的充要条件是 $AB=BA$.

证 因 $A^{\mathrm T}=A$, $B^{\mathrm T}=B$,故

$$\begin{aligned}AB\ \text{为对称阵}&\Leftrightarrow (AB)^{\mathrm T}=AB\\&\Leftrightarrow B^{\mathrm T}A^{\mathrm T}=AB\Leftrightarrow BA=AB.\end{aligned}$$

10. 求下列矩阵的逆阵:

(1) $\begin{pmatrix}1 & 2\\ 2 & 5\end{pmatrix}$;　　(2) $\begin{pmatrix}\cos\theta & -\sin\theta\\ \sin\theta & \cos\theta\end{pmatrix}$;

(3) $\begin{pmatrix}1 & 2 & -1\\ 3 & 4 & -2\\ 5 & -4 & 1\end{pmatrix}$;　　(4) $\begin{pmatrix}a_1 & & & 0\\ & a_2 & & \\ & & \ddots & \\ 0 & & & a_n\end{pmatrix}$ $(a_1a_2\cdots a_n\neq 0)$.

解 (1) 由二阶方阵的求逆公式(教材例 10)得

$$\begin{pmatrix}1 & 2\\ 2 & 5\end{pmatrix}^{-1}=\frac{1}{\begin{vmatrix}1 & 2\\ 2 & 5\end{vmatrix}}\begin{pmatrix}5 & -2\\ -2 & 1\end{pmatrix}=\begin{pmatrix}5 & -2\\ -2 & 1\end{pmatrix};$$

(2) $\begin{pmatrix}\cos\theta & -\sin\theta\\ \sin\theta & \cos\theta\end{pmatrix}^{-1}=\dfrac{1}{\cos^2\theta+\sin^2\theta}\begin{pmatrix}\cos\theta & \sin\theta\\ -\sin\theta & \cos\theta\end{pmatrix}$

$$=\begin{pmatrix}\cos\theta & \sin\theta\\ -\sin\theta & \cos\theta\end{pmatrix};$$

(3) 因 $|\boldsymbol{A}|=\begin{vmatrix}1 & 2 & -1\\ 3 & 4 & -2\\ 5 & -4 & 1\end{vmatrix}=2\neq 0$，故 $\boldsymbol{A}$ 可逆，并且

$$M_{11}=\begin{vmatrix}4 & -2\\ -4 & 1\end{vmatrix}=-4,\quad M_{21}=\begin{vmatrix}2 & -1\\ -4 & 1\end{vmatrix}=-2,\quad M_{31}=\begin{vmatrix}2 & -1\\ 4 & -2\end{vmatrix}=0,$$

$$M_{12}=\begin{vmatrix}3 & -2\\ 5 & 1\end{vmatrix}=13,\quad M_{22}=\begin{vmatrix}1 & -1\\ 5 & 1\end{vmatrix}=6,\quad M_{32}=\begin{vmatrix}1 & -1\\ 3 & -2\end{vmatrix}=1,$$

$$M_{13}=\begin{vmatrix}3 & 4\\ 5 & -4\end{vmatrix}=-32,\quad M_{23}=\begin{vmatrix}1 & 2\\ 5 & -4\end{vmatrix}=-14,\quad M_{33}=\begin{vmatrix}1 & 2\\ 3 & 4\end{vmatrix}=-2,$$

于是

$$\boldsymbol{A}^{-1}=\frac{1}{|\boldsymbol{A}|}\boldsymbol{A}^*=\frac{1}{2}\begin{pmatrix}M_{11} & -M_{21} & M_{31}\\ -M_{12} & M_{22} & -M_{32}\\ M_{13} & -M_{23} & M_{33}\end{pmatrix}$$

$$=\frac{1}{2}\begin{pmatrix}-4 & 2 & 0\\ -13 & 6 & -1\\ -32 & 14 & -2\end{pmatrix}=\begin{pmatrix}-2 & 1 & 0\\ -\frac{13}{2} & 3 & -\frac{1}{2}\\ -16 & 7 & -1\end{pmatrix};$$

(4) 因 $a_1a_2\cdots a_n\neq 0$，故 $a_i\neq 0$，$i=1,2,\cdots,n$. 于是矩阵 $\boldsymbol{B}=\operatorname{diag}\left(\frac{1}{a_1},\frac{1}{a_2},\cdots,\frac{1}{a_n}\right)$是有意义的，并且因

$$\begin{aligned}\boldsymbol{AB}&=\operatorname{diag}(a_1,a_2,\cdots,a_n)\operatorname{diag}\left(\frac{1}{a_1},\frac{1}{a_2},\cdots,\frac{1}{a_n}\right)\\&=\operatorname{diag}(1,1,\cdots,1)=\boldsymbol{E}_n,\end{aligned}$$

由定理 1 的推论，知 $\boldsymbol{A}$ 可逆，且 $\boldsymbol{A}^{-1}=\boldsymbol{B}=\operatorname{diag}\left(\frac{1}{a_1},\frac{1}{a_2},\cdots,\frac{1}{a_n}\right)$.

注　本题结论值得记取，可当作公式用.

11. 解下列矩阵方程：

(1) $\begin{pmatrix}2 & 5\\ 1 & 3\end{pmatrix}\boldsymbol{X}=\begin{pmatrix}4 & -6\\ 2 & 1\end{pmatrix}$；

(2) $\boldsymbol{X}\begin{pmatrix}2 & 1 & -1\\ 2 & 1 & 0\\ 1 & -1 & 1\end{pmatrix}=\begin{pmatrix}1 & -1 & 3\\ 4 & 3 & 2\end{pmatrix}$；

(3) $\begin{pmatrix}1&4\\-1&2\end{pmatrix}X\begin{pmatrix}2&0\\-1&1\end{pmatrix}=\begin{pmatrix}3&1\\0&-1\end{pmatrix}$;

(4) $\begin{pmatrix}0&1&0\\1&0&0\\0&0&1\end{pmatrix}X\begin{pmatrix}1&0&0\\0&0&1\\0&1&0\end{pmatrix}=\begin{pmatrix}1&-4&3\\2&0&-1\\1&-2&0\end{pmatrix}$.

解 (1) 因矩阵$\begin{pmatrix}2&5\\1&3\end{pmatrix}$的行列式$=1$,不为零,故它可逆,从而用它的逆矩阵左乘方程两边,得.

$$X=\begin{pmatrix}2&5\\1&3\end{pmatrix}^{-1}\begin{pmatrix}4&-6\\2&1\end{pmatrix}$$

$$=\frac{1}{1}\begin{pmatrix}3&-5\\-1&2\end{pmatrix}\begin{pmatrix}4&-6\\2&1\end{pmatrix}=\begin{pmatrix}2&-23\\0&8\end{pmatrix};$$

(2) 记矩阵方程为 $XA_{3\times3}=B_{2\times3}$,因

$$\det A=\begin{vmatrix}2&1&-1\\2&1&0\\1&-1&1\end{vmatrix}\xlongequal{r_1+r_3}\begin{vmatrix}3&0&0\\2&1&0\\1&-1&1\end{vmatrix}=3\neq0,$$

故 A 可逆,用 A^{-1}右乘方程的两边得

$$X=BA^{-1}.$$

又,

$$A^{-1}=\frac{1}{|A|}A^*=\frac{1}{|A|}\begin{pmatrix}M_{11}&-M_{21}&M_{31}\\-M_{12}&M_{22}&-M_{32}\\M_{13}&-M_{23}&M_{33}\end{pmatrix}=\frac{1}{3}\begin{pmatrix}1&0&1\\-2&3&-2\\-3&3&0\end{pmatrix}.$$

于是 $$X=BA^{-1}=\frac{1}{3}\begin{pmatrix}1&-1&3\\4&3&2\end{pmatrix}\begin{pmatrix}1&0&1\\-2&3&-2\\-3&3&0\end{pmatrix}$$

$$=\frac{1}{3}\begin{pmatrix}-6&6&3\\-8&15&-2\end{pmatrix}=\begin{pmatrix}-2&2&1\\-\frac{8}{3}&5&-\frac{2}{3}\end{pmatrix}.$$

(3) 记 $A=\begin{pmatrix}1&4\\-1&2\end{pmatrix}$,$B=\begin{pmatrix}2&0\\-1&1\end{pmatrix}$,$C=\begin{pmatrix}3&1\\0&-1\end{pmatrix}$,则矩阵方程可写为

$$AXB=C.$$

因$|A|=6\neq0$,$|B|=2\neq0$,故 A,B 均可逆.依次用 A^{-1}和 B^{-1}左乘和右乘方程两边得

$$X=A^{-1}CB^{-1}=\begin{pmatrix}1&4\\-1&2\end{pmatrix}^{-1}\begin{pmatrix}3&1\\0&-1\end{pmatrix}\begin{pmatrix}2&0\\-1&1\end{pmatrix}^{-1}$$

$$=\frac{1}{12}\begin{pmatrix}2&-4\\1&1\end{pmatrix}\begin{pmatrix}3&1\\0&-1\end{pmatrix}\begin{pmatrix}1&0\\1&2\end{pmatrix}$$

$$=\frac{1}{12}\begin{pmatrix}12&12\\3&0\end{pmatrix}=\begin{pmatrix}1&1\\\frac{1}{4}&0\end{pmatrix}.$$

(4) 本题与(3)相仿.因矩阵$\begin{pmatrix}0&1&0\\1&0&0\\0&0&1\end{pmatrix}$和$\begin{pmatrix}1&0&0\\0&0&1\\0&1&0\end{pmatrix}$的行列式都是$-1$,故均是可逆阵,并且

$$\begin{pmatrix}0&1&0\\1&0&0\\0&0&1\end{pmatrix}^{-1}=\begin{pmatrix}0&1&0\\1&0&0\\0&0&1\end{pmatrix},\begin{pmatrix}1&0&0\\0&0&1\\0&1&0\end{pmatrix}^{-1}=\begin{pmatrix}1&0&0\\0&0&1\\0&1&0\end{pmatrix},$$

故得　$$\boldsymbol{X}=\begin{pmatrix}0&1&0\\1&0&0\\0&0&1\end{pmatrix}^{-1}\begin{pmatrix}1&-4&3\\2&0&-1\\1&-2&0\end{pmatrix}\begin{pmatrix}1&0&0\\0&0&1\\0&1&0\end{pmatrix}^{-1}$$

$$=\begin{pmatrix}0&1&0\\1&0&0\\0&0&1\end{pmatrix}\begin{pmatrix}1&-4&3\\2&0&-1\\1&-2&0\end{pmatrix}\begin{pmatrix}1&0&0\\0&0&1\\0&1&0\end{pmatrix}$$

$$=\begin{pmatrix}0&1&0\\1&0&0\\0&0&1\end{pmatrix}\begin{pmatrix}1&3&-4\\2&-1&0\\1&0&-2\end{pmatrix}=\begin{pmatrix}2&-1&0\\1&3&-4\\1&0&-2\end{pmatrix}.$$

12. 利用逆矩阵解下列线性方程组:

(1) $\begin{cases}x_1+2x_2+3x_3=1,\\2x_1+2x_2+5x_3=2,\\3x_1+5x_2+x_3=3;\end{cases}$　(2) $\begin{cases}x_1-x_2-x_3=2,\\2x_1-x_2-3x_3=1,\\3x_1+2x_2-5x_3=0.\end{cases}$

解　将方程组写作矩阵形式

$$\boldsymbol{A}\boldsymbol{x}=\boldsymbol{b},$$

这里,$\boldsymbol{A}$ 为系数矩阵,$\boldsymbol{x}=(x_1,x_2,x_3)^{\mathrm{T}}$ 为未知数矩阵,$\boldsymbol{b}$ 为常数矩阵.

(1) 因$|\boldsymbol{A}|=\begin{vmatrix}1&2&3\\2&2&5\\3&5&1\end{vmatrix}=15\neq0$,故 $\boldsymbol{A}$ 可逆,于是

$$\boldsymbol{x}=\boldsymbol{A}^{-1}\boldsymbol{b}=\begin{pmatrix}1&2&3\\2&2&5\\3&5&1\end{pmatrix}^{-1}\begin{pmatrix}1\\2\\3\end{pmatrix}$$

$$=\frac{1}{15}\begin{pmatrix}-23 & 13 & 4\\ 13 & -8 & 1\\ 4 & 1 & -2\end{pmatrix}\begin{pmatrix}1\\2\\3\end{pmatrix}=\frac{1}{15}\begin{pmatrix}15\\0\\0\end{pmatrix}=\begin{pmatrix}1\\0\\0\end{pmatrix},$$

即有

$$\begin{cases}x_1=1,\\ x_2=0,\\ x_3=0;\end{cases}$$

(2) 因 $|\boldsymbol{A}|=\begin{vmatrix}1 & -1 & -1\\ 2 & -1 & -3\\ 3 & 2 & -5\end{vmatrix}=3\neq 0$，故 $\boldsymbol{A}$ 可逆，于是

$$\boldsymbol{x}=\boldsymbol{A}^{-1}\boldsymbol{b}=\begin{pmatrix}1 & -1 & -1\\ 2 & -1 & -3\\ 3 & 2 & -5\end{pmatrix}^{-1}\begin{pmatrix}2\\1\\0\end{pmatrix}$$

$$=\frac{1}{3}\begin{pmatrix}11 & -7 & 2\\ 1 & -2 & 1\\ 7 & -5 & 1\end{pmatrix}\begin{pmatrix}2\\1\\0\end{pmatrix}=\frac{1}{3}\begin{pmatrix}15\\0\\9\end{pmatrix}=\begin{pmatrix}5\\0\\3\end{pmatrix},$$

即有

$$\begin{cases}x_1=5,\\ x_2=0,\\ x_3=3.\end{cases}$$

13. 已知线性变换

$$\begin{cases}x_1=2y_1+2y_2+y_3,\\ x_2=3y_1+y_2+5y_3,\\ x_3=3y_1+2y_2+3y_3.\end{cases}$$

求从变量 x_1,x_2,x_3 到变量 y_1,y_2,y_3 的线性变换.

解 记 $\boldsymbol{x}=(x_1,x_2,x_3)^{\mathrm{T}}$，$\boldsymbol{y}=(y_1,y_2,y_3)^{\mathrm{T}}$，则线性变换的矩阵形式为 $\boldsymbol{x}=\boldsymbol{A}\boldsymbol{y}$，其中 $\boldsymbol{A}$ 为它的系数矩阵. 因 $\det\boldsymbol{A}=\begin{vmatrix}2 & 2 & 1\\ 3 & 1 & 5\\ 3 & 2 & 3\end{vmatrix}=1\neq 0$，故 $\boldsymbol{A}$ 是可逆阵，于是从变量 x_1,x_2,x_3 到变量 y_1,y_2,y_3 的线性变换的矩阵形式为

$$\boldsymbol{y}=\boldsymbol{A}^{-1}\boldsymbol{x}.$$

又，$\boldsymbol{A}^{-1}=\dfrac{1}{|\boldsymbol{A}|}\boldsymbol{A}^{*}=\boldsymbol{A}^{*}=\begin{pmatrix}-7 & -4 & 9\\ 6 & 3 & -7\\ 3 & 2 & -4\end{pmatrix}$，

于是

$$\begin{pmatrix} y_1 \\ y_2 \\ y_3 \end{pmatrix} = \begin{pmatrix} -7 & -4 & 9 \\ 6 & 3 & -7 \\ 3 & 2 & -4 \end{pmatrix} \begin{pmatrix} x_1 \\ x_2 \\ x_3 \end{pmatrix},$$

即

$$\begin{cases} y_1 = -7x_1 - 4x_2 + 9x_3, \\ y_2 = 6x_1 + 3x_2 - 7x_3, \\ y_3 = 3x_1 + 2x_2 - 4x_3. \end{cases}$$

14. 设 $\boldsymbol{A}$ 为三阶矩阵，$|\boldsymbol{A}| = \dfrac{1}{2}$，求 $|(2\boldsymbol{A})^{-1} - 5\boldsymbol{A}^*|$.

解 因 $|\boldsymbol{A}| = \dfrac{1}{2} \neq 0$，故 $\boldsymbol{A}$ 可逆. 于是由

$$\boldsymbol{A}^* = |\boldsymbol{A}|\boldsymbol{A}^{-1} = \frac{1}{2}\boldsymbol{A}^{-1} \text{及} \ (2\boldsymbol{A})^{-1} = \frac{1}{2}\boldsymbol{A}^{-1},$$

得

$$(2\boldsymbol{A})^{-1} - 5\boldsymbol{A}^* = \frac{1}{2}\boldsymbol{A}^{-1} - \frac{5}{2}\boldsymbol{A}^{-1} = -2\boldsymbol{A}^{-1},$$

两端取行列式得

$$|(2\boldsymbol{A})^{-1} - 5\boldsymbol{A}^*| = |-2\boldsymbol{A}^{-1}| = (-2)^3 |\boldsymbol{A}|^{-1} = -16.$$

注 先化简矩阵，再取行列式，往往使计算变得简单.

15. 设 $\boldsymbol{A} = \begin{pmatrix} 0 & 3 & 3 \\ 1 & 1 & 0 \\ -1 & 2 & 3 \end{pmatrix}$，$\boldsymbol{AB} = \boldsymbol{A} + 2\boldsymbol{B}$，求 $\boldsymbol{B}$.

解 由 $\boldsymbol{AB} = \boldsymbol{A} + 2\boldsymbol{B} \Rightarrow (\boldsymbol{A} - 2\boldsymbol{E})\boldsymbol{B} = \boldsymbol{A}$.

因 $\boldsymbol{A} - 2\boldsymbol{E} = \begin{pmatrix} -2 & 3 & 3 \\ 1 & -1 & 0 \\ -1 & 2 & 1 \end{pmatrix}$，它的行列式 $\det(\boldsymbol{A} - 2\boldsymbol{E}) = 2 \neq 0$，故它是可逆阵.

用 $(\boldsymbol{A} - 2\boldsymbol{E})^{-1}$ 左乘上式两边得

$$\boldsymbol{B} = (\boldsymbol{A} - 2\boldsymbol{E})^{-1}\boldsymbol{A} = \begin{pmatrix} -2 & 3 & 3 \\ 1 & -1 & 0 \\ -1 & 2 & 1 \end{pmatrix}^{-1} \begin{pmatrix} 0 & 3 & 3 \\ 1 & 1 & 0 \\ -1 & 2 & 3 \end{pmatrix}$$

$$= \frac{1}{2} \begin{pmatrix} -1 & 3 & 3 \\ -1 & 1 & 3 \\ 1 & 1 & -1 \end{pmatrix} \begin{pmatrix} 0 & 3 & 3 \\ 1 & 1 & 0 \\ -1 & 2 & 3 \end{pmatrix}$$

$$=\frac{1}{2}\begin{pmatrix}0&6&6\\-2&4&6\\2&2&0\end{pmatrix}=\begin{pmatrix}0&3&3\\-1&2&3\\1&1&0\end{pmatrix}.$$

16. 设 $\boldsymbol{A}=\begin{pmatrix}1&0&1\\0&2&0\\1&0&1\end{pmatrix}$,且 $\boldsymbol{AB}+\boldsymbol{E}=\boldsymbol{A}^2+\boldsymbol{B}$,求 $\boldsymbol{B}$.

解 由方程 $\boldsymbol{AB}+\boldsymbol{E}=\boldsymbol{A}^2+\boldsymbol{B}$,合并含有未知矩阵 $\boldsymbol{B}$ 的项,得

$$(\boldsymbol{A}-\boldsymbol{E})\boldsymbol{B}=\boldsymbol{A}^2-\boldsymbol{E}=(\boldsymbol{A}-\boldsymbol{E})(\boldsymbol{A}+\boldsymbol{E}).$$

又,$\boldsymbol{A}-\boldsymbol{E}=\begin{pmatrix}0&0&1\\0&1&0\\1&0&0\end{pmatrix}$,其行列式 $\det(\boldsymbol{A}-\boldsymbol{E})=-1\neq 0$,故 $\boldsymbol{A}-\boldsymbol{E}$ 可逆,用 $(\boldsymbol{A}-\boldsymbol{E})^{-1}$左乘上式两边,即得

$$\boldsymbol{B}=\boldsymbol{A}+\boldsymbol{E}=\begin{pmatrix}2&0&1\\0&3&0\\1&0&2\end{pmatrix}.$$

17. 设 $\boldsymbol{A}=\mathrm{diag}(1,-2,1)$,$\boldsymbol{A}^*\boldsymbol{BA}=2\boldsymbol{BA}-8\boldsymbol{E}$,求 $\boldsymbol{B}$.

解 由于所给矩阵方程中含有 $\boldsymbol{A}$ 及其伴随阵 $\boldsymbol{A}^*$,因此仍从公式 $\boldsymbol{AA}^*=|\boldsymbol{A}|\boldsymbol{E}$着手.为此,用 $\boldsymbol{A}$ 左乘所给方程两边,得

$$\boldsymbol{AA}^*\boldsymbol{BA}=2\boldsymbol{ABA}-8\boldsymbol{A},$$

又,$|\boldsymbol{A}|=-2\neq 0$,故 $\boldsymbol{A}$ 是可逆矩阵,用 $\boldsymbol{A}^{-1}$右乘上式两边,得

$$|\boldsymbol{A}|\boldsymbol{B}=2\boldsymbol{AB}-8\boldsymbol{E}\Rightarrow(2\boldsymbol{A}+2\boldsymbol{E})\boldsymbol{B}=8\boldsymbol{E}\Rightarrow(\boldsymbol{A}+\boldsymbol{E})\boldsymbol{B}=4\boldsymbol{E}.$$

注意到 $\boldsymbol{A}+\boldsymbol{E}=\mathrm{diag}(1,-2,1)+\mathrm{diag}(1,1,1)=\mathrm{diag}(2,-1,2)$是可逆矩阵,且

$$(\boldsymbol{A}+\boldsymbol{E})^{-1}=\mathrm{diag}\left(\frac{1}{2},-1,\frac{1}{2}\right),$$

于是
$$\boldsymbol{B}=4(\boldsymbol{A}+\boldsymbol{E})^{-1}=\mathrm{diag}(2,-4,2).$$

18. 已知矩阵 $\boldsymbol{A}$ 的伴随阵 $\boldsymbol{A}^*=\mathrm{diag}(1,1,1,8)$,且 $\boldsymbol{ABA}^{-1}=\boldsymbol{BA}^{-1}+3\boldsymbol{E}$,求 $\boldsymbol{B}$.

解 先由 $\boldsymbol{A}^*$ 来确定$|\boldsymbol{A}|$.由题意知 $\boldsymbol{A}^{-1}$存在,有 $\boldsymbol{A}^*=|\boldsymbol{A}|\boldsymbol{A}^{-1}$,得 $|\boldsymbol{A}^*|=|\boldsymbol{A}|^4|\boldsymbol{A}^{-1}|=|\boldsymbol{A}|^3$,而$|\boldsymbol{A}^*|=8$,故$|\boldsymbol{A}|=2$.再化简所给矩阵方程

$$\begin{aligned}&\boldsymbol{ABA}^{-1}=\boldsymbol{BA}^{-1}+3\boldsymbol{E}\\ \Rightarrow&(\boldsymbol{A}-\boldsymbol{E})\boldsymbol{BA}^{-1}=3\boldsymbol{E}\\ \Rightarrow&(\boldsymbol{A}-\boldsymbol{E})\boldsymbol{B}=3\boldsymbol{A}\\ \Rightarrow&(\boldsymbol{E}-\boldsymbol{A}^{-1})\boldsymbol{B}=3\boldsymbol{E}.\end{aligned}$$

由$|\boldsymbol{A}|=2$,知 $\boldsymbol{A}^{-1}=\frac{1}{|\boldsymbol{A}|}\boldsymbol{A}^*=\frac{1}{2}\mathrm{diag}(1,1,1,8)=\mathrm{diag}\left(\frac{1}{2},\frac{1}{2},\frac{1}{2},4\right)$,

$$E - A^{-1} = \mathrm{diag}\left(\frac{1}{2}, \frac{1}{2}, \frac{1}{2}, -3\right).$$

得
$$(E - A^{-1})^{-1} = \mathrm{diag}\left(2, 2, 2, -\frac{1}{3}\right).$$

于是
$$B = 3(E - A^{-1})^{-1} = 3\mathrm{diag}\left(2, 2, 2, -\frac{1}{3}\right) = \mathrm{diag}(6, 6, 6, -1).$$

19. 设 $P^{-1}AP = \Lambda$，其中 $P = \begin{pmatrix} -1 & -4 \\ 1 & 1 \end{pmatrix}$，$\Lambda = \begin{pmatrix} -1 & 0 \\ 0 & 2 \end{pmatrix}$，求 A^{11}.

解 本题与教材例 13 相仿. 因 $P^{-1}AP = \Lambda$，故 $A = P\Lambda P^{-1}$.

于是
$$A^{11} = P\Lambda^{11}P^{-1}$$
$$= \begin{pmatrix} -1 & -4 \\ 1 & 1 \end{pmatrix} \begin{pmatrix} -1 & 0 \\ 0 & 2 \end{pmatrix}^{11} \begin{pmatrix} -1 & -4 \\ 1 & 1 \end{pmatrix}^{-1}$$
$$= \frac{1}{3}\begin{pmatrix} -1 & -4 \\ 1 & 1 \end{pmatrix} \begin{pmatrix} -1 & 0 \\ 0 & 2^{11} \end{pmatrix} \begin{pmatrix} 1 & 4 \\ -1 & -1 \end{pmatrix}$$
$$= \frac{1}{3}\begin{pmatrix} 1 + 2^{13} & 4 + 2^{13} \\ -1 - 2^{11} & -4 - 2^{11} \end{pmatrix} = \begin{pmatrix} 2\,731 & 2\,732 \\ -683 & -684 \end{pmatrix}.$$

20. 设 $AP = P\Lambda$，其中 $P = \begin{pmatrix} 1 & 1 & 1 \\ 1 & 0 & -2 \\ 1 & -1 & 1 \end{pmatrix}$，$\Lambda = \begin{pmatrix} -1 & & \\ & 1 & \\ & & 5 \end{pmatrix}$，

求 $\varphi(A) = A^8(5E - 6A + A^2)$.

解 因 $|P| = \begin{vmatrix} 1 & 1 & 1 \\ 1 & 0 & -2 \\ 1 & -1 & 1 \end{vmatrix} = -6 \neq 0$，故 P 是可逆阵. 于是，由 $AP = P\Lambda$

得 $A = P\Lambda P^{-1}$，并且记多项式 $\varphi(x) = x^8(5 - 6x + x^2)$，有
$$\varphi(A) = P\varphi(\Lambda)P^{-1}.$$

因 Λ 是三阶对角阵，故
$$\varphi(\Lambda) = \mathrm{diag}(\varphi(-1), \varphi(1), \varphi(5)) = \mathrm{diag}(12, 0, 0),$$

于是
$$\varphi(A) = \begin{pmatrix} 1 & 1 & 1 \\ 1 & 0 & -2 \\ 1 & -1 & 1 \end{pmatrix} \begin{pmatrix} 12 & & \\ & 0 & \\ & & 0 \end{pmatrix} \left(-\frac{1}{6}P^*\right)$$
$$= -2\begin{pmatrix} 1 & 0 & 0 \\ 1 & 0 & 0 \\ 1 & 0 & 0 \end{pmatrix} \begin{pmatrix} A_{11} & A_{21} & A_{31} \\ * & * & * \\ * & * & * \end{pmatrix}$$
$$= -2\begin{pmatrix} 1 & 0 & 0 \\ 1 & 0 & 0 \\ 1 & 0 & 0 \end{pmatrix} \begin{pmatrix} -2 & -2 & -2 \\ * & * & * \\ * & * & * \end{pmatrix}$$

$$=4\begin{pmatrix}1&1&1\\1&1&1\\1&1&1\end{pmatrix}.$$

注 由于 $\varphi(\boldsymbol{\Lambda})$ 除(1,1)元外均是0，故在求 $\boldsymbol{P}^*$ 时，只需计算 $\boldsymbol{P}$ 的(1,1)元、(2,1)元、(3,1)元的代数余子式 A_{11}，A_{21} 和 A_{31}.

21. 设 $\boldsymbol{A}^k=\boldsymbol{O}$（$k$ 为正整数），证明 $\boldsymbol{E}-\boldsymbol{A}$ 可逆，并且其逆矩阵 $(\boldsymbol{E}-\boldsymbol{A})^{-1}=\boldsymbol{E}+\boldsymbol{A}+\boldsymbol{A}^2+\cdots+\boldsymbol{A}^{k-1}$.

证 由
$$\begin{aligned}(\boldsymbol{E}-\boldsymbol{A})(\boldsymbol{E}+\boldsymbol{A}+\boldsymbol{A}^2+\cdots+\boldsymbol{A}^{k-1})&=\boldsymbol{E}+\boldsymbol{A}+\cdots+\boldsymbol{A}^{k-1}-\boldsymbol{A}-\boldsymbol{A}^2-\cdots-\boldsymbol{A}^k\\&=\boldsymbol{E}-\boldsymbol{O}=\boldsymbol{E},\end{aligned}$$
由定理2之推论知 $\boldsymbol{E}-\boldsymbol{A}$ 可逆，且其逆矩阵 $(\boldsymbol{E}-\boldsymbol{A})^{-1}=\boldsymbol{E}+\boldsymbol{A}+\cdots+\boldsymbol{A}^{k-1}$.

注 判断矩阵 $\boldsymbol{B}$ 是否为 $\boldsymbol{A}$ 的逆矩阵，最直接、最简单的方法就是验证 $\boldsymbol{AB}$（或者 $\boldsymbol{BA}$）是否等于单位矩阵，就像判断3是否为 $\frac{1}{3}$ 的逆只需验证 $\frac{1}{3}\times3$ 是否等于1一样. 下一题及例2.1都是这一思想的应用.

22. 设方阵 $\boldsymbol{A}$ 满足
$$\boldsymbol{A}^2-\boldsymbol{A}-2\boldsymbol{E}=\boldsymbol{O},\tag{2.4}$$
证明 $\boldsymbol{A}$ 及 $\boldsymbol{A}+2\boldsymbol{E}$ 都可逆，并求 $\boldsymbol{A}^{-1}$ 及 $(\boldsymbol{A}+2\boldsymbol{E})^{-1}$.

解 先证 $\boldsymbol{A}$ 可逆. 由(2.4)式得
$$\boldsymbol{A}(\boldsymbol{A}-\boldsymbol{E})=2\boldsymbol{E},$$
也就是
$$\boldsymbol{A}\left(\frac{1}{2}(\boldsymbol{A}-\boldsymbol{E})\right)=\boldsymbol{E}.$$
由定理2之推论知 $\boldsymbol{A}$ 是可逆的，且 $\boldsymbol{A}^{-1}=\frac{1}{2}(\boldsymbol{A}-\boldsymbol{E})$；

再证 $\boldsymbol{A}+2\boldsymbol{E}$ 可逆. 用例2.1的解法，由
$$(\boldsymbol{A}+2\boldsymbol{E})(\boldsymbol{A}-3\boldsymbol{E})=\boldsymbol{A}^2-\boldsymbol{A}-6\boldsymbol{E}=2\boldsymbol{E}-6\boldsymbol{E}=-4\boldsymbol{E},$$
即
$$(\boldsymbol{A}+2\boldsymbol{E})\left[\frac{1}{4}(3\boldsymbol{E}-\boldsymbol{A})\right]=\boldsymbol{E},$$
同理，知 $\boldsymbol{A}+2\boldsymbol{E}$ 可逆，且 $(\boldsymbol{A}+2\boldsymbol{E})^{-1}=\frac{1}{4}(3\boldsymbol{E}-\boldsymbol{A})$.

23. 设矩阵 $\boldsymbol{A}$ 可逆，证明其伴随阵 $\boldsymbol{A}^*$ 也可逆，且 $(\boldsymbol{A}^*)^{-1}=(\boldsymbol{A}^{-1})^*$.

证 因 $\boldsymbol{AA}^*=|\boldsymbol{A}|\boldsymbol{E}$ 及 $|\boldsymbol{A}|\neq0$，由定理2的推论知 $\boldsymbol{A}^*$ 可逆，且
$$(\boldsymbol{A}^*)^{-1}=\frac{1}{|\boldsymbol{A}|}\boldsymbol{A},$$
另一方面，因 $\boldsymbol{A}^{-1}(\boldsymbol{A}^{-1})^*=|\boldsymbol{A}^{-1}|\boldsymbol{E}$.

用 $\boldsymbol{A}$ 左乘此式两边得

$$(\boldsymbol{A}^{-1})^{*}=|\boldsymbol{A}^{-1}|\boldsymbol{A}=\frac{1}{|\boldsymbol{A}|}\boldsymbol{A},$$

比较上面两个式子,即知结论成立.

24. 设 n 阶矩阵 $\boldsymbol{A}$ 的伴随阵为 $\boldsymbol{A}^{*}$,证明:

(1) 若 $|\boldsymbol{A}|=0$,则 $|\boldsymbol{A}^{*}|=0$;

(2) $|\boldsymbol{A}^{*}|=|\boldsymbol{A}|^{n-1}$.

证 (1) 因

$$\boldsymbol{A}^{*}\boldsymbol{A}=|\boldsymbol{A}|\boldsymbol{E},\tag{2.5}$$

当 $|\boldsymbol{A}|=0$ 时,上式成为 $\boldsymbol{A}^{*}\boldsymbol{A}=\boldsymbol{O}$.

要证 $|\boldsymbol{A}^{*}|=0$,用反证法:设 $|\boldsymbol{A}^{*}|\neq0$,由矩阵可逆的充要条件知,$\boldsymbol{A}^{*}$ 是可逆矩阵,用 $(\boldsymbol{A}^{*})^{-1}$ 左乘上式等号两边,得 $\boldsymbol{A}=\boldsymbol{O}$. 于是推得 $\boldsymbol{A}$ 的所有 $n-1$ 阶子式,亦即 $\boldsymbol{A}^{*}$ 的所有元素均为零. 这导致 $\boldsymbol{A}^{*}=\boldsymbol{O}$. 此与 $\boldsymbol{A}^{*}$ 为可逆矩阵矛盾. 这一矛盾说明,当 $|\boldsymbol{A}|=0$ 时,$|\boldsymbol{A}^{*}|=0$.

(2) 分两种情形:

情形 1: $|\boldsymbol{A}|=0$. 由(1),$|\boldsymbol{A}^{*}|=0=|\boldsymbol{A}|^{n-1}$,结论成立;

情形 2: $|\boldsymbol{A}|\neq0$. 在(2.5)式的两边取行列式,得

$$|\boldsymbol{A}^{*}||\boldsymbol{A}|=|\boldsymbol{A}^{*}\boldsymbol{A}|=||\boldsymbol{A}|\boldsymbol{E}_n|=|\boldsymbol{A}|^{n}.$$

于是
$$|\boldsymbol{A}^{*}|=|\boldsymbol{A}|^{n-1}.$$

注 本题(2)的结果值得记取.

25. 计算 $\begin{pmatrix}1&2&1&0\\0&1&0&1\\0&0&2&1\\0&0&0&3\end{pmatrix}\begin{pmatrix}1&0&3&1\\0&1&2&-1\\0&0&-2&3\\0&0&0&-3\end{pmatrix}$.

解 与教材例 15 相同,本题练习分块矩阵乘法. 记

$$\boldsymbol{A}_{11}=\begin{pmatrix}1&2\\0&1\end{pmatrix},\boldsymbol{A}_{22}=\begin{pmatrix}2&1\\0&3\end{pmatrix};\boldsymbol{B}_{12}=\begin{pmatrix}3&1\\2&-1\end{pmatrix},\boldsymbol{B}_{22}=\begin{pmatrix}-2&3\\0&-3\end{pmatrix},$$

则

$$\text{原式}=\begin{pmatrix}\boldsymbol{A}_{11}&\boldsymbol{E}_2\\\boldsymbol{O}&\boldsymbol{A}_{22}\end{pmatrix}\begin{pmatrix}\boldsymbol{E}_2&\boldsymbol{B}_{12}\\\boldsymbol{O}&\boldsymbol{B}_{22}\end{pmatrix}=\begin{pmatrix}\boldsymbol{A}_{11}&\boldsymbol{A}_{11}\boldsymbol{B}_{12}+\boldsymbol{B}_{22}\\\boldsymbol{O}&\boldsymbol{A}_{22}\boldsymbol{B}_{22}\end{pmatrix}.$$

又
$$\boldsymbol{A}_{11}\boldsymbol{B}_{12}+\boldsymbol{B}_{22}=\begin{pmatrix}1&2\\0&1\end{pmatrix}\begin{pmatrix}3&1\\2&-1\end{pmatrix}+\begin{pmatrix}-2&3\\0&-3\end{pmatrix}$$

$$=\begin{pmatrix}7&-1\\2&-1\end{pmatrix}+\begin{pmatrix}-2&3\\0&-3\end{pmatrix}=\begin{pmatrix}5&2\\2&-4\end{pmatrix};$$

$$\boldsymbol{A}_{22}\boldsymbol{B}_{22}=\begin{pmatrix}2&1\\0&3\end{pmatrix}\begin{pmatrix}-2&3\\0&-3\end{pmatrix}=\begin{pmatrix}-4&3\\0&-9\end{pmatrix},$$

故

$$\text{原式}=\begin{pmatrix}1&2&5&2\\0&1&2&-4\\0&0&-4&3\\0&0&0&-9\end{pmatrix}.$$

26. 设 $A=\begin{pmatrix}3&4&0&0\\4&-3&0&0\\0&0&2&0\\0&0&2&2\end{pmatrix}$，求 $|A^8|$ 及 A^4.

解 若记 $A=\begin{pmatrix}A_1&O\\O&A_2\end{pmatrix}$，其中 $A_1=\begin{pmatrix}3&4\\4&-3\end{pmatrix}$，$A_2=\begin{pmatrix}2&0\\2&2\end{pmatrix}$，则 A 成为一个分块对角矩阵. 于是

$$|A^8|=|A|^8=(|A_1||A_2|)^8=|A_1|^8|A_2|^8=10^{16};$$

$$A^4=\begin{pmatrix}A_1^4&O\\O&A_2^4\end{pmatrix}.$$

因 $A_1^2=\begin{pmatrix}25&0\\0&25\end{pmatrix}=25E$，故 $A_1^4=5^4E$；$A_2=2\begin{pmatrix}1&0\\1&1\end{pmatrix}$，故 $A_2^4=2^4\begin{pmatrix}1&0\\4&1\end{pmatrix}$（可参看习题 6）. 代入即得

$$A^4=\begin{pmatrix}5^4&0&0&0\\0&5^4&0&0\\0&0&2^4&0\\0&0&2^6&2^4\end{pmatrix}.$$

27. 设 n 阶矩阵 A 与 s 阶矩阵 B 都可逆，求

(1) $\begin{pmatrix}O&A\\B&O\end{pmatrix}^{-1}$；(2) $\begin{pmatrix}A&O\\C&B\end{pmatrix}^{-1}$.

解 (1) 因 A 和 B 均可逆，作分块阵 $\begin{pmatrix}O&B^{-1}\\A^{-1}&O\end{pmatrix}$，由分块矩阵乘法规则，

$$\begin{pmatrix}O&A\\B&O\end{pmatrix}\begin{pmatrix}O&B^{-1}\\A^{-1}&O\end{pmatrix}=\begin{pmatrix}E_n&O\\O&E_s\end{pmatrix}=E_{n+s}.$$

于是 $\begin{pmatrix}O&A\\B&O\end{pmatrix}$ 可逆，且 $\begin{pmatrix}O&A\\B&O\end{pmatrix}^{-1}=\begin{pmatrix}O&B^{-1}\\A^{-1}&O\end{pmatrix}$.

(2) 求 $\begin{pmatrix}A&O\\C&B\end{pmatrix}$ 的逆阵，就是求 $n+s$ 阶方阵 X，使

$$\begin{pmatrix} A & O \\ C & B \end{pmatrix} X = E_{n+s}. \tag{2.6}$$

为此,根据原矩阵的分块情况,对 X 作一样的分块,

$$X = \begin{pmatrix} X_{11} & X_{12} \\ X_{21} & X_{22} \end{pmatrix},$$

其中 $X_{11}, X_{12}, X_{21}, X_{22}$ 是未知矩阵(为明确起见,它们依次是 $n \times n, n \times s, s \times n, s \times s$ 矩阵). 把上式代入(2.6)式得到

$$\begin{pmatrix} E_n & O \\ O & E_s \end{pmatrix} = \begin{pmatrix} A & O \\ C & B \end{pmatrix} \begin{pmatrix} X_{11} & X_{12} \\ X_{21} & X_{22} \end{pmatrix} = \begin{pmatrix} AX_{11} & AX_{12} \\ CX_{11} + BX_{21} & CX_{12} + BX_{22} \end{pmatrix}.$$

比较上式两端两个矩阵,有

$AX_{11} = E_n \Rightarrow X_{11} = A^{-1}$;

$AX_{12} = O \Rightarrow X_{12} = O$;

$CX_{12} + BX_{22} = E_s \Rightarrow BX_{22} = E_s \Rightarrow X_{22} = B^{-1}$;

$CX_{11} + BX_{21} = O \Rightarrow BX_{21} = -CX_{11} = -CA^{-1} \Rightarrow X_{21} = -B^{-1}CA^{-1}$.

于是得

$$\begin{pmatrix} A & O \\ C & B \end{pmatrix}^{-1} = X = \begin{pmatrix} A^{-1} & O \\ -B^{-1}CA^{-1} & B^{-1} \end{pmatrix}.$$

28. 求下列矩阵的逆阵:

(1) $\begin{pmatrix} 5 & 2 & 0 & 0 \\ 2 & 1 & 0 & 0 \\ 0 & 0 & 8 & 3 \\ 0 & 0 & 5 & 2 \end{pmatrix}$; (2) $\begin{pmatrix} 1 & 0 & 0 & 0 \\ 1 & 2 & 0 & 0 \\ 2 & 1 & 3 & 0 \\ 1 & 2 & 1 & 4 \end{pmatrix}$.

解 (1) 将 A 分块为 $A = \begin{pmatrix} A_1 & O \\ O & A_2 \end{pmatrix}$,其中 $A_1 = \begin{pmatrix} 5 & 2 \\ 2 & 1 \end{pmatrix}$, $A_2 = \begin{pmatrix} 8 & 3 \\ 5 & 2 \end{pmatrix}$,因 $|A_1| = 1$, $|A_2| = 1$,故它们均可逆. 于是由分块对角矩阵的性质,有

$$A^{-1} = \begin{pmatrix} A_1^{-1} & O \\ O & A_2^{-1} \end{pmatrix} = \begin{pmatrix} 1 & -2 & 0 & 0 \\ -2 & 5 & 0 & 0 \\ 0 & 0 & 2 & -3 \\ 0 & 0 & -5 & 8 \end{pmatrix};$$

(2) 记 $A = \begin{pmatrix} B & O \\ D & C \end{pmatrix}$,其中 $B = \begin{pmatrix} 1 & 0 \\ 1 & 2 \end{pmatrix}$, $C = \begin{pmatrix} 3 & 0 \\ 1 & 4 \end{pmatrix}$, $D = \begin{pmatrix} 2 & 1 \\ 1 & 2 \end{pmatrix}$. 因 $|B| = 2$, $|C| = 12$,故 B, C 均是可逆阵. 由 27 题(2)的结论,得

$$A^{-1} = \begin{pmatrix} B & O \\ D & C \end{pmatrix}^{-1} = \begin{pmatrix} B^{-1} & O \\ -C^{-1}DB^{-1} & C^{-1} \end{pmatrix},$$

由 $B^{-1}=\frac{1}{2}\begin{pmatrix}2 & 0\\ -1 & 1\end{pmatrix}$，$C^{-1}=\frac{1}{12}\begin{pmatrix}4 & 0\\ -1 & 3\end{pmatrix}$，$C^{-1}DB^{-1}=\frac{1}{24}\begin{pmatrix}12 & 4\\ -3 & 5\end{pmatrix}$，得

$$A^{-1}=\frac{1}{24}\begin{pmatrix}24 & 0 & 0 & 0\\ -12 & 12 & 0 & 0\\ -12 & -4 & 8 & 0\\ 3 & -5 & -2 & 6\end{pmatrix}.$$

习题 2(附答案和提示)

2.1　选择题：

(1) 设方阵 A,B,C 满足 $ABC=E$，则必有(　　)；

(a) $ACB=E$　(b) $CBA=E$　(c) $BAC=E$　(d) $BCA=E$

(2) 设 A,B 为 n 阶对称阵且 B 可逆，则下列矩阵中为对称阵的是(　　)；

(a) $AB^{-1}-B^{-1}A$　(b) $AB^{-1}+B^{-1}A$

(c) $B^{-1}AB$　(d) $(AB)^2$

(3) 设 $A,B,A+B,A^{-1}+B^{-1}$ 均可逆，则 $(A^{-1}+B^{-1})^{-1}$ 等于(　　)；

(a) $A^{-1}+B^{-1}$　(b) $A+B$　(c) $B(A+B)^{-1}A$　(d) $B^{-1}(A+B)A^{-1}$

(4) 矩阵 $C=\begin{pmatrix}A & O\\ O & B\end{pmatrix}$ 的伴随阵 $C^*=($　　$)$.

(a) $\begin{pmatrix}|A|A^* & O\\ O & |B|B^*\end{pmatrix}$　(b) $\begin{pmatrix}|B|B^* & O\\ O & |A|A^*\end{pmatrix}$

(c) $\begin{pmatrix}|A|B^* & O\\ O & |B|A^*\end{pmatrix}$　(d) $\begin{pmatrix}|B|A^* & O\\ O & |A|B^*\end{pmatrix}$

2.2　设 A,B 是 n 阶对称阵，且 $AB+E$ 及 A 都可逆，证明

$$(AB+E)^{-1}A$$

为可逆的对称阵.

2.3　设 A 是可逆阵，且 $A^2=|A|E$，证明 A 的伴随矩阵 $A^*=A$.

2.4　设 A 为 4 阶矩阵，$|A|=\frac{1}{3}$，求 $|3A^*-4A^{-1}|$.

2.5　设矩阵 A,B,C 满足 $(E-C^{-1}B)^{\mathrm T}C^{\mathrm T}A=E$，求 A，其中

$$B=\begin{pmatrix}1 & -1 & 0 & 0\\ 0 & 1 & -1 & 0\\ 0 & 0 & 1 & -1\\ 0 & 0 & 0 & 1\end{pmatrix},\ C=\begin{pmatrix}2 & 1 & 3 & 4\\ 0 & 2 & 1 & 3\\ 0 & 0 & 2 & 1\\ 0 & 0 & 0 & 2\end{pmatrix}.$$

2.6　设矩阵 X 满足 $XA=X+BB^{\mathrm T}$，其中

$$A=\begin{pmatrix}1&-1&1\\-1&1&-1\\1&-1&1\end{pmatrix},B=\begin{pmatrix}1\\-1\\1\end{pmatrix},$$

求 X.

2.7 设 3 阶方阵 A 和 B 满足 $A^{-1}BA=6A+BA$,其中 $A=\mathrm{diag}\left(\frac{1}{3},\frac{1}{4},\frac{1}{7}\right)$,求 B.

2.8 设矩阵 $B=(E+A)^{-1}(E-A)$,其中

$$A=\begin{pmatrix}1&0&0&0\\-2&3&0&0\\0&-4&5&0\\0&0&-6&7\end{pmatrix},$$

证明 $E+B$ 可逆,并求其逆.

2.9 设方阵 A 满足 $A^2+2A-3E=O$,证明:A 和 $A+4E$ 均可逆,并求其逆.

答案和提示

2.1 (1) (d); (2) (b); (3) (c),提示:$A^{-1}+B^{-1}=A^{-1}(A+B)B^{-1}$;
(4) (d),提示:$CC^*=|C|E=|A||B|E$.

2.2 略.

2.3 由 $A^2=|A|E\Rightarrow A=|A|A^{-1}=A^*$.

2.4 $|A|=\frac{1}{3}\Rightarrow|A^{-1}|=3,A^*=|A|A^{-1}=\frac{1}{3}A^{-1}$,于是

$$|3A^*-4A^{-1}|=|-3A^{-1}|=(-3)^4|A^{-1}|=3^5.$$

2.5 $A=\begin{pmatrix}1&0&0&0\\-2&1&0&0\\1&-2&1&0\\0&1&-2&1\end{pmatrix}$;

提示:化简所给矩阵关系式得 $E=(E-C^{-1}B)^{\mathrm{T}}C^{\mathrm{T}}A=[C(E-C^{-1}B)]^{\mathrm{T}}A=(C-B)^{\mathrm{T}}A=(C^{\mathrm{T}}-B^{\mathrm{T}})A$,故 $A=(C^{\mathrm{T}}-B^{\mathrm{T}})^{-1}$,代入矩阵 B,C,并求逆即得.

2.6 $X=\frac{1}{2}\begin{pmatrix}1&-1&1\\-1&1&-1\\1&-1&1\end{pmatrix}$.

2.7 $B=\mathrm{diag}(3,2,1)$.

2.8 $(B+E)^{-1}=\begin{pmatrix}1&0&0&0\\-1&2&0&0\\0&-2&3&0\\0&0&-3&4\end{pmatrix}$.

提示:$B=(E+A)^{-1}(E-A)\Rightarrow(A+E)(B+E)=2E$

$$\Rightarrow \boldsymbol{B}+\boldsymbol{E}=2(\boldsymbol{A}+\boldsymbol{E})^{-1}\Rightarrow(\boldsymbol{B}+\boldsymbol{E})^{-1}=\frac{1}{2}(\boldsymbol{A}+\boldsymbol{E}).$$

2.9 $\boldsymbol{A}^{-1}=\frac{1}{3}(\boldsymbol{A}+2\boldsymbol{E})$. 由 $(\boldsymbol{A}+4\boldsymbol{E})(\boldsymbol{A}-2\boldsymbol{E})=-5\boldsymbol{E}\Rightarrow\boldsymbol{A}+4\boldsymbol{E}$ 可逆且 $(\boldsymbol{A}+4\boldsymbol{E})^{-1}=-\frac{1}{5}(\boldsymbol{A}-2\boldsymbol{E})$. 参看例 2.1 及习题 22.

第三章

矩阵的初等变换与线性方程组

基本要求

1. 熟练掌握用初等行变换把矩阵化成行阶梯形和行最简形;知道矩阵等价的概念.知道作初等变换相当于乘以可逆矩阵.掌握用初等变换求可逆矩阵的逆阵的方法.

2. 理解矩阵的秩的概念,知道初等变换不改变矩阵的秩的原理,掌握用初等变换求矩阵的秩的方法.知道矩阵的标准形与秩的关系.知道矩阵秩的基本性质.

3. 理解线性方程组无解、有惟一解或有无限多个解的充要条件(包括非齐次线性方程组有解的充要条件及齐次线性方程组有非零解的充要条件).

4. 熟练掌握用矩阵的初等行变换求解线性方程组的方法.

5. 知道矩阵方程 $\boldsymbol{AX}=\boldsymbol{B}$ 有解的充要条件及必要条件.

内容提要

1. 定义与记号

初等行变换($r_i\leftrightarrow r_j, r_i\times k, r_i+kr_j$),矩阵 $\boldsymbol{A}$ 与 $\boldsymbol{B}$ 行等价,记为 $\boldsymbol{A}\overset{r}{\sim}\boldsymbol{B}$;

初等列变换($c_i\leftrightarrow c_j, c_i\times k, c_i+kc_j$),矩阵 $\boldsymbol{A}$ 与 $\boldsymbol{B}$ 列等价,记为 $\boldsymbol{A}\overset{c}{\sim}\boldsymbol{B}$;

初等变换,矩阵 $\boldsymbol{A}$ 与 $\boldsymbol{B}$ 等价,记为 $\boldsymbol{A}\sim\boldsymbol{B}$.

矩阵 $\boldsymbol{A}$ 的行阶梯形、行最简形、标准形 $\boldsymbol{F}=\begin{pmatrix}\boldsymbol{E}_r & \boldsymbol{O}\\ \boldsymbol{O} & \boldsymbol{O}\end{pmatrix}$,这里 r 是 $\boldsymbol{A}$ 的秩.

2. 初等变换的性质及应用

(1) 定理 1　$\boldsymbol{A}\overset{r}{\sim}\boldsymbol{B}\Leftrightarrow$存在可逆矩阵 $\boldsymbol{P}$,使 $\boldsymbol{PA}=\boldsymbol{B}$;

$\boldsymbol{A}\overset{c}{\sim}\boldsymbol{B}\Leftrightarrow$存在可逆矩阵 $\boldsymbol{Q}$,使 $\boldsymbol{AQ}=\boldsymbol{B}$.

推论　方阵 $\boldsymbol{A}$ 可逆 $\Leftrightarrow \boldsymbol{A}\overset{r}{\sim}\boldsymbol{E}$.

(2) 若 $(\boldsymbol{A},\boldsymbol{E})\overset{r}{\sim}(\boldsymbol{B},\boldsymbol{P})$,则 $\boldsymbol{P}$ 可逆,且 $\boldsymbol{PA}=\boldsymbol{B}$.

若 $(\boldsymbol{A},\boldsymbol{E})\overset{r}{\sim}(\boldsymbol{E},\boldsymbol{P})$,则 $\boldsymbol{A}$ 可逆,且 $\boldsymbol{P}=\boldsymbol{A}^{-1}$.

若 $(\boldsymbol{A},\boldsymbol{B})\overset{r}{\sim}(\boldsymbol{E},\boldsymbol{X})$,则 $\boldsymbol{A}$ 可逆,且 $\boldsymbol{X}=\boldsymbol{A}^{-1}\boldsymbol{B}$.

3. 矩阵的秩

(1) 定义　矩阵的 k 阶子式,矩阵 $\boldsymbol{A}$ 的秩定义为 $\boldsymbol{A}$ 中最高阶非零子式的阶数,记作 $R(\boldsymbol{A})$.

(2) 定理 2　初等变换不改变矩阵的秩.

(3) $R(\boldsymbol{A})=r\Leftrightarrow\boldsymbol{A}$ 的行阶梯形含 r 个非零行

$$\Leftrightarrow \boldsymbol{A} \text{ 的标准形 } \boldsymbol{F}=\begin{pmatrix}\boldsymbol{E}_r & \boldsymbol{O}\\ \boldsymbol{O} & \boldsymbol{O}\end{pmatrix}.$$

(4) 矩阵秩的性质

(i) $0\leqslant R(\boldsymbol{A}_{m\times n})\leqslant\min\{m,n\}$;

(ii) $R(\boldsymbol{A}^{\mathrm{T}})=R(\boldsymbol{A})$;

(iii) 若 $\boldsymbol{A}\sim\boldsymbol{B}$,则 $R(\boldsymbol{A})=R(\boldsymbol{B})$;

(iv) 若 $\boldsymbol{P},\boldsymbol{Q}$ 可逆,则 $R(\boldsymbol{PAQ})=R(\boldsymbol{A})$;

(v) $\max\{R(\boldsymbol{A}),R(\boldsymbol{B})\}\leqslant R(\boldsymbol{A},\boldsymbol{B})\leqslant R(\boldsymbol{A})+R(\boldsymbol{B})$;

特别地,当 $\boldsymbol{B}$ 为列向量 $\boldsymbol{b}$ 时,有

$$R(\boldsymbol{A})\leqslant R(\boldsymbol{A},\boldsymbol{b})\leqslant R(\boldsymbol{A})+1;$$

(vi) $R(\boldsymbol{A}+\boldsymbol{B})\leqslant R(\boldsymbol{A})+R(\boldsymbol{B})$;

(vii) $R(\boldsymbol{AB})\leqslant\min\{R(\boldsymbol{A}),R(\boldsymbol{B})\}$ (定理 7);

(viii) 若 $\boldsymbol{A}_{m\times n}\boldsymbol{B}_{n\times l}=\boldsymbol{O}$,则 $R(\boldsymbol{A})+R(\boldsymbol{B})\leqslant n$ (第四章例 13).

4. 线性方程组的解

(1) 基本定理(定理 3)　n 元线性方程组 $\boldsymbol{Ax}=\boldsymbol{b}$

(i) 无解的充要条件是 $R(\boldsymbol{A})<R(\boldsymbol{A},\boldsymbol{b})$;

(ii) 有惟一解的充要条件是 $R(\boldsymbol{A})=R(\boldsymbol{A},\boldsymbol{b})=n$;

(iii) 有无限多解的充要条件是 $R(\boldsymbol{A})=R(\boldsymbol{A},\boldsymbol{b})<n$.

(2) 求解线性方程组的步骤(见教材).

5. 重要定理

为应用方便,常把 4 中的基本定理分成两个定理来叙述:

定理 4　n 元齐次线性方程 $\boldsymbol{A}_{m\times n}\boldsymbol{x}=\boldsymbol{0}$ 有非零解的充要条件是 $R(\boldsymbol{A})<n$.

定理 5　线性方程 $\boldsymbol{A}x=\boldsymbol{b}$ 有解的充要条件是 $R(\boldsymbol{A})=R(\boldsymbol{A},\boldsymbol{b})$.

把定理 5 推广到矩阵方程,得

定理 6 矩阵方程 $\boldsymbol{AX}=\boldsymbol{B}$ 有解的充要条件是 $R(\boldsymbol{A})=R(\boldsymbol{A},\boldsymbol{B})$.

定理 7 若 $\boldsymbol{AK}=\boldsymbol{B}$,则 $R(\boldsymbol{A})\geqslant R(\boldsymbol{B})$.

学习要点

本章先引入矩阵的初等变换、矩阵的等价以及矩阵的行阶梯形、行最简形、标准形等概念,阐明了矩阵的初等变换与矩阵相乘的关系:对矩阵 $\boldsymbol{A}$ 作初等行(列)变换,相当于用可逆矩阵左(右)乘 $\boldsymbol{A}$.由此引出用初等变换求逆阵的方法.

矩阵的秩是矩阵的一个最重要的指数,由于它是矩阵在初等变换下的不变量,因此在初等变换的辅助下,矩阵的秩有着十分广泛的应用.对矩阵秩的性质也要有所了解,以增强应用矩阵的秩解决问题的能力.

根据初等变换不改变矩阵的秩的原理,在用初等行变换解线性方程组的过程中,建立起线性方程组的基本定理(即定理 3,或分开叙述成定理 4 和定理 5),并把它推广到矩阵方程.线性方程组的理论与求解方法是线性代数课程中最基本、最重要的内容,贯串教材的始终,一定要切实掌握.

本章的重点是:掌握把矩阵化为行最简形的运算以及根据增广矩阵的行最简形熟练地写出线性方程组的通解;理解矩阵秩的概念及线性方程组的基本定理.

释疑解难

问 3.1 一个非零矩阵的行最简形与行阶梯形有什么区别和联系?

答 首先,行最简形和行阶梯形都是矩阵作初等行变换时的某种意义下的“标准形”.任何一个矩阵总可经有限次初等行变换化为行阶梯形和行最简形.

其次,行最简形是一个行阶梯形,但行阶梯形未必是行最简形.其区别在于前者的非零行的非零首元必须为 1,且该元所在列中其他元均为零,因而该元所在列是一个单位坐标列向量;而后者则无上述要求.

问 3.2 在求解有关矩阵的问题时,什么时候只需化为行阶梯形,什么时候宜化为行最简形?或者,它们在功能上有什么不同?

答 矩阵的初等行变换直接源于求解线性方程组的消元法,它是矩阵的最重要的运算之一,其原因就在于矩阵在初等行变换下的行阶梯形和行最简形有强大的功能,是一个很理想的“操作平台”,在此平台上,可以解决线性代数中的许多问题,择其主要的如表 3-1 所示.

表 3-1　行阶梯形与行最简形归纳

行阶梯形	行最简形
1. 求矩阵 $\boldsymbol{A}$ 的秩 $R(\boldsymbol{A})$； 2. 求 $\boldsymbol{A}$ 的列向量组的最大无关组(第四章).	1. 求矩阵 $\boldsymbol{A}$ 的秩 $R(\boldsymbol{A})$； 2. 求 $\boldsymbol{A}$ 的列向量组的最大无关组(第四章)； 3. 求 $\boldsymbol{A}$ 的列向量组的线性关系(第四章)； 4. 解线性方程组求通解,或基础解系(第四章)； 5. 当 $\boldsymbol{A}$ 可逆时,用 $(\boldsymbol{A},\boldsymbol{E})$ 的行最简形求 A^{-1}； 6. 当 $\boldsymbol{A}$ 可逆时,用 $(\boldsymbol{A},\boldsymbol{B})$ 的行最简形求方程 $\boldsymbol{AX}=\boldsymbol{B}$ 的解 $\boldsymbol{A}^{-1}\boldsymbol{B}$.

问 3.3　矩阵 $\boldsymbol{A}$ 与 $\boldsymbol{B}$ 等价的充要条件是 $R(\boldsymbol{A})=R(\boldsymbol{B})$,这样说是否正确?为什么?

答　(1) 当矩阵 $\boldsymbol{A}$ 与 $\boldsymbol{B}$ 不是同型矩阵时,结论不成立.反例:设 $\boldsymbol{A}=\begin{pmatrix}1&0\\0&1\end{pmatrix}$,$\boldsymbol{B}=\begin{pmatrix}1&0&0\\0&1&0\end{pmatrix}$,则 $R(\boldsymbol{A})=R(\boldsymbol{B})$,但显然任何初等变换无法把 $\boldsymbol{A}$ 变成 $\boldsymbol{B}$.于是,$\boldsymbol{A}$ 与 $\boldsymbol{B}$ 不等价.

(2) 当 $\boldsymbol{A}$ 与 $\boldsymbol{B}$ 是同型矩阵时,结论成立.这是因为此时 $\boldsymbol{A}$ 与 $\boldsymbol{B}$ 有相同的标准形.

问 3.4　矩阵的初等变换与矩阵的乘法之间的联系有什么意义?

答　定理 1 确立了矩阵的初等变换与矩阵乘法之间的联系:

矩阵 $\boldsymbol{A}$ 经初等行变换成为 $\boldsymbol{B}\Leftrightarrow$ 存在可逆矩阵 $\boldsymbol{P}$ 使 $\boldsymbol{PA}=\boldsymbol{B}$;

矩阵 $\boldsymbol{A}$ 经初等列变换成为 $\boldsymbol{B}\Leftrightarrow$ 存在可逆矩阵 $\boldsymbol{Q}$ 使 $\boldsymbol{AQ}=\boldsymbol{B}$.

根据这一联系,我们可以通过矩阵乘法的运算规律来研究初等变换的运算规律.

另一方面,也可通过矩阵的初等变换来研究矩阵的乘法,从而开发出初等变换的一些应用.例如,若 $\boldsymbol{A}\overset{r}{\sim}\boldsymbol{B}$,则有可逆阵 $\boldsymbol{P}$ 使 $\boldsymbol{PA}=\boldsymbol{B}$.为求出 $\boldsymbol{P}$,可用初等行变换,这时

$$\boldsymbol{PA}=\boldsymbol{B}\xLeftrightarrow{\text{因 }\boldsymbol{PE}=\boldsymbol{P}}\boldsymbol{P}(\boldsymbol{A},\boldsymbol{E})=(\boldsymbol{B},\boldsymbol{P})\Leftrightarrow(\boldsymbol{A},\boldsymbol{E})\overset{r}{\sim}(\boldsymbol{B},\boldsymbol{P}),$$

于是只要对矩阵 $(\boldsymbol{A},\boldsymbol{E})$ 作初等行变换,使之变为 $(\boldsymbol{B},*)$,则 $*$ 即是所求的可逆阵 $\boldsymbol{P}$.

类似地,因 $\boldsymbol{A}^{-1}$ 满足 $\boldsymbol{XA}=\boldsymbol{E}$,从而 $\boldsymbol{X}(\boldsymbol{A},\boldsymbol{E})=(\boldsymbol{E},\boldsymbol{X})$,即 $(\boldsymbol{A},\boldsymbol{E})\overset{r}{\sim}(\boldsymbol{E},\boldsymbol{X})$,于是对矩阵 $(\boldsymbol{A},\boldsymbol{E})$ 作初等行变换,若它能变为 $(\boldsymbol{E},\boldsymbol{X})$,则 $\boldsymbol{A}$ 可逆,且 $\boldsymbol{X}$ 即

是 A^{-1}.

问 3.5 在求解带参数的线性方程组时,对系数矩阵或增广矩阵作初等行变换应注意些什么?

答 在对带参数(例如 λ)的矩阵作初等变换时,应注意不宜作以下变换:

(1) 诸如 $r_i\times(\lambda-2)$ 的行变换,这是因为当 $\lambda=2$ 时,相当于在原方程组的第 i 个方程等号两边都乘以零,也即去掉该方程,于是,变换后的方程组与原方程组未必同解;

(2) 诸如 $r_i\div(\lambda-2)$ 的行变换,这是因为当 $\lambda=2$ 时,第 i 行是零行,但经此变换后,该行有可能出现非零元素;

(3) 诸如 $r_1+\dfrac{1}{\lambda-2}r_2$ 的行变换.这是因为这种变换可能已不再具有矩阵的初等行变换的性质了.例如:

$$设\ \boldsymbol{A}=\begin{pmatrix}1 & \lambda-2\\ \lambda-2 & (\lambda-2)^2\end{pmatrix}\xrightarrow{r_1-\frac{1}{\lambda-2}r_2}\begin{pmatrix}0 & 0\\ \lambda-2 & (\lambda-2)^2\end{pmatrix}\xlongequal{\triangle}\boldsymbol{B}.$$

当 $\lambda=2$ 时,$\boldsymbol{A}=\begin{pmatrix}1 & 0\\ 0 & 0\end{pmatrix}$,$\boldsymbol{B}=\begin{pmatrix}0 & 0\\ 0 & 0\end{pmatrix}$,$\boldsymbol{A}$ 的秩与 $\boldsymbol{B}$ 的秩不相等,故无法通过初等行变换把 $\boldsymbol{A}$ 变成 $\boldsymbol{B}$.

如果作了上述三种变换,那么,须补充对 $\lambda=2$ 的情形的讨论.另外,对带参数(例如 λ)的矩阵,仍可作诸如 $r_1+(\lambda-2)r_2$ 的初等行变换,因为充其量,当 $\lambda=2$时,无非对第一行作不变的变换而已.

问 3.6 在求线性方程组的通解时,常与教材中给出的答案不一致,这是否可以?

答 以 n 元齐次线性方程 $\boldsymbol{Ax}=\boldsymbol{0}$ 为例,设 $R(\boldsymbol{A})=r$.只要能正确地找到 $n-r$个自由未知数,进而写出含有$n-r$个任意常数的通解,都是可以的.

但要强调指出的是:这种情况的发生往往是因为没有将增广矩阵(或系数矩阵)化为行最简形.根据行最简形直接写出方程组的通解,这种方法不妨称为解线性方程组的"标准程序".我们首先要理解这个标准程序的原理,并熟练掌握它.在此基础上再考虑标准程序可改动之处,例如把$(\boldsymbol{A},\boldsymbol{b})$(或 $\boldsymbol{A}$)化成与行最简形有相同功能的矩阵,从而写出通解.下一章学了线性方程组通解的构造以后,求通解的方法就可更灵活了,详见第四章例 12 之析.

问 3.7 n 阶矩阵 $\boldsymbol{A}$ 是可逆矩阵的充要条件有哪些?

答 n 阶矩阵 $\boldsymbol{A}$ 可逆的充要条件,大致有以下几个:

n 阶矩阵 $\boldsymbol{A}$ 可逆

$\Leftrightarrow$ 存在 n 阶矩阵 $\boldsymbol{B}$,使 $\boldsymbol{BA}=\boldsymbol{AB}=\boldsymbol{E}$(定义)

$\Leftrightarrow$ $\det\boldsymbol{A}\neq0$($\Leftrightarrow\boldsymbol{A}$ 为非奇异矩阵)

$\Leftrightarrow$ 存在 n 阶矩阵 $\boldsymbol{B}$,使 $\boldsymbol{AB}=\boldsymbol{E}$ (或 $\boldsymbol{BA}=\boldsymbol{E}$)

$\Leftrightarrow$ $\boldsymbol{A}$ 的行阶梯形有 n 个非零行

$\Leftrightarrow$ $\boldsymbol{A}$ 的行最简形是 $\boldsymbol{E}$ ($\Leftrightarrow \boldsymbol{A}\overset{r}{\sim}\boldsymbol{E}$)

$\Leftrightarrow$ $\boldsymbol{A}$ 的标准形是 $\boldsymbol{E}$ ($\Leftrightarrow \boldsymbol{A}\sim\boldsymbol{E}$)

$\Leftrightarrow$ $\boldsymbol{A}$ 的秩 $R(\boldsymbol{A})=n$ ($\Leftrightarrow \boldsymbol{A}$ 是满秩矩阵)

$\Leftrightarrow$ 齐次线性方程组 $\boldsymbol{Ax}=\boldsymbol{0}$ 只有零解

$\Leftrightarrow$ 非齐次线性方程组 $\boldsymbol{Ax}=\boldsymbol{b}$ 有惟一解

$\Leftrightarrow$ $\boldsymbol{A}$ 的列向量组线性无关($\Leftrightarrow$矩阵 $\boldsymbol{A}$ 的列秩 $=n$)(第四章)

$\Leftrightarrow$ $\boldsymbol{A}$ 的行向量组线性无关($\Leftrightarrow$矩阵 $\boldsymbol{A}$ 的行秩 $=n$)(第四章)

$\Leftrightarrow$ $\boldsymbol{A}$ 的 n 个特征值均非零(第五章).

例题剖析与增补

引例 求解线性方程组

$$\begin{cases}2x_1-x_2-x_3+x_4=2,\\ x_1+x_2-2x_3+x_4=4,\\ 4x_1-6x_2+2x_3-2x_4=4,\\ 3x_1+6x_2-9x_3+7x_4=9.\end{cases}\tag{3.1}$$

析 这是一个重要的例题,教材用较大篇幅讲解以表明它多方面而又基本的涵义,需细心体会.

(1) 求解线性方程组可分为消元与回代两过程.消元过程的实质,就是通过一系列方程组的同解变换找到一个形式上较简单的方程组,然后进行回代.这里方程组的同解变换是指下列三种变换

(i) 对调两个方程;

(ii) 以不为零的数乘某一方程;

(iii) 把一个方程的倍数加到另一个方程上.

(2) 从原方程组(3.1)同解变换到教材中方程组 B_4 的过程可见,除去代表未知数的文字外,矩阵与方程组是一一对应的.换言之,方程组有没有解,有什么样的解完全由各方程的系数和常数项连同它们相互位置所成数表,即增广矩阵所决定,由此可进一步增强对矩阵的认识.

(3) 由(1)和(2),方程组的三种同解变换自然引导出矩阵的三种初等行变换.因此若矩阵 $\boldsymbol{A}\overset{r}{\sim}\boldsymbol{B}$,从解齐次方程角度看,等价于把方程 $\boldsymbol{Ax}=\boldsymbol{0}$ 同解变换为 $\boldsymbol{Bx}=\boldsymbol{0}$,即可认为是同一事件的两种语言描述,它们能够“互译”.当然 $\boldsymbol{A}\overset{r}{\sim}\boldsymbol{B}$ 所

包含的意义远比解方程丰富,这是因为矩阵是从许多问题中抽象出来的概念.

(4) 由(3),原方程组能同解变换成什么样的最简单方程组就相当于增广矩阵 $\boldsymbol{B}$ 在初等行变换下能变换成什么样的最简单矩阵,答案就是教材中矩阵 $\boldsymbol{B}_5$,它是 $\boldsymbol{B}$ 的行最简形,把它"翻译"成方程组后,无需回代过程即可直接写出通解.因此有理由把增广矩阵(或系数矩阵)化为行最简形,进而写出通解,称为解线性方程组的"标准程序".

(5) 从本例的结果看,有两点值得注意:

(i) 四个未知数划分为自由未知数 x_3 与非自由未知数 x_1, x_2, x_4;

(ii) 从本例开始,我们将处理方程组无解或有无限多解的问题,在后一情形中,其通解是含有任意常数并能表示任何一个解的解.

例 1　设 $\boldsymbol{A}=\begin{pmatrix}2 & -1 & -1\\ 1 & 1 & -2\\ 4 & -6 & 2\end{pmatrix}$ 的行最简形矩阵为 $\boldsymbol{F}$,求 $\boldsymbol{F}$,并求一个可逆矩阵 $\boldsymbol{P}$,使 $\boldsymbol{PA}=\boldsymbol{F}$;

例 2　设 $\boldsymbol{A}=\begin{pmatrix}0 & -2 & 1\\ 3 & 0 & -2\\ -2 & 3 & 0\end{pmatrix}$,证明 $\boldsymbol{A}$ 可逆,并求 $\boldsymbol{A}^{-1}$;

例 3　求解矩阵方程 $\boldsymbol{AX}=\boldsymbol{B}$,其中

$$\boldsymbol{A}=\begin{pmatrix}2 & 1 & -3\\ 1 & 2 & -2\\ -1 & 3 & 2\end{pmatrix},\quad \boldsymbol{B}=\begin{pmatrix}1 & 1\\ 2 & 0\\ -2 & 5\end{pmatrix}.$$

析　这三例都是矩阵初等行变换的应用,它的原理是相同的:即在 $\boldsymbol{A}$ 的右边放置一个与 $\boldsymbol{A}$ 行数相同的矩阵 $\boldsymbol{B}$ 而成为 $(\boldsymbol{A},\boldsymbol{B})$. 对 $(\boldsymbol{A},\boldsymbol{B})$ 作若干次初等行变换,由定理 1,相当于用可逆阵 $\boldsymbol{P}$ 左乘它.设

$$\boldsymbol{P}(\boldsymbol{A},\boldsymbol{B})=(\boldsymbol{PA},\boldsymbol{PB}),$$

若 $\boldsymbol{PA}=\boldsymbol{E}$,那么 $\boldsymbol{A}$ 是可逆阵,且 $\boldsymbol{P}=\boldsymbol{A}^{-1}$. 从而 $\boldsymbol{PB}=\boldsymbol{A}^{-1}\boldsymbol{B}$,它可用来求解矩阵方程 $\boldsymbol{AX}=\boldsymbol{B}$ ($\boldsymbol{A}$ 为可逆阵,如例 3). 特别地,取 $\boldsymbol{B}=\boldsymbol{E}$,则上式成为

$$\boldsymbol{P}(\boldsymbol{A},\boldsymbol{E})=(\boldsymbol{PA},\boldsymbol{P}),\tag{3.2}$$

这说明若 $\boldsymbol{A}$ 经若干次初等行变换成为 $\boldsymbol{PA}$,那么所用的可逆阵 $\boldsymbol{P}$ 就是(3.2)式右端逗号右边的那个矩阵,如例 1;若 $\boldsymbol{PA}=\boldsymbol{E}$,则 $\boldsymbol{A}$ 为可逆阵,并且 $\boldsymbol{P}=\boldsymbol{A}^{-1}$,它可用来求逆矩阵,如例 2.

例 5　设 $\boldsymbol{A}=\begin{pmatrix}3 & 2 & 0 & 5 & 0\\ 3 & -2 & 3 & 6 & -1\\ 2 & 0 & 1 & 5 & -3\\ 1 & 6 & -4 & -1 & 4\end{pmatrix}$,求矩阵 $\boldsymbol{A}$ 的秩,并求 $\boldsymbol{A}$ 的一个

最高阶非零子式

析 矩阵 $\boldsymbol{A}$ 的秩 $R(\boldsymbol{A})$ 是通过 $\boldsymbol{A}$ 中最高阶非零子式的阶数来定义的.在具体计算 $R(\boldsymbol{A})$ 时,若用定义,则往往要计算许多行列式,使计算量很大.如本例至少要计算 5 个四阶行列式和 1 个三阶行列式才能求得 $R(\boldsymbol{A})=3$.因此除了个别特性较显著的矩阵(如习题 19),一般都用定理 2 来求 $R(\boldsymbol{A})$.定理 2 的作用是把 $R(\boldsymbol{A})$ 的计算归结为 $\boldsymbol{A}$ 的行阶梯形中非零行数的计数,这当然比用定义计算方便许多.

例 10 求解齐次线性方程组

$$\begin{cases} x_1+2x_2+2x_3+x_4=0, \\ 2x_1+x_2-2x_3-2x_4=0, \\ x_1-x_2-4x_3-3x_4=0. \end{cases}$$

例 12 求解非齐次线性方程组

$$\begin{cases} x_1+x_2-3x_3-x_4=1, \\ 3x_1-x_2-3x_3+4x_4=4, \\ x_1+5x_2-9x_3-8x_4=0. \end{cases}$$

析 此两例都是基本的求解线性方程组的例子.它们是解线性方程组的"标准程序"的示范.(见问 3.6),必须熟练掌握此"标准程序",才能在此基础上灵活求解后继内容中遇到的线性方程组.

例 13 设有线性方程组

$$\begin{cases} (1+\lambda)x_1+x_2+x_3=0, \\ x_1+(1+\lambda)x_2+x_3=3, \\ x_1+x_2+(1+\lambda)x_3=\lambda, \end{cases}$$

问 λ 取何值时,此方程组(1) 有惟一解;(2) 无解;(3) 有无限多个解? 并在有无限多解时求其通解.

析 求解带参数的方程组,包括何时无解、有惟一解、有无限多个解,是定理 3 的综合应用,要理解其解法的理论依据,并掌握它的解法.带参数 λ 的非齐次方程 $\boldsymbol{Ax}=\boldsymbol{b}$,一般有如本例所给出的两种求解方法,其一是当 $\boldsymbol{A}$ 为方阵时,根据其系数行列式 $|\boldsymbol{A}|\neq 0$,求得使方程有惟一解的 λ 值,然后将其他的 λ 值代入方程,根据定理 3 进行讨论、求解.这种方法的优点是避免了对带参数的矩阵作初等行变换,缺点是仅适用于 $\boldsymbol{A}$ 为方阵的情形;方法之二是对矩阵 $(\boldsymbol{A},\boldsymbol{b})$ 作初等行变换,此方法虽更具一般性,但由于涉及含 λ 的多项式的运算,计算中容易出错.

例 3.1 下列四个 3×4 矩阵中,哪些是行最简形?

(1) $\boldsymbol{A}_1=\begin{pmatrix}0&1&0&1\\0&0&1&1\\0&0&0&0\end{pmatrix}$;　　(2) $\boldsymbol{A}_2=\begin{pmatrix}1&1&0&1\\0&1&1&1\\0&0&0&0\end{pmatrix}$;

(3) $\boldsymbol{A}_3=\begin{pmatrix}1&0&0&1\\0&1&0&1\\0&1&1&1\end{pmatrix}$;　　(4) $\boldsymbol{A}_4=\begin{pmatrix}1&1&0&1\\0&0&1&1\\0&0&0&0\end{pmatrix}$.

解　由行最简形的定义知,矩阵 $\boldsymbol{A}_1$ 和 $\boldsymbol{A}_4$ 是行最简形;矩阵 $\boldsymbol{A}_2$ 不是行最简形,因为它的第 2 行的非零首元所在列不是单位坐标列向量,即该列有其他非零元;但在求解线性方程组及其他一些问题时,$\boldsymbol{A}_2$ 具有与行最简形相似的功能;矩阵 $\boldsymbol{A}_3$ 不是行最简形,因为它首先不是行阶梯形.

例 3.2　设矩阵

$$\boldsymbol{A}=\begin{pmatrix}2&-4&5&3\\3&-6&4&2\\4&-8&17&11\end{pmatrix},$$

试求:(1) $\boldsymbol{A}$ 的行最简形;(2) $\boldsymbol{A}$ 的标准形.

解　(1) 对矩阵 $\boldsymbol{A}$ 作初等行变换

$$\boldsymbol{A}=\begin{pmatrix}2&-4&5&3\\3&-6&4&2\\4&-8&17&11\end{pmatrix}\overset{r_2-r_1}{\sim}\begin{pmatrix}2&-4&5&3\\1&-2&-1&-1\\4&-8&17&11\end{pmatrix}\overset{r_1\leftrightarrow r_2}{\sim}\begin{pmatrix}1&-2&-1&-1\\2&-4&5&3\\4&-8&17&11\end{pmatrix}$$

$$\underset{r_3-4r_1}{\overset{r_2-2r_1}{\sim}}\begin{pmatrix}1&-2&-1&-1\\0&0&7&5\\0&0&21&15\end{pmatrix}\underset{r_1+r_2}{\underset{r_3-21r_2}{\overset{r_2\times\frac{1}{7}}{\sim}}}\begin{pmatrix}1&-2&0&-\frac{2}{7}\\0&0&1&\frac{5}{7}\\0&0&0&0\end{pmatrix},$$

此即为 $\boldsymbol{A}$ 的行最简形.

(2) 进一步对 $\boldsymbol{A}$ 的行最简形作初等列变换:

$$\boldsymbol{A}\sim\begin{pmatrix}1&-2&0&-\frac{2}{7}\\0&0&1&\frac{5}{7}\\0&0&0&0\end{pmatrix}\overset{c_2\leftrightarrow c_3}{\sim}\begin{pmatrix}1&0&-2&-\frac{2}{7}\\0&1&0&\frac{5}{7}\\0&0&0&0\end{pmatrix}$$

$$\underset{c_4+\frac{2}{7}c_1-\frac{5}{7}c_2}{\overset{c_3+2c_1}{\sim}}\begin{pmatrix}1&0&0&0\\0&1&0&0\\0&0&0&0\end{pmatrix}=\begin{pmatrix}\boldsymbol{E}_2&\boldsymbol{O}\\\boldsymbol{O}&\boldsymbol{O}\end{pmatrix},$$

此即为 $\boldsymbol{A}$ 的标准形.

例 3.3　设 4 阶方阵 $\boldsymbol{A}$ 的秩 $R(\boldsymbol{A})=2$,求其伴随矩阵 $\boldsymbol{A}^*$ 的秩.

解 因 $R(\boldsymbol{A})=2$,由矩阵秩的定义,知 $\boldsymbol{A}$ 的任一 3 阶子式均为零,即 $A_{ij}=0,1\leqslant i,j\leqslant 4$,这里,$A_{ij}$ 是行列式 $|A|$ 的 (i,j) 元的代数余子式. 于是知 $\boldsymbol{A}^*=\boldsymbol{O}$,从而 $R(\boldsymbol{A}^*)=0$.

注 关于求方阵 $\boldsymbol{A}$ 的伴随阵 $\boldsymbol{A}^*$ 的秩的一般方法,见习题四题 25.

例 3.4 设 $\boldsymbol{A}$ 是 $m\times n$ 矩阵,$m<n$,其秩 $R(\boldsymbol{A})=m$,则( ).

(a) 存在 m 阶不可逆矩阵 $\boldsymbol{Q}$,使 $\boldsymbol{QA}=(\boldsymbol{E}_m,\boldsymbol{O})$

(b) 存在 m 阶可逆矩阵 $\boldsymbol{P}$,使 $\boldsymbol{PA}=(\boldsymbol{E}_m,\boldsymbol{O})$

(c) 齐次线性方程组 $\boldsymbol{Ax}=\boldsymbol{0}$ 只有零解

(d) 非齐次线性方程组 $\boldsymbol{Ax}=\boldsymbol{b}$ 一定有无穷多解

解 选(d). 说明如下:

(a) 不正确. 因由矩阵秩的性质 7,

$$R(\boldsymbol{Q})\geqslant R(\boldsymbol{QA})=R(\boldsymbol{E}_m,\boldsymbol{O})=m,$$

与 Q 为 m 阶不可逆阵矛盾.

(b) 不正确. 若选项(b)成立,则

$$\boldsymbol{A}=\boldsymbol{P}^{-1}(\boldsymbol{E}_m,\boldsymbol{O})=(\boldsymbol{P}^{-1},\boldsymbol{O}),$$

其中 $\boldsymbol{O}$ 是 $m\times(n-m)$ 零矩阵. 这表明 $\boldsymbol{A}$ 的后 $n-m$ 列均为零列向量. 但对于秩为 m 的 $m\times n$ 矩阵 $\boldsymbol{A}$ 来说,一般是不满足这一点的,例如 $\boldsymbol{A}=\begin{pmatrix}1&0&0\\0&1&1\end{pmatrix}$.

(c) 不正确. 反例:取 $\boldsymbol{A}=\begin{pmatrix}1&0&0\\0&1&1\end{pmatrix}$,则显然 $\boldsymbol{x}=\begin{pmatrix}0\\1\\-1\end{pmatrix}$ 是它的非零解.

(d) 正确. 证明如下:此时,非齐次方程

$$\boldsymbol{Ax}=\boldsymbol{b}$$

的系数矩阵和增广矩阵的秩满足

$$m=R(\boldsymbol{A})\leqslant R(\boldsymbol{A},\boldsymbol{b})\leqslant m,$$

于是,$R(\boldsymbol{A})=R(\boldsymbol{A},\boldsymbol{b})=m<n=$ 未知数个数,从而这方程必有无穷多解.

例 3.5 设 n 元线性方程组

$$\begin{cases}a_{11}x_1+a_{12}x_2+\cdots+a_{1n}x_n=b_1,\\a_{21}x_1+a_{22}x_2+\cdots+a_{2n}x_n=b_2,\\\cdots\cdots\cdots\cdots\\a_{n1}x_1+a_{n2}x_2+\cdots+a_{nn}x_n=b_n\end{cases}$$

的系数矩阵 $\boldsymbol{A}$ 的秩与 $n+1$ 阶矩阵

$$C=\begin{pmatrix} a_{11} & a_{12} & \cdots & a_{1n} & b_1 \\ \vdots & \vdots & & \vdots & \vdots \\ a_{n1} & a_{n2} & \cdots & a_{nn} & b_n \\ b_1 & b_2 & \cdots & b_n & 1 \end{pmatrix}$$

的秩相等,证明此线性方程组必有解.

证 注意到系数矩阵 $\boldsymbol{A}$ 是 $n\times n$ 矩阵,其增广矩阵 $\boldsymbol{B}$ 是 $n\times(n+1)$ 矩阵,矩阵 $\boldsymbol{C}$ 是 $(n+1)\times(n+1)$ 矩阵,由矩阵的秩的定义,有

$$\boldsymbol{A}\text{ 比 }\boldsymbol{B}\text{ 少一列}\Rightarrow R(\boldsymbol{A})\leqslant R(\boldsymbol{B}),$$

$$\boldsymbol{B}\text{ 比 }\boldsymbol{C}\text{ 少一行}\Rightarrow R(\boldsymbol{B})\leqslant R(\boldsymbol{C}),$$

于是

$$R(\boldsymbol{A})\leqslant R(\boldsymbol{B})\leqslant R(\boldsymbol{C}).$$

由题设 $R(\boldsymbol{A})=R(\boldsymbol{C})$,所以 $R(\boldsymbol{A})=R(\boldsymbol{B})$,于是,原方程组必有解.

例 3.6 设齐次线性方程组

$$\begin{cases} ax_1+bx_2+\cdots+bx_n=0, \\ bx_1+ax_2+\cdots+bx_n=0, \\ \cdots\cdots\cdots\cdots \\ bx_1+bx_2+\cdots+ax_n=0, \end{cases}$$

其中 $a\neq0,b\neq0,n\geqslant2$. 试讨论 a,b 为何值时,方程组仅有零解,有无穷多解?在有无穷多解时,求通解.

解 方程组的系数矩阵 $\boldsymbol{A}$ 的行列式(见习题一题 8(2))

$$\det\boldsymbol{A}=\begin{vmatrix} a & b & \cdots & b \\ b & a & \cdots & b \\ \vdots & \vdots & & \vdots \\ b & b & \cdots & a \end{vmatrix}=[a+(n-1)b](a-b)^{n-1}.$$

情形 1:$a\neq b$ 且 $a\neq(1-n)b$,方程组仅有零解.

情形 2:$a=b$,对系数矩阵 $\boldsymbol{A}$ 进行初等行变换,并注意到 $a\neq0$,

$$\boldsymbol{A}=\begin{pmatrix} a & a & \cdots & a \\ a & a & \cdots & a \\ \vdots & \vdots & & \vdots \\ a & a & \cdots & a \end{pmatrix}\overset{r}{\sim}\begin{pmatrix} 1 & 1 & \cdots & 1 \\ 0 & 0 & \cdots & 0 \\ \vdots & \vdots & & \vdots \\ 0 & 0 & \cdots & 0 \end{pmatrix},$$

即得原方程组的同解方程组

$$x_1+x_2+\cdots+x_n=0,$$

取 $x_2,\cdots,x_n$ 为自由未知数,即得通解

$$\boldsymbol{x}=k_1\boldsymbol{\xi}_1+k_2\boldsymbol{\xi}_2+\cdots+k_{n-1}\boldsymbol{\xi}_{n-1},\quad k_1,k_2,\cdots,k_{n-1}\in\mathbb{R},$$

其中

$$\boldsymbol{\xi}_1=\begin{pmatrix}-1\\1\\0\\\vdots\\0\end{pmatrix},\boldsymbol{\xi}_2=\begin{pmatrix}-1\\0\\1\\\vdots\\0\end{pmatrix},\cdots,\boldsymbol{\xi}_{n-1}=\begin{pmatrix}-1\\0\\0\\\vdots\\1\end{pmatrix}.$$

情形 3：$a=(1-n)b$，对系数矩阵 $\boldsymbol{A}$ 进行初等行变换并注意到 $b\neq0$，

$$\boldsymbol{A}=\begin{pmatrix}(1-n)b & b & \cdots & b\\ b & (1-n)b & \cdots & b\\ \vdots & \vdots & & \vdots\\ b & b & \cdots & (1-n)b\end{pmatrix}\xrightarrow[\text{除以 } b]{\text{各行}}\begin{pmatrix}1-n & 1 & \cdots & 1\\ 1 & 1-n & \cdots & 1\\ \vdots & \vdots & & \vdots\\ 1 & 1 & \cdots & 1-n\end{pmatrix}$$

$$\xrightarrow[\substack{r_2-r_n\\ \cdots\\ r_{n-1}-r_n}]{r_1-r_n}\begin{pmatrix}-n & 0 & \cdots & n\\ 0 & -n & \cdots & n\\ \vdots & \vdots & & \vdots\\ 1 & 1 & \cdots & 1-n\end{pmatrix}\xrightarrow[\text{除以 } n\text{，并加到第 } n \text{ 行}]{\text{前 } n-1 \text{ 行均}}\begin{pmatrix}-1 & 0 & \cdots & 1\\ 0 & -1 & \cdots & 1\\ \vdots & \vdots & & \vdots\\ 0 & 0 & \cdots & 0\end{pmatrix}$$

于是，得到同解方程组
$$\begin{cases}x_1=x_n,\\ x_2=x_n,\\ \cdots\cdots\\ x_{n-1}=x_n,\end{cases}$$

即得通解 $\boldsymbol{x}=k\boldsymbol{\xi},k\in\mathbb{R}$，其中 $\boldsymbol{\xi}=(1,1,\cdots,1)^{\mathrm{T}}$.

习 题 解 答

1. 用初等行变换把下列矩阵化为行最简形矩阵：

(1) $\begin{pmatrix}1&0&2&-1\\2&0&3&1\\3&0&4&3\end{pmatrix}$；　　(2) $\begin{pmatrix}0&2&-3&1\\0&3&-4&3\\0&4&-7&-1\end{pmatrix}$；

(3) $\begin{pmatrix}1&-1&3&-4&3\\3&-3&5&-4&1\\2&-2&3&-2&0\\3&-3&4&-2&-1\end{pmatrix}$；　　(4) $\begin{pmatrix}2&3&1&-3&-7\\1&2&0&-2&-4\\3&-2&8&3&0\\2&-3&7&4&3\end{pmatrix}$.

解 (1) $\begin{pmatrix}1&0&2&-1\\2&0&3&1\\3&0&4&3\end{pmatrix}\xrightarrow[r_3-3r_1]{r_2-2r_1}\begin{pmatrix}1&0&2&-1\\0&0&-1&3\\0&0&-2&6\end{pmatrix}$

$$\underset{\substack{r_1-2r_2\\ r_3+2r_2}}{\overset{r_2\times(-1)}{\sim}}\begin{pmatrix}1&0&0&5\\0&0&1&-3\\0&0&0&0\end{pmatrix};$$

(2) $$\begin{pmatrix}0&2&-3&1\\0&3&-4&3\\0&4&-7&-1\end{pmatrix}\underset{r_3-2r_1}{\overset{r_2-r_1}{\sim}}\begin{pmatrix}0&2&-3&1\\0&1&-1&2\\0&0&-1&-3\end{pmatrix}\overset{r_1\leftrightarrow r_2}{\sim}\begin{pmatrix}0&1&-1&2\\0&2&-3&1\\0&0&-1&-3\end{pmatrix}$$

$$\overset{r_2-2r_1}{\sim}\begin{pmatrix}0&1&-1&2\\0&0&-1&-3\\0&0&-1&-3\end{pmatrix}\underset{\substack{r_1+r_2\\ r_3+r_2}}{\overset{r_2\times(-1)}{\sim}}\begin{pmatrix}0&1&0&5\\0&0&1&3\\0&0&0&0\end{pmatrix};$$

(3) $$\begin{pmatrix}1&-1&3&-4&3\\3&-3&5&-4&1\\2&-2&3&-2&0\\3&-3&4&-2&-1\end{pmatrix}\underset{\substack{r_3-2r_1\\ r_4-3r_1}}{\overset{r_2-r_4}{\sim}}\begin{pmatrix}1&-1&3&-4&3\\0&0&1&-2&2\\0&0&-3&6&-6\\0&0&-5&10&-10\end{pmatrix}$$

$$\underset{\substack{r_3+3r_2\\ r_4+5r_2}}{\overset{r_1-3r_2}{\sim}}\begin{pmatrix}1&-1&0&2&-3\\0&0&1&-2&2\\0&0&0&0&0\\0&0&0&0&0\end{pmatrix};$$

(4) $$\begin{pmatrix}2&3&1&-3&-7\\1&2&0&-2&-4\\3&-2&8&3&0\\2&-3&7&4&3\end{pmatrix}\overset{r_1\leftrightarrow r_2}{\sim}\begin{pmatrix}1&2&0&-2&-4\\2&3&1&-3&-7\\3&-2&8&3&0\\2&-3&7&4&3\end{pmatrix}\underset{\substack{r_3-3r_1\\ r_4-2r_1}}{\overset{r_2-2r_1}{\sim}}\begin{pmatrix}1&2&0&-2&-4\\0&-1&1&1&1\\0&-8&8&9&12\\0&-7&7&8&11\end{pmatrix}$$

$$\underset{\substack{r_1-2r_2\\ r_3+8r_2\\ r_4+7r_2}}{\overset{r_2\times(-1)}{\sim}}\begin{pmatrix}1&0&2&0&-2\\0&1&-1&-1&-1\\0&0&0&1&4\\0&0&0&1&4\end{pmatrix}\underset{r_4-r_3}{\overset{r_2+r_3}{\sim}}\begin{pmatrix}1&0&2&0&-2\\0&1&-1&0&3\\0&0&0&1&4\\0&0&0&0&0\end{pmatrix}.$$

2. 设 $\boldsymbol{A}=\begin{pmatrix}1&2&3&4\\2&3&4&5\\5&4&3&2\end{pmatrix}$，求一个可逆阵 $\boldsymbol{P}$，使 $\boldsymbol{PA}$ 为行最简形.

解　$$(\boldsymbol{A},\boldsymbol{E})=\begin{pmatrix}1&2&3&4&1&0&0\\2&3&4&5&0&1&0\\5&4&3&2&0&0&1\end{pmatrix}\underset{r_3-5r_1}{\overset{r_2-2r_1}{\sim}}\begin{pmatrix}1&2&3&4&1&0&0\\0&-1&-2&-3&-2&1&0\\0&-6&-12&-18&-5&0&1\end{pmatrix}$$

$$\underset{\substack{r_1-2r_2\\ r_3+6r_2}}{\overset{r_2\times(-1)}{\sim}}\begin{pmatrix}1&0&-1&-2&-3&2&0\\0&1&2&3&2&-1&0\\0&0&0&0&7&-6&1\end{pmatrix},$$

故 $\boldsymbol{P}=\begin{pmatrix}-3&2&0\\2&-1&0\\7&-6&1\end{pmatrix}$，并且 $\boldsymbol{A}$ 的行最简形为 $\boldsymbol{PA}=\begin{pmatrix}1&0&-1&-2\\0&1&2&3\\0&0&0&0\end{pmatrix}$.

3. 设 $\boldsymbol{A}=\begin{pmatrix}-5&3&1\\2&-1&1\end{pmatrix}$，(1) 求一个可逆阵 $\boldsymbol{P}$，使 $\boldsymbol{PA}$ 为行最简形；(2) 求一个可逆阵 $\boldsymbol{Q}$，使 $\boldsymbol{QA}^{\mathrm{T}}$ 为行最简形.

解 (1) $(\boldsymbol{A},\boldsymbol{E})=\begin{pmatrix}-5&3&1&1&0\\2&-1&1&0&1\end{pmatrix}\overset{r_1+3r_2}{\sim}\begin{pmatrix}1&0&4&1&3\\2&-1&1&0&1\end{pmatrix}$

$$\underset{r_2\times(-1)}{\overset{r_2-2r_1}{\sim}}\begin{pmatrix}1&0&4&1&3\\0&1&7&2&5\end{pmatrix},$$

于是 $\boldsymbol{P}=\begin{pmatrix}1&3\\2&5\end{pmatrix}$，且 $\boldsymbol{PA}=\begin{pmatrix}1&0&4\\0&1&7\end{pmatrix}$ 为 $\boldsymbol{A}$ 的行最简形；

(2) $(\boldsymbol{A}^{\mathrm{T}},\boldsymbol{E})=\begin{pmatrix}-5&2&1&0&0\\3&-1&0&1&0\\1&1&0&0&1\end{pmatrix}\overset{r_1+2r_2}{\sim}\begin{pmatrix}1&0&1&2&0\\3&-1&0&1&0\\1&1&0&0&1\end{pmatrix}$

$$\underset{r_3-r_1}{\overset{r_2-3r_1}{\sim}}\begin{pmatrix}1&0&1&2&0\\0&-1&-3&-5&0\\0&1&-1&-2&1\end{pmatrix}\underset{r_3-r_2}{\overset{r_2\times(-1)}{\sim}}\begin{pmatrix}1&0&1&2&0\\0&1&3&5&0\\0&0&-4&-7&1\end{pmatrix},$$

于是 $\boldsymbol{Q}=\begin{pmatrix}1&2&0\\3&5&0\\-4&-7&1\end{pmatrix}$，并且 $\boldsymbol{QA}^{\mathrm{T}}=\begin{pmatrix}1&0\\0&1\\0&0\end{pmatrix}$ 为 $\boldsymbol{A}^{\mathrm{T}}$ 的行最简形.

4. 试利用矩阵的初等变换，求下列方阵的逆阵：

(1) $\begin{pmatrix}3&2&1\\3&1&5\\3&2&3\end{pmatrix}$；　　(2) $\begin{pmatrix}3&-2&0&-1\\0&2&2&1\\1&-2&-3&-2\\0&1&2&1\end{pmatrix}$.

解 记所给的矩阵为 $\boldsymbol{A}$.

(1) $(\boldsymbol{A},\boldsymbol{E})=\begin{pmatrix}3&2&1&1&0&0\\3&1&5&0&1&0\\3&2&3&0&0&1\end{pmatrix}\underset{r_3-r_1}{\overset{r_2-r_1}{\sim}}\begin{pmatrix}3&2&1&1&0&0\\0&-1&4&-1&1&0\\0&0&2&-1&0&1\end{pmatrix}$

$$\underset{r_1-2r_2}{\overset{r_2\times(-1)}{\sim}}\begin{pmatrix}3&0&9&-1&2&0\\0&1&-4&1&-1&0\\0&0&2&-1&0&1\end{pmatrix}\underset{\substack{r_1-9r_3\\r_2+4r_3}}{\overset{r_3\div(-2)}{\sim}}\begin{pmatrix}3&0&0&\frac{7}{2}&2&-\frac{9}{2}\\0&1&0&-1&-1&2\\0&0&1&-\frac{1}{2}&0&\frac{1}{2}\end{pmatrix}$$

$$\overset{r_1 \div 3}{\sim}\begin{pmatrix} 1 & 0 & 0 & \frac{7}{6} & \frac{2}{3} & -\frac{3}{2} \\ 0 & 1 & 0 & -1 & -1 & 2 \\ 0 & 0 & 1 & -\frac{1}{2} & 0 & \frac{1}{2} \end{pmatrix},$$

因 $\boldsymbol{A} \overset{r}{\sim} \boldsymbol{E}$，由定理 1 之推论，知 $\boldsymbol{A}$ 可逆，且

$$\boldsymbol{A}^{-1} = \begin{pmatrix} \frac{7}{6} & \frac{2}{3} & -\frac{3}{2} \\ -1 & -1 & 2 \\ -\frac{1}{2} & 0 & \frac{1}{2} \end{pmatrix};$$

$$(2)\ (\boldsymbol{A}, \boldsymbol{E}) = \begin{pmatrix} 3 & -2 & 0 & -1 & 1 & 0 & 0 & 0 \\ 0 & 2 & 2 & 1 & 0 & 1 & 0 & 0 \\ 1 & -2 & -3 & -2 & 0 & 0 & 1 & 0 \\ 0 & 1 & 2 & 1 & 0 & 0 & 0 & 1 \end{pmatrix}$$

$$\underset{r_2 \leftrightarrow r_4}{\overset{r_1 \leftrightarrow r_3}{\sim}}\begin{pmatrix} 1 & -2 & -3 & -2 & 0 & 0 & 1 & 0 \\ 0 & 1 & 2 & 1 & 0 & 0 & 0 & 1 \\ 3 & -2 & 0 & -1 & 1 & 0 & 0 & 0 \\ 0 & 2 & 2 & 1 & 0 & 1 & 0 & 0 \end{pmatrix}$$

$$\underset{r_4 - 2r_2}{\overset{r_3 - 3r_1}{\sim}}\begin{pmatrix} 1 & -2 & -3 & -2 & 0 & 0 & 1 & 0 \\ 0 & 1 & 2 & 1 & 0 & 0 & 0 & 1 \\ 0 & 4 & 9 & 5 & 1 & 0 & -3 & 0 \\ 0 & 0 & -2 & -1 & 0 & 1 & 0 & -2 \end{pmatrix}$$

$$\underset{r_3 - 4r_2}{\overset{r_1 + 2r_2}{\sim}}\begin{pmatrix} 1 & 0 & 1 & 0 & 0 & 0 & 1 & 2 \\ 0 & 1 & 2 & 1 & 0 & 0 & 0 & 1 \\ 0 & 0 & 1 & 1 & 1 & 0 & -3 & -4 \\ 0 & 0 & -2 & -1 & 0 & 1 & 0 & -2 \end{pmatrix}$$

$$\underset{\substack{r_2 - 2r_3 \\ r_4 + 2r_3}}{\overset{r_1 - r_3}{\sim}}\begin{pmatrix} 1 & 0 & 0 & -1 & -1 & 0 & 4 & 6 \\ 0 & 1 & 0 & -1 & -2 & 0 & 6 & 9 \\ 0 & 0 & 1 & 1 & 1 & 0 & -3 & -4 \\ 0 & 0 & 0 & 1 & 2 & 1 & -6 & -10 \end{pmatrix}$$

$$\underset{\substack{r_2 + r_4 \\ r_3 - r_4}}{\overset{r_1 + r_4}{\sim}}\begin{pmatrix} 1 & 0 & 0 & 0 & 1 & 1 & -2 & -4 \\ 0 & 1 & 0 & 0 & 0 & 1 & 0 & -1 \\ 0 & 0 & 1 & 0 & -1 & -1 & 3 & 6 \\ 0 & 0 & 0 & 1 & 2 & 1 & -6 & -10 \end{pmatrix},$$

因 $A \overset{r}{\sim} E$，由定理1之推论，知 A 可逆，并且

$$A^{-1}=\begin{pmatrix}1&1&-2&-4\\0&1&0&-1\\-1&-1&3&6\\2&1&-6&-10\end{pmatrix}.$$

5. (1) 设 $A=\begin{pmatrix}4&1&-2\\2&2&1\\3&1&-1\end{pmatrix}$，$B=\begin{pmatrix}1&-3\\2&2\\3&-1\end{pmatrix}$，求 X 使 $AX=B$；

(2) 设 $A=\begin{pmatrix}0&2&1\\2&-1&3\\-3&3&-4\end{pmatrix}$，$B=\begin{pmatrix}1&2&3\\2&-3&1\end{pmatrix}$，求 X 使 $XA=B$.

解 (1) 与教材例3相仿，若 A 是可逆矩阵，则可求得矩阵方程的解为 $X=A^{-1}B$，而判断 A 是否可逆和求解可通过 (A,B) 的行最简形一起解决：即若 $A\overset{r}{\sim}E$，则 A 可逆，并且初等行变换把 A 变为 E 的同时，把 B 变为 $A^{-1}B$.

$$(A,B)=\begin{pmatrix}4&1&-2&1&-3\\2&2&1&2&2\\3&1&-1&3&-1\end{pmatrix}\overset{r_1-r_3}{\sim}\begin{pmatrix}1&0&-1&-2&-2\\2&2&1&2&2\\3&1&-1&3&-1\end{pmatrix}$$

$$\underset{r_3-3r_1}{\overset{r_2-2r_1}{\sim}}\begin{pmatrix}1&0&-1&-2&-2\\0&2&3&6&6\\0&1&2&9&5\end{pmatrix}\underset{r_3-2r_2}{\overset{r_2\leftrightarrow r_3}{\sim}}\begin{pmatrix}1&0&-1&-2&-2\\0&1&2&9&5\\0&0&-1&-12&-4\end{pmatrix}$$

$$\underset{\substack{r_1+r_3\\r_2-2r_3}}{\overset{r_3\times(-1)}{\sim}}\begin{pmatrix}1&0&0&10&2\\0&1&0&-15&-3\\0&0&1&12&4\end{pmatrix},$$

于是 A 可逆，且 $X=\begin{pmatrix}10&2\\-15&-3\\12&4\end{pmatrix}$.

(2) 可以仿照教材中的方法，用初等列变换求 BA^{-1}，但通常习惯用初等行变换求 X.

因 $XA=B\Rightarrow A^{\mathrm{T}}X^{\mathrm{T}}=B^{\mathrm{T}}\Rightarrow X^{\mathrm{T}}=(A^{\mathrm{T}})^{-1}B^{\mathrm{T}}$，与题(1)相同，可用初等行变换先求得 X^{T}，从而得 X. 计算如下：

$$(A^{\mathrm{T}},B^{\mathrm{T}})=\begin{pmatrix}0&2&-3&1&2\\2&-1&3&2&-3\\1&3&-4&3&1\end{pmatrix}\underset{r_2-2r_1}{\overset{r_1\leftrightarrow r_3}{\sim}}\begin{pmatrix}1&3&-4&3&1\\0&-7&11&-4&-5\\0&2&-3&1&2\end{pmatrix}$$

$$\overset{r_2+4r_3}{\sim}\begin{pmatrix}1&3&-4&3&1\\0&1&-1&0&3\\0&2&-3&1&2\end{pmatrix}\underset{r_3-2r_2}{\overset{r_1-3r_2}{\sim}}\begin{pmatrix}1&0&-1&3&-8\\0&1&-1&0&3\\0&0&-1&1&-4\end{pmatrix}$$

$$\underset{\substack{r_2-r_3\\r_3\times(-1)}}{\overset{r_1-r_3}{\sim}}\begin{pmatrix}1&0&0&2&-4\\0&1&0&-1&7\\0&0&1&-1&4\end{pmatrix}.$$

于是 $X^{\mathrm{T}}=\begin{pmatrix}2&-4\\-1&7\\-1&4\end{pmatrix}$，从而 $X=\begin{pmatrix}2&-1&-1\\-4&7&4\end{pmatrix}$.

6. 设 $A=\begin{pmatrix}1&-1&0\\0&1&-1\\-1&0&1\end{pmatrix}$，$AX=2X+A$，求 X.

解 $AX=2X+A\Rightarrow(A-2E)X=A$. 欲解此方程，需要(i)判断 $A-2E$ 为可逆矩阵；(ii)进一步求 $X=(A-2E)^{-1}A$. 这两件事可由 $(A-2E,A)$ 的行最简形一起解决.

$$(A-2E,A)=\begin{pmatrix}-1&-1&0&1&-1&0\\0&-1&-1&0&1&-1\\-1&0&-1&-1&0&1\end{pmatrix}\underset{\substack{r_3+r_1\\r_2\times(-1)}}{\overset{r_1\times(-1)}{\sim}}\begin{pmatrix}1&1&0&-1&1&0\\0&1&1&0&-1&1\\0&1&-1&-2&1&1\end{pmatrix}$$

$$\underset{r_3-r_2}{\overset{r_1-r_2}{\sim}}\begin{pmatrix}1&0&-1&-1&2&-1\\0&1&1&0&-1&1\\0&0&-2&-2&2&0\end{pmatrix}\underset{\substack{r_1+r_3\\r_2-r_3}}{\overset{r_3\div(-2)}{\sim}}\begin{pmatrix}1&0&0&0&1&-1\\0&1&0&-1&0&1\\0&0&1&1&-1&0\end{pmatrix},$$

上述结果表明 $A-2E\overset{r}{\sim}E$，故 $A-2E$ 可逆，且

$$X=(A-2E)^{-1}A=\begin{pmatrix}0&1&-1\\-1&0&1\\1&-1&0\end{pmatrix}.$$

7. 在秩是 r 的矩阵中，有没有等于 0 的 $r-1$ 阶子式？有没有等于 0 的 r 阶子式？

解 在秩是 r 的矩阵中等于 0 的 $r-1$ 阶子式可能有，也可能没有；等于 0 的 r 阶子式可能有，也可能没有. 例如：

(i) 矩阵 $\begin{pmatrix}1&0\\0&1\end{pmatrix}$ 的秩为 2，有等于 0 的 1 阶子式（简称 1 阶零子式，下同），但没有 2 阶零子式；

(ii) 矩阵 $\begin{pmatrix}1&2\\3&4\end{pmatrix}$ 的秩为 2，没有 1 阶零子式，也没有 2 阶零子式；

(iii) 矩阵$\begin{pmatrix}1&0&0\\0&1&1\end{pmatrix}$的秩为 2,有 1 阶零子式,也有 2 阶零子式;

(iv) 矩阵$\begin{pmatrix}1&1&1\\1&1&2\end{pmatrix}$的秩为 2,没有 1 阶零子式,但有 2 阶零子式.

8. 从矩阵 $\boldsymbol{A}$ 中划去一行得到矩阵 $\boldsymbol{B}$,问 $\boldsymbol{A},\boldsymbol{B}$ 的秩的关系怎样?

解 由矩阵秩的性质⑤,有

$$R(\boldsymbol{A})-1\leqslant R(\boldsymbol{B})\leqslant R(\boldsymbol{A}).$$

9. 求作一个秩是 4 的方阵,它的两个行向量是

$$(1,0,1,0,0),(1,-1,0,0,0).$$

解 因$\begin{pmatrix}1&0&1&0&0\\1&-1&0&0&0\end{pmatrix}$的秩为 2,故满足要求的方阵可以是

$$\begin{pmatrix}1&0&1&0&0\\1&-1&0&0&0\\0&0&0&1&0\\0&0&0&0&1\\0&0&0&0&0\end{pmatrix}.$$

10. 求下列矩阵的秩,并求一个最高阶非零子式:

(1) $\begin{pmatrix}3&1&0&2\\1&-1&2&-1\\1&3&-4&4\end{pmatrix}$; (2) $\begin{pmatrix}3&2&-1&-3&-1\\2&-1&3&1&-3\\7&0&5&-1&-8\end{pmatrix}$;

(3) $\begin{pmatrix}2&1&8&3&7\\2&-3&0&7&-5\\3&-2&5&8&0\\1&0&3&2&0\end{pmatrix}$.

解 (1) $\begin{pmatrix}3&1&0&2\\1&-1&2&-1\\1&3&-4&4\end{pmatrix}\overset{r_1\leftrightarrow r_2}{\sim}\begin{pmatrix}1&-1&2&-1\\3&1&0&2\\1&3&-4&4\end{pmatrix}$

$$\underset{r_3-r_1}{\overset{r_2-3r_1}{\sim}}\begin{pmatrix}1&-1&2&-1\\0&4&-6&5\\0&4&-6&5\end{pmatrix}$$

$$\overset{r_3-r_2}{\sim}\begin{pmatrix}1&-1&2&-1\\0&4&-6&5\\0&0&0&0\end{pmatrix},$$

故它的秩为 2,并且它的第 1、2 行和第 1、2 列构成最高阶非零子式.

$$(2)\begin{pmatrix}3&2&-1&-3&-1\\2&-1&3&1&-3\\7&0&5&-1&-8\end{pmatrix}\overset{r_1-r_2}{\underset{\substack{r_2-2r_1\\r_3-7r_1}}{\sim}}\begin{pmatrix}1&3&-4&-4&2\\0&-7&11&9&-7\\0&-21&33&27&-22\end{pmatrix}$$

$$\overset{r_3-3r_2}{\sim}\begin{pmatrix}1&3&-4&-4&2\\0&-7&11&9&-7\\0&0&0&0&-1\end{pmatrix},$$

于是它的秩为 3,且它的第 1、2、3 行和第 1、2、5 列构成最高阶非零子式.

$$(3)\begin{pmatrix}2&1&8&3&7\\2&-3&0&7&-5\\3&-2&5&8&0\\1&0&3&2&0\end{pmatrix}\overset{r_1\leftrightarrow r_4}{\sim}\begin{pmatrix}1&0&3&2&0\\2&-3&0&7&-5\\3&-2&5&8&0\\2&1&8&3&7\end{pmatrix}$$

$$\overset{r_2-2r_1}{\underset{\substack{r_3-3r_1\\r_4-2r_1}}{\sim}}\begin{pmatrix}1&0&3&2&0\\0&-3&-6&3&-5\\0&-2&-4&2&0\\0&1&2&-1&7\end{pmatrix}$$

$$\overset{r_2\leftrightarrow r_4}{\underset{\substack{r_3+2r_2\\r_4+3r_2}}{\sim}}\begin{pmatrix}1&0&3&2&0\\0&1&2&-1&7\\0&0&0&0&14\\0&0&0&0&16\end{pmatrix}$$

$$\overset{r_3\div 14}{\underset{r_4-16r_3}{\sim}}\begin{pmatrix}1&0&3&2&0\\0&1&2&-1&7\\0&0&0&0&1\\0&0&0&0&0\end{pmatrix},$$

于是它的秩为 3. 由于 3 个非零行的非零首元位于第 1、2、5 列,故在第 1、2、5 列所构成的矩阵 $\begin{pmatrix}2&1&7\\2&-3&-5\\3&-2&0\\1&0&0\end{pmatrix}$ 中寻找 3 阶非零子式. 容易看出

$$\begin{vmatrix}2&-3&-5\\3&-2&0\\1&0&0\end{vmatrix}\neq 0.$$

11. 设 $\boldsymbol{A},\boldsymbol{B}$ 都是 $m\times n$ 矩阵,证明 $\boldsymbol{A}\sim\boldsymbol{B}$ 的充要条件是 $R(\boldsymbol{A})=R(\boldsymbol{B})$.

证 必要性即定理 2,故只需证明充分性. 设 $R(\boldsymbol{A})=R(\boldsymbol{B})=r$,那么矩阵 $\boldsymbol{A},\boldsymbol{B}$ 有相同的标准形

$$F=\begin{pmatrix}E_r & O\\ O & O\end{pmatrix}_{m\times n}$$

于是 $A\sim F,B\sim F$,从而由等价关系的对称性和传递性,知 $A\sim B$.

12. 设 $A=\begin{pmatrix}1 & -2 & 3k\\ -1 & 2k & -3\\ k & -2 & 3\end{pmatrix}$,问 k 为何值,可使

(1) $R(A)=1$;(2) $R(A)=2$;(3) $R(A)=3$.

解一 因 A 为 3 阶方阵,故 $R(A)=3\Leftrightarrow|A|\neq0$.因

$$|A|=-6(k-1)^2(k+2),$$

所以当 $k\neq1$ 且 $k\neq-2$ 时,$R(A)=3$.

当 $k=-2$ 时,$R(A)\leqslant2$,又 A 的左上角二阶子式不为零,故 $R(A)\geqslant2$,于是 $R(A)=2$;

当 $k=1$ 时,$A=\begin{pmatrix}1 & -2 & 3\\ -1 & 2 & -3\\ 1 & -2 & 3\end{pmatrix}\sim\begin{pmatrix}1 & -2 & 3\\ 0 & 0 & 0\\ 0 & 0 & 0\end{pmatrix}$,

知 $R(A)=1$.

解二 对 A 作初等行变换.

$$A=\begin{pmatrix}1 & -2 & 3k\\ -1 & 2k & -3\\ k & -2 & 3\end{pmatrix}\overset{r_2+r_1}{\underset{r_3-kr_1}{\sim}}\begin{pmatrix}1 & -2 & 3k\\ 0 & 2(k-1) & 3(k-1)\\ 0 & 2(k-1) & -3(k^2-1)\end{pmatrix}$$

$$\overset{r_3-r_2}{\sim}\begin{pmatrix}1 & -2 & 3k\\ 0 & 2(k-1) & 3(k-1)\\ 0 & 0 & -3(k-1)(k+2)\end{pmatrix},$$

于是,(1) 当 $k=1$ 时,$R(A)=1$;(2) 当 $k=-2$ 时,$R(A)=2$;(3) 当 $k\neq1$ 且 $k\neq-2$时,$R(A)=3$.

13. 求解下列齐次线性方程组:

(1) $\begin{cases}x_1+x_2+2x_3-x_4=0,\\ 2x_1+x_2+x_3-x_4=0,\\ 2x_1+2x_2+x_3+2x_4=0;\end{cases}$ (2) $\begin{cases}x_1+2x_2+x_3-x_4=0,\\ 3x_1+6x_2-x_3-3x_4=0,\\ 5x_1+10x_2+x_3-5x_4=0;\end{cases}$

(3) $\begin{cases}2x_1+3x_2-x_3-7x_4=0,\\ 3x_1+x_2+2x_3-7x_4=0,\\ 4x_1+x_2-3x_3+6x_4=0,\\ x_1-2x_2+5x_3-5x_4=0;\end{cases}$ (4) $\begin{cases}3x_1+4x_2-5x_3+7x_4=0,\\ 2x_1-3x_2+3x_3-2x_4=0,\\ 4x_1+11x_2-13x_3+16x_4=0,\\ 7x_1-2x_2+x_3+3x_4=0.\end{cases}$

解 对系数矩阵 A 进行初等行变换,化为行最简形.

(1) $\boldsymbol{A}=\begin{pmatrix}1&1&2&-1\\2&1&1&-1\\2&2&1&2\end{pmatrix}\overset{r_2-2r_1}{\underset{r_3-2r_1}{\sim}}\begin{pmatrix}1&1&2&-1\\0&-1&-3&1\\0&0&-3&4\end{pmatrix}\overset{r_2\times(-1)}{\underset{r_3\div(-3)}{\sim}}\begin{pmatrix}1&1&2&-1\\0&1&3&-1\\0&0&1&-\frac{4}{3}\end{pmatrix}$

$$\overset{r_1-r_2}{\sim}\begin{pmatrix}1&0&-1&0\\0&1&3&-1\\0&0&1&-\frac{4}{3}\end{pmatrix}\overset{r_1+r_3}{\underset{r_2-3r_3}{\sim}}\begin{pmatrix}1&0&0&-\frac{4}{3}\\0&1&0&3\\0&0&1&-\frac{4}{3}\end{pmatrix},$$

于是 $R(\boldsymbol{A})=3$,故方程组有 $4-R(\boldsymbol{A})=1$ 个自由未知数;与原方程组同解方程组为

$$\begin{cases}x_1-\frac{4}{3}x_4=0,\\x_2+3x_4=0,\\x_3-\frac{4}{3}x_4=0,\end{cases}$$

取 x_4 为自由未知数,得

$$\begin{pmatrix}x_1\\x_2\\x_3\\x_4\end{pmatrix}=c\begin{pmatrix}\frac{4}{3}\\-3\\\frac{4}{3}\\1\end{pmatrix}\quad(c\in\mathbb{R}).$$

(2) $\boldsymbol{A}=\begin{pmatrix}1&2&1&-1\\3&6&-1&-3\\5&10&1&-5\end{pmatrix}\overset{r_2-3r_1}{\underset{r_3-5r_1}{\sim}}\begin{pmatrix}1&2&1&-1\\0&0&-4&0\\0&0&-4&0\end{pmatrix}\overset{r_2\div(-4)}{\underset{\substack{r_1-r_2\\r_3+4r_2}}{\sim}}\begin{pmatrix}1&2&0&-1\\0&0&1&0\\0&0&0&0\end{pmatrix}$,

取 x_2 和 x_4 为自由未知数,得同解方程组

$$\begin{cases}x_1=-2x_2+x_4,\\x_3=0,\end{cases}$$

得 $$\begin{pmatrix}x_1\\x_2\\x_3\\x_4\end{pmatrix}=c_1\begin{pmatrix}-2\\1\\0\\0\end{pmatrix}+c_2\begin{pmatrix}1\\0\\0\\1\end{pmatrix}\quad(c_1,c_2\in\mathbb{R}).$$

(3) $\boldsymbol{A}=\begin{pmatrix}2&3&-1&-7\\3&1&2&-7\\4&1&-3&6\\1&-2&5&-5\end{pmatrix}\overset{r_1\leftrightarrow r_4}{\underset{\substack{r_2-3r_1\\r_3-4r_1\\r_4-2r_1}}{\sim}}\begin{pmatrix}1&-2&5&-5\\0&7&-13&8\\0&9&-23&26\\0&7&11&3\end{pmatrix}$

$$\overset{r_3-r_2}{\underset{r_4-r_2}{\sim}}\begin{pmatrix}1&-2&5&-5\\0&7&-13&8\\0&2&-10&18\\0&0&2&-5\end{pmatrix}\overset{r_2\leftrightarrow r_3}{\underset{\substack{r_2\div 2\\ r_1+2r_2\\ r_3-7r_2}}{\sim}}\begin{pmatrix}1&0&-5&13\\0&1&-5&9\\0&0&22&-55\\0&0&2&-5\end{pmatrix}$$

$$\overset{r_3\div 22}{\underset{\substack{r_1+5r_3\\ r_2+5r_3\\ r_4-2r_3}}{\sim}}\begin{pmatrix}1&0&0&\frac{1}{2}\\0&1&0&-\frac{7}{2}\\0&0&1&-\frac{5}{2}\\0&0&0&0\end{pmatrix}.$$

取 x_4 为自由未知数，得

$$\begin{cases}x_1=-\dfrac{1}{2}x_4,\\ x_2=\dfrac{7}{2}x_4,\\ x_3=\dfrac{5}{2}x_4,\end{cases}$$

于是
$$\begin{pmatrix}x_1\\x_2\\x_3\\x_4\end{pmatrix}=c\begin{pmatrix}-\frac{1}{2}\\ \frac{7}{2}\\ \frac{5}{2}\\ 1\end{pmatrix}\quad(c\in\mathbb{R}).$$

(4) $$\boldsymbol{A}=\begin{pmatrix}3&4&-5&7\\2&-3&3&-2\\4&11&-13&16\\7&-2&1&3\end{pmatrix}\overset{r_1-r_2}{\sim}\begin{pmatrix}1&7&-8&9\\2&-3&3&-2\\4&11&-13&16\\7&-2&1&3\end{pmatrix}$$

$$\overset{r_2-2r_1}{\underset{\substack{r_3-4r_1\\ r_4-7r_1}}{\sim}}\begin{pmatrix}1&7&-8&9\\0&-17&19&-20\\0&-17&19&-20\\0&-51&57&-60\end{pmatrix}\overset{r_3-r_2}{\underset{\substack{r_4-3r_2\\ r_2\div(-17)}}{\sim}}\begin{pmatrix}1&7&-8&9\\0&1&-\frac{19}{17}&\frac{20}{17}\\0&0&0&0\\0&0&0&0\end{pmatrix}$$

$$\overset{r_1-7r_2}{\sim}\begin{pmatrix}1&0&-\frac{3}{17}&\frac{13}{17}\\0&1&-\frac{19}{17}&\frac{20}{17}\\0&0&0&0\\0&0&0&0\end{pmatrix},$$

取 x_3 和 x_4 为自由未知数，得同解方程组

$$\begin{cases}x_1=\frac{3}{17}x_3-\frac{13}{17}x_4,\\x_2=\frac{19}{17}x_3-\frac{20}{17}x_4,\end{cases}$$

即得

$$\begin{pmatrix}x_1\\x_2\\x_3\\x_4\end{pmatrix}=c_1\begin{pmatrix}\frac{3}{17}\\\frac{19}{17}\\1\\0\end{pmatrix}+c_2\begin{pmatrix}-\frac{13}{17}\\-\frac{20}{17}\\0\\1\end{pmatrix}\quad(c_1,c_2\in\mathbb{R}).$$

14. 求解下列非齐次线性方程组：

(1) $\begin{cases}4x_1+2x_2-x_3=2,\\3x_1-x_2+2x_3=10,\\11x_1+3x_2=8;\end{cases}$　　(2) $\begin{cases}2x+3y+z=4,\\x-2y+4z=-5,\\3x+8y-2z=13,\\4x-y+9z=-6;\end{cases}$

(3) $\begin{cases}2x+y-z+w=1,\\4x+2y-2z+w=2,\\2x+y-z-w=1;\end{cases}$　　(4) $\begin{cases}2x+y-z+w=1,\\3x-2y+z-3w=4,\\x+4y-3z+5w=-2.\end{cases}$

解　本题中分别以 $\boldsymbol{A}$ 和 $\boldsymbol{B}$ 表示方程组的系数矩阵和增广矩阵.

(1) $$\boldsymbol{B}=\begin{pmatrix}4&2&-1&2\\3&-1&2&10\\11&3&0&8\end{pmatrix}\overset{r_1-r_2}{\sim}\begin{pmatrix}1&3&-3&-8\\3&-1&2&10\\11&3&0&8\end{pmatrix}$$

$$\underset{r_3-11r_1}{\overset{r_2-3r_1}{\sim}}\begin{pmatrix}1&3&-3&-8\\0&-10&11&34\\0&-30&33&96\end{pmatrix}\overset{r_3-3r_2}{\sim}\begin{pmatrix}1&3&-3&-8\\0&-10&11&34\\0&0&0&-6\end{pmatrix}.$$

因 $R(\boldsymbol{A})=2,R(\boldsymbol{B})=3,R(\boldsymbol{A})\neq R(\boldsymbol{B})$，知方程组无解；

(2) $$\boldsymbol{B}=\begin{pmatrix}2&3&1&4\\1&-2&4&-5\\3&8&-2&13\\4&-1&9&-6\end{pmatrix}\overset{r_1\leftrightarrow r_2}{\sim}\begin{pmatrix}1&-2&4&-5\\2&3&1&4\\3&8&-2&13\\4&-1&9&-6\end{pmatrix}$$

$$\xrightarrow[r_4-4r_1]{\substack{r_2-2r_1\\r_3-3r_1}}\begin{pmatrix}1&-2&4&-5\\0&7&-7&14\\0&14&-14&28\\0&7&-7&14\end{pmatrix}\xrightarrow[r_4-7r_2]{\substack{r_2\div 7\\r_3-14r_2}}\begin{pmatrix}1&-2&4&-5\\0&1&-1&2\\0&0&0&0\\0&0&0&0\end{pmatrix}$$

$$\xrightarrow{r_1+2r_2}\begin{pmatrix}1&0&2&-1\\0&1&-1&2\\0&0&0&0\\0&0&0&0\end{pmatrix}.$$

因 $R(\boldsymbol{A})=R(\boldsymbol{B})=2<3$,故方程组有无穷多解,并且有 $3-R(\boldsymbol{A})=1$ 个自由未知数.选 z 为自由未知数,得到同解方程组:

$$\begin{cases}x+2z=-1,\\y-z=2,\end{cases}\Rightarrow\begin{cases}x=-2z-1,\\y=z+2,\end{cases}$$

即得 $$\begin{pmatrix}x\\y\\z\end{pmatrix}=c\begin{pmatrix}-2\\1\\1\end{pmatrix}+\begin{pmatrix}-1\\2\\0\end{pmatrix}\quad(c\in\mathbb{R});$$

(3) $$\boldsymbol{B}=\begin{pmatrix}2&1&-1&1&1\\4&2&-2&1&2\\2&1&-1&-1&1\end{pmatrix}\xrightarrow[r_3-r_1]{r_2-2r_1}\begin{pmatrix}2&1&-1&1&1\\0&0&0&-1&0\\0&0&0&-2&0\end{pmatrix}$$

$$\xrightarrow[r_3-2r_2]{r_1+r_2}\begin{pmatrix}2&1&-1&0&1\\0&0&0&-1&0\\0&0&0&0&0\end{pmatrix}\xrightarrow[r_2\times(-1)]{r_1\div 2}\begin{pmatrix}1&\frac{1}{2}&-\frac{1}{2}&0&\frac{1}{2}\\0&0&0&1&0\\0&0&0&0&0\end{pmatrix},$$

选 y,z 为自由未知数,得到同解方程组

$$\begin{cases}x=-\dfrac{1}{2}y+\dfrac{1}{2}z+\dfrac{1}{2},\\w=0,\end{cases}$$

即得 $$\begin{pmatrix}x\\y\\z\\w\end{pmatrix}=c_1\begin{pmatrix}-\frac{1}{2}\\1\\0\\0\end{pmatrix}+c_2\begin{pmatrix}\frac{1}{2}\\0\\1\\0\end{pmatrix}+\begin{pmatrix}\frac{1}{2}\\0\\0\\0\end{pmatrix}\quad(c_1,c_2\in\mathbb{R});$$

(4) $$\boldsymbol{B}=\begin{pmatrix}2&1&-1&1&1\\3&-2&1&-3&4\\1&4&-3&5&-2\end{pmatrix}\xrightarrow{r_1\leftrightarrow r_3}\begin{pmatrix}1&4&-3&5&-2\\3&-2&1&-3&4\\2&1&-1&1&1\end{pmatrix}$$

$$\underset{r_3-2r_1}{\overset{r_2-3r_1}{\sim}}\begin{pmatrix}1 & 4 & -3 & 5 & -2\\ 0 & -14 & 10 & -18 & 10\\ 0 & -7 & 5 & -9 & 5\end{pmatrix}\underset{r_2\div(-14)}{\overset{r_3-\frac{1}{2}r_2}{\sim}}\begin{pmatrix}1 & 4 & -3 & 5 & -2\\ 0 & 1 & -\frac{5}{7} & \frac{9}{7} & -\frac{5}{7}\\ 0 & 0 & 0 & 0 & 0\end{pmatrix}$$

$$\overset{r_1-4r_2}{\sim}\begin{pmatrix}1 & 0 & -\frac{1}{7} & -\frac{1}{7} & \frac{6}{7}\\ 0 & 1 & -\frac{5}{7} & \frac{9}{7} & -\frac{5}{7}\\ 0 & 0 & 0 & 0 & 0\end{pmatrix}.$$

选 z,w 为自由未知数，得同解方程组：

$$\begin{cases}x=\frac{1}{7}z+\frac{1}{7}w+\frac{6}{7},\\ y=\frac{5}{7}z-\frac{9}{7}w-\frac{5}{7},\end{cases}$$

即得
$$\begin{pmatrix}x\\ y\\ z\\ w\end{pmatrix}=c_1\begin{pmatrix}\frac{1}{7}\\ \frac{5}{7}\\ 1\\ 0\end{pmatrix}+c_2\begin{pmatrix}\frac{1}{7}\\ -\frac{9}{7}\\ 0\\ 1\end{pmatrix}+\begin{pmatrix}\frac{6}{7}\\ -\frac{5}{7}\\ 0\\ 0\end{pmatrix}\quad(c_1,c_2\in\mathbb{R}).$$

15. 写出一个以

$$\boldsymbol{x}=c_1\begin{pmatrix}2\\ -3\\ 1\\ 0\end{pmatrix}+c_2\begin{pmatrix}-2\\ 4\\ 0\\ 1\end{pmatrix}\tag{3.3}$$

为通解的齐次线性方程组.

解 把(3.3)式改写为

$$\begin{pmatrix}x_1\\ x_2\\ x_3\\ x_4\end{pmatrix}=\begin{pmatrix}2c_1-2c_2\\ -3c_1+4c_2\\ c_1\\ c_2\end{pmatrix}\overset{\text{以 } c_1=x_3\text{、}}{\underset{c_2=x_4\text{ 代入}}{=\!=\!=}}\begin{pmatrix}2x_3-2x_4\\ -3x_3+4x_4\\ x_3\\ x_4\end{pmatrix},$$

由此知所求方程组有 2 个自由未知数 x_3,x_4，且对应的方程组为

$$\begin{cases}x_1=2x_3-2x_4\\ x_2=-3x_3+4x_4,\end{cases}\quad\text{即}\begin{cases}x_1-2x_3+2x_4=0,\\ x_2+3x_3-4x_4=0.\end{cases}$$

它以(3.3)式为通解.

注 (1) 有无限多个齐次方程组以(3.3)式为通解表示式，这里给出比较简

单的一个，即系数矩阵为行最简形.

(2) 本题与习题四题 22 相仿，是同一问题的两种提法.

16. λ 取何值时，非齐次线性方程组

$$\begin{cases}\lambda x_1 + x_2 + x_3 = 1, \\ x_1 + \lambda x_2 + x_3 = \lambda, \\ x_1 + x_2 + \lambda x_3 = \lambda^2\end{cases}$$

(1) 有惟一解；(2) 无解；(3) 有无穷多解？

解 仿照教材例 13，本题也有两种解法，且以行列式解法较为简单，故这里只用此法解之.

系数矩阵 $\boldsymbol{A}$ 的行列式为(可参看习题一题 8(2))

$$|\boldsymbol{A}| = \begin{vmatrix}\lambda & 1 & 1 \\ 1 & \lambda & 1 \\ 1 & 1 & \lambda\end{vmatrix} \xlongequal[r_1 \div (\lambda+2)]{r_1+r_2+r_3} (\lambda+2)\begin{vmatrix}1 & 1 & 1 \\ 1 & \lambda & 1 \\ 1 & 1 & \lambda\end{vmatrix}$$

$$\xlongequal[r_3 - r_1]{r_2 - r_1} (\lambda+2)\begin{vmatrix}1 & 1 & 1 \\ 0 & \lambda-1 & 0 \\ 0 & 0 & \lambda-1\end{vmatrix} = (\lambda-1)^2(\lambda+2).$$

当 $|\boldsymbol{A}| \neq 0$ 时，即当 $\lambda \neq 1, \lambda \neq -2$ 时，$R(\boldsymbol{A}) = 3$，方程组有惟一解；

当 $\lambda = 1$ 时，增广矩阵成为

$$\boldsymbol{B} = \begin{pmatrix}1 & 1 & 1 & 1 \\ 1 & 1 & 1 & 1 \\ 1 & 1 & 1 & 1\end{pmatrix} \overset{r}{\sim} \begin{pmatrix}1 & 1 & 1 & 1 \\ 0 & 0 & 0 & 0 \\ 0 & 0 & 0 & 0\end{pmatrix},$$

可见，$R(\boldsymbol{A}) = R(\boldsymbol{B}) = 1 < 3$，于是方程组有无穷多解；

当 $\lambda = -2$ 时，

$$\boldsymbol{B} = \begin{pmatrix}-2 & 1 & 1 & 1 \\ 1 & -2 & 1 & -2 \\ 1 & 1 & -2 & 4\end{pmatrix} \underset{\substack{r_2 - r_1 \\ r_3 + 2r_1}}{\overset{r_3 \leftrightarrow r_1}{\sim}} \begin{pmatrix}1 & 1 & -2 & 4 \\ 0 & -3 & 3 & -6 \\ 0 & 3 & -3 & 9\end{pmatrix} \overset{r_3 + r_2}{\sim} \begin{pmatrix}1 & 1 & -2 & 4 \\ 0 & -3 & 3 & -6 \\ 0 & 0 & 0 & 3\end{pmatrix},$$

可见 $R(\boldsymbol{A}) = 2, R(\boldsymbol{B}) = 3, R(\boldsymbol{A}) \neq R(\boldsymbol{B})$，于是方程组无解.

17. 非齐次线性方程组

$$\begin{cases}-2x_1 + x_2 + x_3 = -2, \\ x_1 - 2x_2 + x_3 = \lambda, \\ x_1 + x_2 - 2x_3 = \lambda^2\end{cases}$$

当 λ 取何值时有解？并求出它的通解.

解 这里系数矩阵 $\boldsymbol{A}$ 是方阵，但 $\boldsymbol{A}$ 中不含参数，故以对增广矩阵作初等行变换为宜，求解如下：

$$\boldsymbol{B}=\begin{pmatrix}-2&1&1&-2\\1&-2&1&\lambda\\1&1&-2&\lambda^2\end{pmatrix}\overset{r_1\leftrightarrow r_2}{\sim}\begin{pmatrix}1&-2&1&\lambda\\-2&1&1&-2\\1&1&-2&\lambda^2\end{pmatrix}$$

$$\underset{r_3-r_1}{\overset{r_2+2r_1}{\sim}}\begin{pmatrix}1&-2&1&\lambda\\0&-3&3&-2+2\lambda\\0&3&-3&\lambda^2-\lambda\end{pmatrix}\underset{r_3+3r_2}{\overset{r_2\div(-3)}{\sim}}\begin{pmatrix}1&-2&1&\lambda\\0&1&-1&\frac{2}{3}(1-\lambda)\\0&0&0&(\lambda-1)(\lambda+2)\end{pmatrix}.$$

因 $R(\boldsymbol{A})=2$,故当 $R(\boldsymbol{B})=2$,即当 $\lambda=1$ 或 $\lambda=-2$ 时,方程组有解.

当 $\lambda=1$ 时,

$$\boldsymbol{B}\sim\begin{pmatrix}1&-2&1&1\\0&1&-1&0\\0&0&0&0\end{pmatrix}\overset{r_1+2r_2}{\sim}\begin{pmatrix}1&0&-1&1\\0&1&-1&0\\0&0&0&0\end{pmatrix}.$$

选 x_3 为自由未知数,得同解方程组

$$\begin{cases}x_1=x_3+1,\\x_2=x_3,\end{cases}$$

得通解 $$\begin{pmatrix}x_1\\x_2\\x_3\end{pmatrix}=c\begin{pmatrix}1\\1\\1\end{pmatrix}+\begin{pmatrix}1\\0\\0\end{pmatrix}\quad(c\in\mathbb{R});$$

当 $\lambda=-2$ 时,

$$\boldsymbol{B}\sim\begin{pmatrix}1&-2&1&-2\\0&1&-1&2\\0&0&0&0\end{pmatrix}\overset{r_1+2r_2}{\sim}\begin{pmatrix}1&0&-1&2\\0&1&-1&2\\0&0&0&0\end{pmatrix},$$

选 x_3 为自由未知数,得

$$\begin{cases}x_1=x_3+2,\\x_2=x_3+2,\end{cases}$$

即 $$\begin{pmatrix}x_1\\x_2\\x_3\end{pmatrix}=c\begin{pmatrix}1\\1\\1\end{pmatrix}+\begin{pmatrix}2\\2\\0\end{pmatrix}\quad(c\in\mathbb{R}).$$

18. 设

$$\begin{cases}(2-\lambda)x_1+2x_2-2x_3=1,\\2x_1+(5-\lambda)x_2-4x_3=2,\\-2x_1-4x_2+(5-\lambda)x_3=-(\lambda+1),\end{cases}$$

问 λ 为何值时,此方程组有惟一解、无解或有无穷多解?并在有无穷多解时求其通解.

解 由于系数矩阵是方阵,其行列式

$$|\boldsymbol{A}|=\begin{vmatrix}2-\lambda & 2 & -2\\ 2 & 5-\lambda & -4\\ -2 & -4 & 5-\lambda\end{vmatrix}\xlongequal[c_3+c_2]{r_3+r_2}\begin{vmatrix}2-\lambda & 2 & 0\\ 2 & 5-\lambda & 1-\lambda\\ 0 & 1-\lambda & 2(1-\lambda)\end{vmatrix}$$

$$=(1-\lambda)\begin{vmatrix}2-\lambda & 2 & 0\\ 2 & 5-\lambda & 1-\lambda\\ 0 & 1 & 2\end{vmatrix}\xlongequal{c_3-2c_2}(1-\lambda)\begin{vmatrix}2-\lambda & 2 & -4\\ 2 & 5-\lambda & \lambda-9\\ 0 & 1 & 0\end{vmatrix}$$

$$=(\lambda-1)\begin{vmatrix}2-\lambda & -4\\ 2 & \lambda-9\end{vmatrix}=-(\lambda-1)^2(\lambda-10),$$

当$|\boldsymbol{A}|\neq0$,即 $\lambda\neq1$ 且 $\lambda\neq10$ 时,方程组有惟一解.

当 $\lambda=10$ 时,增广矩阵成为

$$\boldsymbol{B}=\begin{pmatrix}-8 & 2 & -2 & 1\\ 2 & -5 & -4 & 2\\ -2 & -4 & -5 & -11\end{pmatrix}\underset{\substack{r_3+r_1\\ r_2+4r_1}}{\overset{r_1\leftrightarrow r_2}{\sim}}\begin{pmatrix}2 & -5 & -4 & 2\\ 0 & -18 & -18 & 9\\ 0 & -9 & -9 & -9\end{pmatrix}\overset{r}{\sim}\begin{pmatrix}2 & -5 & -4 & 2\\ 0 & 1 & 1 & \frac{1}{2}\\ 0 & 0 & 0 & 1\end{pmatrix},$$

可见 $R(\boldsymbol{A})=2,R(\boldsymbol{B})=3,R(\boldsymbol{A})\neq R(\boldsymbol{B})$,方程组无解;

当 $\lambda=1$ 时,增广矩阵成为

$$\boldsymbol{B}=\begin{pmatrix}1 & 2 & -2 & 1\\ 2 & 4 & -4 & 2\\ -2 & -4 & 4 & -2\end{pmatrix}\overset{r}{\sim}\begin{pmatrix}1 & 2 & -2 & 1\\ 0 & 0 & 0 & 0\\ 0 & 0 & 0 & 0\end{pmatrix},$$

知 $R(\boldsymbol{A})=R(\boldsymbol{B})=1$,方程组有无穷多解,且其通解为

$$\boldsymbol{x}=c_1\begin{pmatrix}-2\\ 1\\ 0\end{pmatrix}+c_2\begin{pmatrix}2\\ 0\\ 1\end{pmatrix}+\begin{pmatrix}1\\ 0\\ 0\end{pmatrix}\quad(c_1,c_2\in\mathbb{R}).$$

19. 证明 $R(\boldsymbol{A})=1$ 的充分必要条件是存在非零列向量 $\boldsymbol{a}$ 和非零行向量 $\boldsymbol{b}^{\mathrm{T}}$,使 $\boldsymbol{A}=\boldsymbol{a}\boldsymbol{b}^{\mathrm{T}}$.

证 先证充分性.设 $\boldsymbol{a}=(a_1,a_2,\cdots,a_m)^{\mathrm{T}},\boldsymbol{b}=(b_1,b_2,\cdots,b_n)^{\mathrm{T}}$,并不妨设 $a_1b_1\neq0$.

按矩阵秩的性质⑦,由 $\boldsymbol{A}=\boldsymbol{a}\boldsymbol{b}^{\mathrm{T}}$ 有 $R(\boldsymbol{A})\leqslant R(\boldsymbol{a})=1$;另一方面,$\boldsymbol{A}$ 的(1,1)元 $a_1b_1\neq0$,知 $R(\boldsymbol{A})\geqslant1$.于是 $R(\boldsymbol{A})=1$.

再证必要性.设 $\boldsymbol{A}=(a_{ij})_{m\times n},R(\boldsymbol{A})=1$,并不妨设 $a_{kl}\neq0$.

因 $R(\boldsymbol{A})=1$,知 $\boldsymbol{A}$ 的所有二阶子式均为零,故对 $\boldsymbol{A}$ 的任一元 $a_{ij}(i\neq k,j\neq l)$有

$$\begin{vmatrix}a_{ij} & a_{il}\\ a_{kj} & a_{kl}\end{vmatrix}=0,\text{即 } a_{kl}a_{ij}=a_{il}a_{kj}.$$

上式当 $i=k$ 或 $j=l$ 时也显然成立. 于是

$$\begin{pmatrix} a_{1l} \\ a_{2l} \\ \vdots \\ a_{ml} \end{pmatrix}(a_{k1},a_{k2},\cdots,a_{kn})=(a_{il}a_{kj})_{m\times n}=(a_{kl}a_{ij})_{m\times n}=a_{kl}\boldsymbol{A}.$$

令 $\boldsymbol{a}=\dfrac{1}{a_{kl}}\begin{pmatrix} a_{1l} \\ a_{2l} \\ \vdots \\ a_{ml} \end{pmatrix}$, $\boldsymbol{b}^{\mathrm{T}}=(a_{k1},a_{k2},\cdots,a_{kn})$, 则因 $a_{kl}\neq 0$, 故 $\boldsymbol{a}$, $\boldsymbol{b}^{\mathrm{T}}$ 分别是非零列向量和非零行向量, 且有 $\boldsymbol{A}=\boldsymbol{a}\boldsymbol{b}^{\mathrm{T}}$.

20. 设 $\boldsymbol{A}$ 为列满秩矩阵, $\boldsymbol{AB}=\boldsymbol{C}$, 证明方程 $\boldsymbol{Bx}=\boldsymbol{0}$ 与 $\boldsymbol{Cx}=\boldsymbol{0}$ 同解.

证 若 $\boldsymbol{x}$ 满足 $\boldsymbol{Bx}=\boldsymbol{0}$, 则 $\boldsymbol{ABx}=\boldsymbol{0}$, 即 $\boldsymbol{Cx}=\boldsymbol{0}$.

若 $\boldsymbol{x}$ 满足 $\boldsymbol{Cx}=\boldsymbol{0}$, 即 $\boldsymbol{ABx}=\boldsymbol{0}$, 因 $\boldsymbol{A}$ 为列满秩矩阵, 由定理 4 知方程 $\boldsymbol{Ay}=\boldsymbol{0}$ 只有零解, 故 $\boldsymbol{Bx}=\boldsymbol{0}$.

综上即知方程 $\boldsymbol{Bx}=\boldsymbol{0}$ 与 $\boldsymbol{Cx}=\boldsymbol{0}$ 同解.

21. 设 $\boldsymbol{A}$ 为 $m\times n$ 矩阵, 证明方程 $\boldsymbol{AX}=\boldsymbol{E}_m$ 有解的充分必要条件是 $R(\boldsymbol{A})=m$.

证 按定理 6 知, 方程 $\boldsymbol{AX}=\boldsymbol{E}_m$ 有解 $\Leftrightarrow R(\boldsymbol{A})=R(\boldsymbol{A},\boldsymbol{E}_m)$, 而 $(\boldsymbol{A},\boldsymbol{E}_m)$ 含 m 行, 有 $R(\boldsymbol{A},\boldsymbol{E}_m)\leqslant m$; 又 $R(\boldsymbol{A},\boldsymbol{E}_m)\geqslant R(\boldsymbol{E}_m)=m$, 因此 $R(\boldsymbol{A},\boldsymbol{E}_m)=m$. 所以

方程 $\boldsymbol{AX}=\boldsymbol{E}_m$ 有解 $\Leftrightarrow R(\boldsymbol{A})=m$.

习题 3(附答案和提示)

3.1 选择题

(1) 矩阵 $\begin{pmatrix} 1 & a & a^2 \\ 1 & b & b^2 \\ 1 & c & c^2 \end{pmatrix}$ 的秩为 3, 则(　　);

(a) a,b,c 都不等于 1　　(b) a,b,c 都不等于 0

(c) a,b,c 互不相等　　(d) $a=b=c$

(2) 设 $\boldsymbol{A}$ 为 3 阶方阵, $R(\boldsymbol{A})=1$, 则(　　);

(a) $R(\boldsymbol{A}^*)=3$　　(b) $R(\boldsymbol{A}^*)=2$

(c) $R(\boldsymbol{A}^*)=1$　　(d) $R(\boldsymbol{A}^*)=0$

(3) 设 $\boldsymbol{A},\boldsymbol{B}$ 分别为 $m\times n$、$n\times m$ 矩阵, 则齐次方程 $\boldsymbol{ABx}=\boldsymbol{0}$(　　);

(a) 当 $n>m$ 时仅有零解　　(b) 当 $m>n$ 时必有非零解

(c) 当 $m>n$ 时仅有零解　　(d) 当 $n>m$ 时必有非零解

(4) 设齐次方程 $\boldsymbol{Ax}=\boldsymbol{0}$ 的通解为

$$\boldsymbol{x}=c_1\begin{pmatrix}1\\0\\2\end{pmatrix}+c_2\begin{pmatrix}0\\1\\-1\end{pmatrix},$$

则系数矩阵 $\boldsymbol{A}$ 为(　　);

(a) $(-2,1,1)$　　(b) $\begin{pmatrix}2&0&-1\\0&1&1\end{pmatrix}$

(c) $\begin{pmatrix}-1&0&2\\0&1&-1\end{pmatrix}$　　(d) $\begin{pmatrix}0&1&-1\\4&-2&-2\\0&1&1\end{pmatrix}$

(5) 设 $\boldsymbol{A}$ 是 n 阶方阵,$\boldsymbol{\alpha}$ 为 n 维列向量. 若 $R(\boldsymbol{A})=R\left(\begin{pmatrix}\boldsymbol{A}&\boldsymbol{\alpha}\\\boldsymbol{\alpha}^{\mathrm{T}}&0\end{pmatrix}\right)$,则线性方程(　　).

(a) $\boldsymbol{Ax}=\boldsymbol{\alpha}$ 必有无穷多解　　(b) $\boldsymbol{Ax}=\boldsymbol{\alpha}$ 必有惟一解

(c) $\begin{pmatrix}\boldsymbol{A}&\boldsymbol{\alpha}\\\boldsymbol{\alpha}^{\mathrm{T}}&0\end{pmatrix}\begin{pmatrix}\boldsymbol{x}\\y\end{pmatrix}=\boldsymbol{0}$ 只有零解　　(d) $\begin{pmatrix}\boldsymbol{A}&\boldsymbol{\alpha}\\\boldsymbol{\alpha}^{\mathrm{T}}&0\end{pmatrix}\begin{pmatrix}\boldsymbol{x}\\y\end{pmatrix}=\boldsymbol{0}$ 必有非零解

3.2 设矩阵 $\boldsymbol{A}=\begin{pmatrix}1&2&-1&3\\4&8&-4&12\\3&6&-3&k\end{pmatrix}$,问 k 取何值时,(1) $R(\boldsymbol{A})=1$;(2) $R(\boldsymbol{A})=2$;(3) $R(\boldsymbol{A})=3$?

3.3 设矩阵 $\boldsymbol{A}=\begin{pmatrix}4&2&3\\2&2&1\\3&1&-1\end{pmatrix}$,$\boldsymbol{B}=\begin{pmatrix}1&2&3\\-3&2&-1\end{pmatrix}$,求矩阵 $\boldsymbol{X}$,使 $\boldsymbol{XA}=\boldsymbol{B}$.

3.4 证明线性方程组

$$\begin{cases}x_1-x_2=b_1,\\x_2-x_3=b_2,\\x_3-x_4=b_3,\\x_4-x_1=b_4\end{cases}$$

有解的充要条件是 $b_1+b_2+b_3+b_4=0$.

3.5 线性方程组

$$\begin{cases}x_1+x_2+(2-\lambda)x_3=1,\\(2-\lambda)x_1+(2-\lambda)x_2+x_3=1,\\(3-2\lambda)x_1+(2-\lambda)x_2+x_3=\lambda,\end{cases}$$

问 λ 取何值时,(1) 有惟一解;(2) 无解;(3) 有无穷多解? 并在有无穷多解时求出通解.

3.6 线性方程组

$$\begin{cases} x_1 \quad\quad + x_2 - x_3 = 1, \\ 2x_1 + (a+3)x_2 - 3x_3 = 3, \\ -2x_1 + (a-1)x_2 + bx_3 = a-1, \end{cases}$$

当 a,b 为何值时，方程组无解、有惟一解、有无穷多解？并在有无穷多解时求解.

答案和提示

3.1　(1) (c)，提示：所给矩阵的行列式为范德蒙德行列式；

(2) (d)，提示：$R(\boldsymbol{A})=1 \Rightarrow \boldsymbol{A}$ 中无 2 阶非零子式 $\Rightarrow \boldsymbol{A}^*$ 为零矩阵；

(3) (b)；

(4) (a)，提示：方程有两个自由未知数；

(5) (d)，提示：$R\left(\begin{pmatrix} \boldsymbol{A} & \boldsymbol{\alpha} \\ \boldsymbol{\alpha}^{\mathrm{T}} & 0 \end{pmatrix}\right) \geqslant R(\boldsymbol{A},\boldsymbol{\alpha}) \geqslant R(\boldsymbol{A}) \Rightarrow R\begin{pmatrix} \boldsymbol{A} & \boldsymbol{\alpha} \\ \boldsymbol{\alpha}^{\mathrm{T}} & 0 \end{pmatrix} = R(\boldsymbol{A},\boldsymbol{\alpha}) = R(\boldsymbol{A}) < n+1$，故选(d)；尽管 $\boldsymbol{Ax}=\boldsymbol{\alpha}$ 必有解，但无法确定它是否有惟一解，故(a)和(b)不合.

3.2　(1) $k=9$；(2) $k\neq 9$；(3) 不可能.

3.3　$\boldsymbol{X}=\dfrac{1}{14}\begin{pmatrix} 5 & 15 & -12 \\ -23 & 43 & -12 \end{pmatrix}$.

3.4　略.

3.5　(1) 当 $\lambda\neq 1,\lambda\neq 3$ 时，有惟一解；

(2) 当 $\lambda=3$ 时，无解；

(3) 当 $\lambda=1$ 时，有无穷多解，其通解为 $\boldsymbol{x}=c_1\begin{pmatrix} -1 \\ 0 \\ 1 \end{pmatrix}+c_2\begin{pmatrix} -1 \\ 1 \\ 0 \end{pmatrix}+\begin{pmatrix} 1 \\ 0 \\ 0 \end{pmatrix}\quad (c_1,c_2\in\mathbb{R})$.

3.6　提示：参考题 13 解，方程组系数行列式

$$|\boldsymbol{A}|=\begin{vmatrix} 1 & 1 & -1 \\ 2 & a+3 & -3 \\ -2 & a-1 & b \end{vmatrix}=(a+1)(b-1),$$

故　(1) 当 $a\neq -1$ 且 $b\neq 1$ 时有惟一解；

(2) 当 $a=-1$ 时，若 $b\neq 2$，方程组无解；若 $b=2$ 方程组有无穷多解，其通解是

$$\boldsymbol{x}=c(1,-1,0)^{\mathrm{T}}+(0,0,-1)^{\mathrm{T}}\quad (c\in\mathbb{R})；$$

(3) 当 $b=1$ 时，若 $a\neq 0$，方程组无解；若 $a=0$ 方程组有无穷多解，其通解是

$$\boldsymbol{x}=c_1\begin{pmatrix} -1 \\ 1 \\ 0 \end{pmatrix}+c_2\begin{pmatrix} 1 \\ 0 \\ 1 \end{pmatrix}+\begin{pmatrix} 1 \\ 0 \\ 0 \end{pmatrix}\quad (c_1,c_2\in\mathbb{R}).$$

第四章

向量组的线性相关性

基本要求

1. 理解 n 维向量的概念,理解向量组的概念及向量组与矩阵的对应.

2. 理解向量组的线性组合的概念,理解一个向量能由一个向量组线性表示的概念并熟悉这一概念与线性方程组的联系.

3. 理解向量组 B 能由向量组 A 线性表示的概念及其矩阵表示式,知道这一概念与矩阵方程的联系.知道两向量组等价的概念.

4. 理解向量组线性相关、线性无关的概念,并熟悉这一概念与齐次线性方程组的联系.

5. 理解向量组的最大无关组和向量组的秩的概念,知道向量组的秩与矩阵的秩的关系.会用矩阵的初等变换求向量组的秩和最大无关组.

6. 了解向量组线性相关性理论的主要结论,即教材中定理 1–5.

7. 理解齐次线性方程组的基础解系的概念及系数矩阵的秩与全体解向量的秩之间的关系,熟悉基础解系的求法.理解非齐次线性方程组通解的构造.

8. 知道向量空间、向量空间的基和维、向量组生成的空间、齐次线性方程组的解空间等概念.会求向量在一个基中的坐标.

内容提要

1. n 维向量、向量组

n 个有次序的数 $a_1, a_2, \cdots, a_n$ 构成的有序数组称为 n 维向量,其中 a_i 称为这个向量的第 i 个分量.记

$$\boldsymbol{a}=\begin{pmatrix}a_1\\a_2\\\vdots\\a_n\end{pmatrix},\boldsymbol{a}^{\mathrm{T}}=(a_1,a_2,\cdots,a_n),$$

a 与 a^{T} 分别称为列向量与行向量，也就是列矩阵与行矩阵，并规定向量的运算规则与矩阵相同．教材约定：所论向量如未指明是列向量还是行向量，就当做是列向量．

若干个同维数的列向量（或同维数的行向量）所组成的集合叫做向量组．一个向量组可以含有限个向量，也可以含无限个向量，教材先讨论含有限个向量的向量组，再把所得结果推广到含无限个向量的向量组．

含有限个向量的向量组可以构成一个矩阵．

2．线性组合与线性表示

(1) 向量 $\boldsymbol{b}$ 能由向量组 $A:\boldsymbol{a}_1,\boldsymbol{a}_2,\cdots,\boldsymbol{a}_m$ 线性表示

$\Leftrightarrow$方程组 $x_1\boldsymbol{a}_1+x_2\boldsymbol{a}_2+\cdots+x_m\boldsymbol{a}_m=\boldsymbol{b}$（或记作 $\boldsymbol{Ax}=\boldsymbol{b}$）有解．

$\Leftrightarrow R(\boldsymbol{a}_1,\boldsymbol{a}_2,\cdots,\boldsymbol{a}_m)=R(\boldsymbol{a}_1,\cdots,\boldsymbol{a}_m,\boldsymbol{b})$（定理 1，上章定理 5）．

(2) 向量组 $B:\boldsymbol{b}_1,\boldsymbol{b}_2,\cdots,\boldsymbol{b}_l$ 能由向量组 $A:\boldsymbol{a}_1,\boldsymbol{a}_2,\cdots,\boldsymbol{a}_m$ 线性表示

$\Leftrightarrow$矩阵方程$(\boldsymbol{a}_1,\boldsymbol{a}_2,\cdots,\boldsymbol{a}_m)\boldsymbol{X}=(\boldsymbol{b}_1,\boldsymbol{b}_2,\cdots,\boldsymbol{b}_l)$（或记作 $\boldsymbol{AX}=\boldsymbol{B}$）有解

$\Leftrightarrow$存在矩阵 $\boldsymbol{K}_{m\times l}$，使 $\boldsymbol{B}=\boldsymbol{AK}$

$\Leftrightarrow R(\boldsymbol{A})=R(\boldsymbol{A},\boldsymbol{B})$．（定理 2，上章定理 6）

$\Rightarrow R(\boldsymbol{B})\leqslant R(\boldsymbol{A})$（定理 3，上章定理 7）．

(3) 向量组 A 与向量组 B 等价（能相互线性表示）

$\Leftrightarrow R(\boldsymbol{A})=R(\boldsymbol{B})=R(\boldsymbol{A},\boldsymbol{B})$．

3．线性相关与线性无关

向量组 $A:\boldsymbol{a}_1,\boldsymbol{a}_2,\cdots,\boldsymbol{a}_m$ 线性相关

$\Leftrightarrow$齐次线性方程 $x_1\boldsymbol{a}_1+x_2\boldsymbol{a}_2+\cdots+x_m\boldsymbol{a}_m=\boldsymbol{0}$（或记作 $\boldsymbol{Ax}=\boldsymbol{0}$）有非零解

$\Leftrightarrow R(\boldsymbol{a}_1,\boldsymbol{a}_2,\cdots,\boldsymbol{a}_m)<m$（定理 4，上章定理 4）．

4．向量组线性相关性的重要结论除上列定理 1～4 而外，还有

(i) 向量组 $\boldsymbol{a}_1,\cdots,\boldsymbol{a}_m\ (m\geqslant 2)$ 线性相关的充要条件是存在某个向量 $\boldsymbol{a}_j\ (1\leqslant j\leqslant m)$，使 $\boldsymbol{a}_j$ 能由其余 $m-1$ 个向量线性表示．

(ii) 若向量组 $\boldsymbol{a}_1,\cdots,\boldsymbol{a}_s$ 线性相关，则向量组 $\boldsymbol{a}_1,\cdots,\boldsymbol{a}_s,\boldsymbol{a}_{s+1},\cdots,\boldsymbol{a}_m$，也线性相关．

(iii) m 个 n 维向量组成的向量组，当 $m>n$ 时一定线性相关．

(iv) 设向量组 $A:\boldsymbol{a}_1,\boldsymbol{a}_2,\cdots,\boldsymbol{a}_m$ 线性无关，而向量组 $\boldsymbol{a}_1,\cdots,\boldsymbol{a}_m,\boldsymbol{b}$ 线性相关，则向量 $\boldsymbol{b}$ 必能由向量组 A 线性表示，且表示式是惟一的．

5．向量组的最大无关组与向量组的秩

(1) 定义与等价定义

如果在向量组 A 中能选出 r 个向量 $\boldsymbol{a}_1,\boldsymbol{a}_2,\cdots,\boldsymbol{a}_r$，满足

(i) 向量组 $A_0:\boldsymbol{a}_1,\boldsymbol{a}_2,\cdots,\boldsymbol{a}_r$ 线性无关；

(ii) 向量组 A 中任意 $r+1$ 个向量都线性相关,那么称向量组 A_0 是向量组 A 的一个最大无关组;最大无关组所含向量的个数 r 称为向量组 A 的秩,记作 R_A. 只含零向量的向量组没有最大无关组,规定它的秩为 0.

等价定义:上述定义中的条件(ii)可改为

(iii) 向量组 A 中任一向量都能由向量组 A_0 线性表示.

(2) 只含有限个向量的向量组 $A:\boldsymbol{a}_1,\boldsymbol{a}_2,\cdots,\boldsymbol{a}_m$ 构成矩阵 $\boldsymbol{A}=(\boldsymbol{a}_1,\boldsymbol{a}_2,\cdots,\boldsymbol{a}_m)$,那么,矩阵 $\boldsymbol{A}$ 的最高阶非零子式所在的列是向量组 A 的一个最大无关组,矩阵 $\boldsymbol{A}$ 的秩等于向量组 A 的秩,即

$$R(\boldsymbol{A})=R(\boldsymbol{a}_1,\boldsymbol{a}_2,\cdots,\boldsymbol{a}_m)=R_A.$$

因此,前述定理 1、2、3、4 中出现的矩阵的秩都可用向量组的秩代替.

(3) 利用最大无关组和向量组的秩,可以把定理 1、2、3 推广到含无限个向量的向量组.

6. 设 n 元齐次线性方程组 $\boldsymbol{A}_{m\times n}\boldsymbol{x}=\boldsymbol{0}$ 的解集为 S,则

$$R(\boldsymbol{A})+R_S=n.$$

解集 S 的一个最大无关组称为齐次线性方程组的基础解系. 设 $R(\boldsymbol{A})=r$,则 $R_S=n-r$,知基础解系含 $n-r$ 个解向量. 设 $\xi_1,\xi_2,\cdots,\xi_{n-r}$ 为齐次线性方程组的基础解系,则其通解为

$$\boldsymbol{x}=c_1\boldsymbol{\xi}_1+c_2\boldsymbol{\xi}_2+\cdots+c_{n-r}\boldsymbol{\xi}_{n-r}\quad(c_1,\cdots,c_{n-r}\in\mathbb{R}).$$

齐次线性方程组的解集 S 是非空集合,并且对向量的线性运算封闭(即若 $\boldsymbol{\xi}_1,\boldsymbol{\xi}_2\in S$,则 $\lambda_1\boldsymbol{\xi}_1+\lambda_2\boldsymbol{\xi}_2\in S$,其中 λ_1,λ_2 为数),故 S 是一个向量空间,称为齐次线性方程组的解空间.

7. 设非齐次线性方程组 $\boldsymbol{A}\boldsymbol{x}=\boldsymbol{b}$ 的一个特解为 $\boldsymbol{\eta}^*$,对应的齐次线性方程 $\boldsymbol{A}\boldsymbol{x}=\boldsymbol{0}$(也称为非齐次方程组的导出组)的基础解系为 $\boldsymbol{\xi}_1,\cdots,\boldsymbol{\xi}_{n-r}$,则非齐次方程的通解为

$$\boldsymbol{x}=\boldsymbol{\eta}^*+c_1\boldsymbol{\xi}_1+\cdots+c_{n-r}\boldsymbol{\xi}_{n-r}\quad(c_1,\cdots,c_{n-r}\in\mathbb{R}).$$

8. 向量空间

(1) 设 V 为 n 维向量的集合,如果 V 非空,且 V 对于向量的线性运算封闭,那么 V 就称为向量空间.

向量空间 V 的最大无关组称为 V 的基,向量空间 V 的秩 R_V 称为 V 的维数. 若 $R_V=r$,则称 V 为 r 维向量空间.

设 r 维向量空间 V 的一个基为 $\boldsymbol{j}_1,\boldsymbol{j}_2,\cdots,\boldsymbol{j}_r$,则任一向量 $\boldsymbol{v}\in V$,总有惟一的一组有序数 $\lambda_1,\lambda_2,\cdots,\lambda_r$ 使

$$\boldsymbol{v}=\lambda_1\boldsymbol{j}_1+\lambda_2\boldsymbol{j}_2+\cdots+\lambda_r\boldsymbol{j}_r,$$

有序数组 $\lambda_1,\lambda_2,\cdots,\lambda_r$ 就称为向量$\boldsymbol{v}$在基$\boldsymbol{j}_1,\boldsymbol{j}_2,\cdots,\boldsymbol{j}_r$ 中的坐标.

(2) 给定 n 维向量组$A:\boldsymbol{a}_1,\boldsymbol{a}_2,\cdots,\boldsymbol{a}_m$,集合

$$L(\boldsymbol{a}_1,\boldsymbol{a}_2,\cdots,\boldsymbol{a}_m)=\{\boldsymbol{x}=k_1\boldsymbol{a}_1+\cdots+k_m\boldsymbol{a}_m \mid k_1,\cdots,k_m\in\mathbb{R}\}$$

是一个向量空间,称为由向量组 A 所生成的向量空间.

向量组 A 与向量组B 等价$\Leftrightarrow$$A$ 组与 B 组所生成的向量空间相等.

学习要点

本章介绍线性代数的几何理论.把线性方程组的理论“翻译”成几何语言(或称向量语言)即可得本章的理论.因此,掌握几何语言,即掌握本章中的概念(定义)是学好本章的关键.方程组理论是在矩阵运算和矩阵的秩的基础上建立起来的,几何的基本元素是向量,而向量组可等同于矩阵,因此,矩阵是连接方程组理论与几何理论的纽带,又是解决问题时最常用的方法.学习本章要特别注意方程语言、矩阵语言、几何语言三者之间的转换.突出的典型问题是对关系式

$$(\boldsymbol{b}_1,\boldsymbol{b}_2,\cdots,\boldsymbol{b}_l)=(\boldsymbol{a}_1,\boldsymbol{a}_2,\cdots,\boldsymbol{a}_m)\boldsymbol{K}_{m\times l}\quad(\boldsymbol{B}=\boldsymbol{AK})$$

所作的解释:

矩阵语言:$\boldsymbol{B}$ 是 $\boldsymbol{A}$ 与 $\boldsymbol{K}$ 的乘积矩阵;

方程语言:$\boldsymbol{K}$ 是矩阵方程 $\boldsymbol{AX}=\boldsymbol{B}$ 的一个解;

几何语言:向量组 B 能由向量组 A 线性表示,$\boldsymbol{K}$ 是这一表示的系数矩阵.

总之,注重掌握概念(定义),强调矩阵的表示形式,熟悉三种语言的转换,便可直接得出本章定理 1~4,而定理 5 的证明可看做是用矩阵方法解题的范例.

把矩阵的秩引申到向量组的秩,给秩的概念赋予几何解释.并且由于向量组可以含无限多个向量,从而使秩的概念深入到更广阔的领域.

本章第二部分内容是用几何语言来讨论线性方程组的解,建立起线性方程组理论中另一个重要定理:n 元齐次线性方程组 $\boldsymbol{Ax}=\boldsymbol{0}$ 的解集 S 的秩 $R_S=n-R(\boldsymbol{A})$.并由此提出齐次线性方程组的基础解系的概念,阐明了齐次和非齐次线性方程组通解的结构.这是本章又一重点,学习时要与上章求解线性方程组的方法相结合.对于用矩阵初等行变换求解线性方程组的方法 ,不仅要熟练掌握,而且要理解其原理,从而能灵活运用.

本章最后一部分是向量空间有关知识的介绍.按照“工科类高等数学课程教学基本要求”,学习时只需了解下列概念:向量空间、齐次线性方程组的解空间、向量组 $\boldsymbol{a}_1,\cdots,\boldsymbol{a}_m$ 所生成的向量空间$L(\boldsymbol{a}_1,\cdots,\boldsymbol{a}_m)$、向量空间的基和维数.对于教学要求较高的读者,可阅读教材第六章§1 和§2.

释疑解难

问 4.1 线性相关与线性表示这两个概念有什么区别和联系？

答 向量组 $A:\boldsymbol{a}_1,\boldsymbol{a}_2,\cdots,\boldsymbol{a}_m$ 线性相关是指齐次线性方程$(\boldsymbol{a}_1,\boldsymbol{a}_2,\cdots,\boldsymbol{a}_m)\boldsymbol{x}=\boldsymbol{0}$有非零解，向量 $\boldsymbol{b}$ 能由向量组A 线性表示是指非齐次线性方程$(\boldsymbol{a}_1,\boldsymbol{a}_2,\cdots,\boldsymbol{a}_m)\boldsymbol{x}=\boldsymbol{b}$ 有解. 齐次方程 $\boldsymbol{A}\boldsymbol{x}=\boldsymbol{0}$ 是否有非零解与非齐次方程 $\boldsymbol{A}\boldsymbol{x}=\boldsymbol{b}$ 是否有解，显然是两个不同的问题，由此可知线性相关与线性表示这两个概念的区别.

教材在提出向量组线性相关性的定义后，接着便指出：向量组 $A:\boldsymbol{a}_1,\boldsymbol{a}_2,\cdots,\boldsymbol{a}_m(m\geqslant 2)$线性相关的充要条件是向量组 A 中至少有一个向量能由其余 $m-1$ 个向量线性表示. 这个充要条件就把线性相关与线性表示这两个概念联系了起来，我们常把这个充要条件作为向量组线性相关性的等价定义. 向量组 A 中至少有一个向量能由其余向量线性表示，也就是 A 的 m 个向量之间至少有一个线性关系式，这就是向量组 A 线性相关的涵义.

按此等价定义，向量组 A 线性无关的充要条件是A 中任意一个向量均不能由其余向量线性表示，即向量组 A 的 m 个向量之间没有线性关系. 形象地说，即"谁也表示不了谁"，这种"独立"性正是向量组 A 线性无关(linearly independent，也有人称之为线性独立)所包含的意义.

问 4.2 两个矩阵的等价与两个向量组的等价有什么区别和联系？

答 矩阵 $\boldsymbol{A}$ 与 $\boldsymbol{B}$ 等价指的是 $\boldsymbol{A}$ 可以通过有限次初等变换变成 $\boldsymbol{B}$，因此，两个不同型的矩阵是不可能等价的；两向量组的等价指的是它们能够相互线性表示，于是，它们各自所含向量的个数可能是不一样的. 例如二维向量组 $A:\boldsymbol{\alpha}=\begin{pmatrix}1\\1\end{pmatrix}$与二维向量组 $B:\left\{\boldsymbol{\beta}=k\begin{pmatrix}1\\1\end{pmatrix}\middle|\, k\in\mathbb{R}\right\}$是等价的. 但前者只含一个向量；而后者含有无穷多个向量.

两矩阵的等价与两向量组的等价，两者的联系在于：

(1) 若矩阵 $\boldsymbol{A}$ 经初等行变换变成 $\boldsymbol{B}$，即 $\boldsymbol{A}$ 与 $\boldsymbol{B}$ 行等价，则 $\boldsymbol{A}$ 与 $\boldsymbol{B}$ 的行向量组等价；若 $\boldsymbol{A}$ 经初等列变换变成 $\boldsymbol{C}$，即 $\boldsymbol{A}$ 与 $\boldsymbol{C}$ 列等价，则 $\boldsymbol{A}$ 与 $\boldsymbol{C}$ 的列向量组等价；若 $\boldsymbol{A}$ 既经初等行变换又经初等列变换变成 $\boldsymbol{D}$，那么矩阵 $\boldsymbol{A}$ 与 $\boldsymbol{D}$ 等价，但 $\boldsymbol{A}$ 与 $\boldsymbol{D}$ 的行向量组与列向量组未必等价.

(2) 反过来，设两列向量组等价. 若它们所含向量个数不相同，则它们对应的两个矩阵是不同型的，因而不等价；若它们所含向量个数相同(例如都含有 m

个),那么它们对应的两个 $n\times m$ 矩阵(这里 n 为向量的维数)列等价,从而一定等价,但不一定行等价.例如

向量组 A: $\begin{pmatrix}1\\2\end{pmatrix},\begin{pmatrix}2\\4\end{pmatrix}$ 与向量组 B: $\begin{pmatrix}1\\2\end{pmatrix},\begin{pmatrix}0\\0\end{pmatrix}$ 等价,它们对应的矩阵 $\boldsymbol{A}=\begin{pmatrix}1&2\\2&4\end{pmatrix}$ 与 $\boldsymbol{B}=\begin{pmatrix}1&0\\2&0\end{pmatrix}$ 列等价,从而 $\boldsymbol{A}$ 与 $\boldsymbol{B}$ 等价,但非行等价.

类似地,若两个含向量个数相同的行向量组等价,则它们对应的两矩阵行等价,从而一定等价,但不一定列等价.

问 4.3 何谓两个向量组各个向量之间有相同的线性关系?

答 称 n 维向量组 A: $\boldsymbol{a}_1,\boldsymbol{a}_2,\cdots,\boldsymbol{a}_m$ 与 l 维向量组 B: $\boldsymbol{b}_1,\boldsymbol{b}_2,\cdots,\boldsymbol{b}_m$(这里 n 与 l 可以相等,也可以不相等)各向量之间有相同的线性关系是指:(i) $\boldsymbol{a}_i$ 与 $\boldsymbol{b}_i$ 一一对应;(ii) A 的任一部分组 $\boldsymbol{a}_{i_1},\boldsymbol{a}_{i_2},\cdots,\boldsymbol{a}_{i_s}$ 具有某种线性关系的充要条件是 B 的对应的部分组 $\boldsymbol{b}_{i_1},\boldsymbol{b}_{i_2},\cdots,\boldsymbol{b}_{i_s}$ 有相同的线性关系.

特别地,

$\boldsymbol{a}_{p_1},\cdots,\boldsymbol{a}_{p_r}$ 是 A 的最大无关组 $\Leftrightarrow$ $\boldsymbol{b}_{p_1},\cdots,\boldsymbol{b}_{p_r}$ 是 B 的最大无关组;

$\boldsymbol{a}_k=\lambda_{1k}\boldsymbol{a}_{p_1}+\cdots+\lambda_{rk}\boldsymbol{a}_{p_r}\Leftrightarrow\boldsymbol{b}_k=\lambda_{1k}\boldsymbol{b}_{p_1}+\cdots+\lambda_{rk}\boldsymbol{b}_{p_r}\ (k=1,2,\cdots,m)$.

教材中指出,当齐次方程 $(\boldsymbol{a}_1,\cdots,\boldsymbol{a}_m)\boldsymbol{x}=\boldsymbol{0}$ 与 $(\boldsymbol{b}_1,\cdots,\boldsymbol{b}_m)\boldsymbol{x}=\boldsymbol{0}$ 同解时,向量组 A 与向量组 B 中各向量之间有相同的线性关系,这是因为:

$(\boldsymbol{a}_1,\boldsymbol{a}_2,\cdots,\boldsymbol{a}_m)\boldsymbol{x}=\boldsymbol{0}$ 与 $(\boldsymbol{b}_1,\boldsymbol{b}_2,\cdots,\boldsymbol{b}_m)\boldsymbol{x}=\boldsymbol{0}$ 同解

$\Rightarrow(\boldsymbol{a}_{i_1},\cdots,\boldsymbol{a}_{i_s})\boldsymbol{y}=\boldsymbol{0}$ 与 $(\boldsymbol{b}_{i_1},\cdots,\boldsymbol{b}_{i_s})\boldsymbol{y}=\boldsymbol{0}$ 同解

$\Rightarrow\boldsymbol{a}_{i_1},\cdots,\boldsymbol{a}_{i_s}$ 与 $\boldsymbol{b}_{i_1},\cdots,\boldsymbol{b}_{i_s}$ 有相同的线性关系.

问 4.4 矩阵的初等行变换对矩阵的列向量组和行向量组各有什么作用?

答 设矩阵 $\boldsymbol{A}$ 经初等行变换成为 $\boldsymbol{B}$,那么

(1) 矩阵 $\boldsymbol{A}$ 与 $\boldsymbol{B}$ 的行向量组等价,也即它们能相互线性表示.于是齐次方程 $\boldsymbol{Ax}=\boldsymbol{0}$ 与 $\boldsymbol{Bx}=\boldsymbol{0}$ 同解,这是用初等行变换求解线性方程组的理论基础.

(2) 矩阵 $\boldsymbol{A}$ 和 $\boldsymbol{B}$ 的列向量组有相同的线性关系(见问 4.3).这是用初等行变换求出 $\boldsymbol{A}$ 的列向量组的最大无关组,并将其余向量用该最大无关组(惟一地)线性表示问题的理论基础.进一步,从解方程角度看,它可用来求非齐次方程 $\boldsymbol{Ax}=\boldsymbol{b}$ 的特解(见例 11 之析).

以上这几个问题贯穿于本章的计算问题中.

问 4.5 如何从向量组线性表示的观点认识两矩阵的乘积?

答 设矩阵 $\boldsymbol{A}=(a_{ij})_{m\times n}$,$\boldsymbol{B}=(b_{ij})_{n\times l}$,$\boldsymbol{C}=(c_{ij})_{m\times l}$,且

$$\boldsymbol{C}=\boldsymbol{AB}.\tag{4.1}$$

我们在第二章学会了如何计算 $\boldsymbol{C}$；在第三章中又了解了 $R(\boldsymbol{C})\leqslant\min\{R(\boldsymbol{A}),R(\boldsymbol{B})\}$（矩阵秩的性质）. 在这一章中，我们可以用更深刻、更本质的观点来审视关系式(4.1)

(1) 把 $\boldsymbol{A}$ 和 $\boldsymbol{C}$ 用其列向量表示为 $\boldsymbol{A}=(\boldsymbol{a}_1,\boldsymbol{a}_2,\cdots,\boldsymbol{a}_n)$ 和 $\boldsymbol{C}=(\boldsymbol{c}_1,\boldsymbol{c}_2,\cdots,\boldsymbol{c}_l)$，有

$$(\boldsymbol{c}_1,\boldsymbol{c}_2,\cdots,\boldsymbol{c}_l)=(\boldsymbol{a}_1,\boldsymbol{a}_2,\cdots,\boldsymbol{a}_n)\begin{pmatrix} b_{11} & b_{12} & \cdots & b_{1l} \\ b_{21} & b_{22} & \cdots & b_{2l} \\ \vdots & \vdots & & \vdots \\ b_{n1} & b_{n2} & \cdots & b_{nl} \end{pmatrix},$$

由分块矩阵乘法规则有

$$\boldsymbol{c}_j=b_{1j}\boldsymbol{a}_1+\cdots+b_{nj}\boldsymbol{a}_n \quad (j=1,\cdots,l), \tag{4.2}$$

上式表明 $\boldsymbol{A}$ 的列向量组通过 $\boldsymbol{b}_j$ 的各分量 $b_{kj}(k=1,2,\cdots,n)$ 作为对应系数线性组合成 $\boldsymbol{C}$ 的第 j 列向量 $\boldsymbol{c}_j$（简称通过 $\boldsymbol{b}_j$ 组合成 $\boldsymbol{c}_j$）. 整体看，$\boldsymbol{C}$ 的 l 个列向量都是 $\boldsymbol{A}$ 的列向量组的线性组合，也即 $\boldsymbol{C}$ 的列向量组能由 $\boldsymbol{A}$ 的列向量组线性表示，而 $\boldsymbol{B}$ 是这一线性表示的系数矩阵（由此也可推得矩阵秩的性质 $R(\boldsymbol{C})\leqslant R(\boldsymbol{A})$）. 这事实反过来也是对的，即如果 $\boldsymbol{C}$ 的列向量组能由 $\boldsymbol{A}$ 的列向量组线性表示，那么必定存在矩阵 $\boldsymbol{B}$，使(4.1)式成立. 这一观点在本章的例题及习题中广泛采用，值得读者注意.

(2) 当 $\boldsymbol{C}=\boldsymbol{AB}$ 时，$\boldsymbol{C}$ 的行向量组是 $\boldsymbol{B}$ 的行向量组的线性组合，这只要对 $\boldsymbol{C}^{\mathrm{T}}=\boldsymbol{B}^{\mathrm{T}}\boldsymbol{A}^{\mathrm{T}}$ 讨论即可，不再赘述.

(3) 从解方程角度看，(4.2)式表明非齐次方程

$$\boldsymbol{Ax}=\boldsymbol{c}_j$$

有解 $\boldsymbol{x}=\boldsymbol{b}_j,j=1,2,\cdots,l$；整体看，矩阵方程 $\boldsymbol{AX}=\boldsymbol{C}$ 有解 $\boldsymbol{X}=\boldsymbol{B}$.

问 4.6 向量组的最大无关组有什么重要意义？

答 设 A_0 是 n 维向量组 A 的一个最大无关组，那么 A_0 的良好性质是：(1) $A_0\subset A$，且所含向量个数 $r=R_{A_0}\leqslant n$；(2) A_0 组与 A 组等价，从而有 $R_A=R_{A_0}=r$；(3) 在所有与 A 组等价的向量组中，A_0 组含的向量个数最少. 事实上，设 B 是任一与 A 组等价的向量组，由等价的传递性，B 组与 A_0 组等价，从而有

$$R(B)=R(A_0)=r,$$

于是 B 组向量个数 $\geqslant r$.

这样，用 A_0 组来“代表”A 组是最佳不过的了. 特别，当 A 组为无限向量组时，就能用有限向量组来“代表”，而有限向量组的问题可进一步转化为矩阵的问题；凡是对有限向量组成立的结论，用最大无关组作过渡，立即可推广到无限向

量组的情形中去.这正是最大无关组的意义所在.教材依次把定理 2 和定理 3 推广为定理 2′和定理 3′用的就是这个方法.

问 4.7　向量组的最大无关组与向量空间的基有什么区别与联系？

答　(1) 由定义,除零空间外,任一向量空间作为一个向量的集合必定是无限集.但向量组所含向量个数可以是有限多个.

(2) 反过来,设 V 是向量空间,把 V 看做一个无限向量组,则 V 中向量组 $A_0:\boldsymbol{\alpha}_1,\boldsymbol{\alpha}_2,\cdots,\boldsymbol{\alpha}_r$ 是 V 的一个基的充要条件是 A_0 是 V 的一个最大无关组.向量空间 V 的维数就等于向量组 V 的秩.这时,可以认为只是所用的名称或"版本"不同而已.

(3) 如果向量空间 V 是由 s 个向量的向量组 $A:\boldsymbol{\alpha}_1,\boldsymbol{\alpha}_2,\cdots,\boldsymbol{\alpha}_s$ 所生成的,即

$$V=L(\boldsymbol{\alpha}_1,\boldsymbol{\alpha}_2,\cdots,\boldsymbol{\alpha}_s),$$

这时,V 与向量组 A 的联系特别紧密.表现在以下几个方面:

1) $A\subset V$,且向量组 A 与向量组 V 等价;

2) 向量组 A 的任一个最大无关组是 V 的一个基;

3) V 的维数等于向量组 A 的秩.

问 4.8　向量空间的基有什么重要意义？

答　如问 4.7 所述,n 维向量所构成的向量空间 V(零空间除外),必定含无限多个向量.但 V 的任一个基所含向量个数小于等于 n;V 中任一个向量都是这个基的线性组合,即可以由该基线性表示.于是,把握住基也就把握了整个向量空间;把握住有限个(个数$\leqslant n$)向量,也就把握了无限多个向量,其意义当然是很深刻的.这与向量组用它的最大无关组来"代表"的意义是完全相同的.

例题剖析与增补

例 2　设 $\boldsymbol{a}_1=\begin{pmatrix}1\\-1\\1\\-1\end{pmatrix},\boldsymbol{a}_2=\begin{pmatrix}3\\1\\1\\3\end{pmatrix},\boldsymbol{b}_1=\begin{pmatrix}2\\0\\1\\1\end{pmatrix},\boldsymbol{b}_2=\begin{pmatrix}1\\1\\0\\2\end{pmatrix},\boldsymbol{b}_3=\begin{pmatrix}3\\-1\\2\\0\end{pmatrix}$,

证明向量组 $\boldsymbol{a}_1,\boldsymbol{a}_2$ 与向量组 $\boldsymbol{b}_1,\boldsymbol{b}_2,\boldsymbol{b}_3$ 等价.

析　本例的目的是运用定理 2 的推论来证明两向量组等价.定理 2 的推论指明了两个向量组等价的充要条件:

向量组 A 与向量组 B 等价

$\Leftrightarrow R(\boldsymbol{A},\boldsymbol{B})=R(\boldsymbol{A})=R(\boldsymbol{B})$.

前者是抽象的$\mathbb{R}^n$ 中的问题,而后者则是具体的,可程式化计算的问题,因它可进

一步归结为求矩阵的行阶梯形.

例 3 证明：n 维单位坐标向量组 $\boldsymbol{e}_1,\boldsymbol{e}_2,\cdots,\boldsymbol{e}_n$ 能由向量组 A 线性表示的充分必要条件是 $R(\boldsymbol{A})=n$.

析 本例有两方面的意义：大家知道 $\mathbb{R}^n$ 中任一向量组 A 都能由 E 组线性表示.反过来，如果 E 组能由 A 组线性表示，那么 A 组应满足什么条件？本例就给出了它的充要条件.

本例用方程的语言来叙述即为：

设 $\boldsymbol{A}$ 为 $n\times m$ 矩阵，则矩阵方程 $\boldsymbol{AX}=\boldsymbol{E}_n$ 有解的充要条件是 $R(\boldsymbol{A})=n$，即 $\boldsymbol{A}$ 的秩等于 $\boldsymbol{A}$ 的行数（称之为行满秩阵）.此结论可看做是矩阵可逆概念的推广（当 $\boldsymbol{A}$ 为方阵时，方程 $\boldsymbol{AX}=\boldsymbol{E}$ 有解也就是 $\boldsymbol{A}$ 可逆）.

例 6 已知向量组 $\boldsymbol{a}_1,\boldsymbol{a}_2,\boldsymbol{a}_3$ 线性无关，$\boldsymbol{b}_1=\boldsymbol{a}_1+\boldsymbol{a}_2,\boldsymbol{b}_2=\boldsymbol{a}_2+\boldsymbol{a}_3,\boldsymbol{b}_3=\boldsymbol{a}_3+\boldsymbol{a}_1$，试证向量组 $\boldsymbol{b}_1,\boldsymbol{b}_2,\boldsymbol{b}_3$ 线性无关.

析 本例具有典型意义，它讨论在向量组 $A:\boldsymbol{a}_1,\boldsymbol{a}_2,\boldsymbol{a}_3$ 线性无关的条件下，由它们的若干个线性组合所构成向量组 B 的线性相关性.因向量组 A 中向量没有给出它们的分量，故而不能具体计算出向量组 B，也就无从通过初等行变换等方法求向量组 B 的秩，进而判定它是否线性相关.对于这一类未给出分量数值的向量组的线性相关性，本例给出两种基本而奏效的方法.

证明时，首先把已知条件表述成矩阵乘积形式：

$$(\boldsymbol{b}_1,\boldsymbol{b}_2,\boldsymbol{b}_3)=(\boldsymbol{a}_1,\boldsymbol{a}_2,\boldsymbol{a}_3)\boldsymbol{K}，\text{或 } \boldsymbol{B}=\boldsymbol{AK}.$$

接着，证一利用向量组 $\boldsymbol{b}_1,\boldsymbol{b}_2,\boldsymbol{b}_3$ 线性无关等价于齐次方程 $\boldsymbol{Bx}=\boldsymbol{0}$，即 $\boldsymbol{A}(\boldsymbol{Kx})=\boldsymbol{0}$ 只有零解.读者应注意：此时要把 $\boldsymbol{Kx}$ 看做一个 3 维向量；证二则由系数矩阵 $\boldsymbol{K}$ 满秩，根据矩阵秩的性质而得证.本例更一般情形可参见习题 17.

例 10 设向量组 B 能由向量组 A 线性表示，且它们的秩相等，证明向量组 A 与向量组 B 等价.

析 本例的目的是熟悉各种关系之间的转换.按定理 2 的推论；向量组 A 与 B 等价的充要条件是 $R_A=R_B=R_C$（其中 C 表示 A 与 B 合起来的向量组）.此条件可分解为 $R_A=R_B$ 且 $R_A=R_C$.而按定理 2：$R_A=R_C$ 可转换成 B 组能由 A 组线性表示.把上述各种关系的转换搞清楚，即得本例的证明.

学好第四章的关键正是熟悉方程组、矩阵、向量组三者之间的转换，因为第四章的多数定理都是第三章的定理转换过来的（或转换后略作推导而得），第四章的“新”定理只有一个定理 7.

例 11 设矩阵

$$A=\begin{pmatrix}2&-1&-1&1&2\\1&1&-2&1&4\\4&-6&2&-2&4\\3&6&-9&7&9\end{pmatrix},$$

求矩阵 $\boldsymbol{A}$ 的列向量组的一个最大无关组,并把不属于最大无关组的列向量用最大无关组线性表示.

析 (1) 本例无论在理论上还是计算实践上都具有重要意义.本例的理论依据是矩阵 $\boldsymbol{A}$ 通过初等行变换成为 $\boldsymbol{B}$,即 $\boldsymbol{A}\overset{r}{\sim}\boldsymbol{B}$,则 $\boldsymbol{A}$ 与 $\boldsymbol{B}$ 的列向量组各向量之间具有相同的线性关系(见问 4.3);主要工具是矩阵 $\boldsymbol{A}$ 的行最简形.具体方法为:设 $R(\boldsymbol{A})=r$,则 $\boldsymbol{A}$ 的行最简形 $\boldsymbol{B}$ 中有 r 列为单位坐标向量 $\boldsymbol{e}_1,\boldsymbol{e}_2,\cdots,\boldsymbol{e}_r$,$\boldsymbol{B}$ 中其余列可以非常方便、几乎是一目了然地写成它们的线性组合.这时,$\boldsymbol{A}$ 的列向量组中蕴含的复杂线性关系也就随之而揭示出来了:$\boldsymbol{A}$ 中对应于 $\boldsymbol{B}$ 中 $\boldsymbol{e}_1,\boldsymbol{e}_2,\cdots,\boldsymbol{e}_r$ 的列构成 $\boldsymbol{A}$ 的列向量组的一个最大无关组,其余列向量用此最大无关组线性表示的系数与 $\boldsymbol{B}$ 中对应列用 $\boldsymbol{e}_1,\boldsymbol{e}_2,\cdots,\boldsymbol{e}_r$ 线性表示的系数依次相同.

(2) 用解方程的观点审视本例.由

$$(\boldsymbol{a}_1,\boldsymbol{a}_2,\boldsymbol{a}_3,\boldsymbol{a}_4,\boldsymbol{a}_5)\overset{r}{\sim}(\boldsymbol{b}_1,\boldsymbol{b}_2,\boldsymbol{b}_3,\boldsymbol{b}_4,\boldsymbol{b}_5)$$

及 $\boldsymbol{b}_1,\boldsymbol{b}_2,\boldsymbol{b}_4$ 为单位坐标向量,知 $\boldsymbol{a}_1,\boldsymbol{a}_2,\boldsymbol{a}_4$ 为 $\boldsymbol{A}$ 的最大无关组.为求 $\boldsymbol{a}_3,\boldsymbol{a}_5$ 用 $\boldsymbol{a}_1,\boldsymbol{a}_2,\boldsymbol{a}_4$ 线性表示的矩阵,需解方程 $(\boldsymbol{a}_1,\boldsymbol{a}_2,\boldsymbol{a}_4)\boldsymbol{X}=(\boldsymbol{a}_3,\boldsymbol{a}_5)$.为此,把方程的增广矩阵化为行最简形,有

$$(\boldsymbol{a}_1,\boldsymbol{a}_2,\boldsymbol{a}_4,\boldsymbol{a}_3,\boldsymbol{a}_5)\overset{r}{\sim}(\boldsymbol{b}_1,\boldsymbol{b}_2,\boldsymbol{b}_4,\boldsymbol{b}_3,\boldsymbol{b}_5)=\begin{pmatrix}\boldsymbol{E}_3&\boldsymbol{X}\\\boldsymbol{O}&\boldsymbol{O}\end{pmatrix}.$$

其中 $\boldsymbol{X}=\begin{pmatrix}-1&4\\-1&3\\0&-3\end{pmatrix}$.由此可知 $\boldsymbol{X}$ 为方程

$$(\boldsymbol{a}_1,\boldsymbol{a}_2,\boldsymbol{a}_4)\boldsymbol{X}=(\boldsymbol{a}_3,\boldsymbol{a}_5)$$

的惟一解.利用 $(\boldsymbol{a}_1,\boldsymbol{a}_2,\boldsymbol{a}_3,\boldsymbol{a}_4,\boldsymbol{a}_5)$ 的行最简形得到 $\boldsymbol{X}$,可看做是上述方程的一种“非标准程序”的解法.

例 12 求齐次线性方程组

$$\begin{cases}x_1+x_2-x_3-x_4=0,\\2x_1-5x_2+3x_3+2x_4=0,\\7x_1-7x_2+3x_3+x_4=0\end{cases}$$

的基础解系与通解.

析 本例是基本的求解齐次方程的训练题.与第三章解决同一问题的方法

相比较,现在求解此问题时,已大致有三个方面的提高:解题思想更具理论意义;手法也更加丰富、灵活;并在第5节中赋予它的解集以鲜明的几何意义.

由定理7,齐次方程 $\boldsymbol{A}_{m\times n}\boldsymbol{x}=\boldsymbol{0}$ 的解集 S 的秩为 $n-R(\boldsymbol{A})$. 它表明,在 n 给定时,解集 S 作为无限集合,它的秩完全由 $R(\boldsymbol{A})$ 所决定. 只要求得 S 的一个最大无关组,即原方程的基础解系,就能够用它来刻画解集 S. 这就指出了求齐次方程通解的另一重要途径.

例 13 设 $\boldsymbol{A}_{m\times n}\boldsymbol{B}_{n\times l}=\boldsymbol{O}$,证明 $R(\boldsymbol{A})+R(\boldsymbol{B})\leqslant n$.

析 剖析式子 $\boldsymbol{AB}=\boldsymbol{O}$ 的一个关键的观点是 $\boldsymbol{B}$ 的 l 个列向量是齐次方程 $\boldsymbol{Ax}=\boldsymbol{0}$ 的解. 这一观点在本章补例和习题解答中多次采用. 同时,本题的结论,作为矩阵秩的重要性质之一(矩阵秩的性质⑧),应予重视.

例 24 设 $\boldsymbol{A}=(\boldsymbol{a}_1,\boldsymbol{a}_2,\boldsymbol{a}_3)=\begin{pmatrix}2&2&-1\\2&-1&2\\-1&2&2\end{pmatrix}$, $\boldsymbol{B}=(\boldsymbol{b}_1,\boldsymbol{b}_2)=\begin{pmatrix}1&4\\0&3\\-4&2\end{pmatrix}$,验证 $\boldsymbol{a}_1,\boldsymbol{a}_2,\boldsymbol{a}_3$ 是 $\mathbb{R}^3$ 的一个基,并求 $\boldsymbol{b}_1,\boldsymbol{b}_2$ 在这个基中的坐标.

析 本例是关于向量空间的问题,也即线性代数中的几何问题,但就计算本身而言,只需将它转换(或"翻译")为一般的矩阵问题:求解矩阵方程 $\boldsymbol{AX}=\boldsymbol{B}$. 因此可以用第三章例3的方法,也可用第四章例11的方法,那里我们已讨论了比这问题更复杂、更一般的情况.

例 25 在 $\mathbb{R}^3$ 中取定一个基 $\boldsymbol{a}_1,\boldsymbol{a}_2,\boldsymbol{a}_3$,再取一个新基 $\boldsymbol{b}_1,\boldsymbol{b}_2,\boldsymbol{b}_3$,设 $\boldsymbol{A}=(\boldsymbol{a}_1,\boldsymbol{a}_2,\boldsymbol{a}_3)$, $\boldsymbol{B}=(\boldsymbol{b}_1,\boldsymbol{b}_2,\boldsymbol{b}_3)$. 求用 $\boldsymbol{a}_1,\boldsymbol{a}_2,\boldsymbol{a}_3$ 表示 $\boldsymbol{b}_1,\boldsymbol{b}_2,\boldsymbol{b}_3$ 的表示式(基变换公式),并求向量在两个基中的坐标之间的关系式(坐标变换公式).

析 本例的目的是利用过渡矩阵的概念建立 $\mathbb{R}^3$ 中一般的基变换及坐标变换公式. 以下几个事实是有用的.

(1) 两个基的过渡矩阵必定是可逆矩阵. 事实上,设新基 $\boldsymbol{b}_1,\boldsymbol{b}_2,\boldsymbol{b}_3$ 在旧基 $\boldsymbol{a}_1,\boldsymbol{a}_2,\boldsymbol{a}_3$ 中的系数矩阵为 $\boldsymbol{P}$,即有

$$(\boldsymbol{b}_1,\boldsymbol{b}_2,\boldsymbol{b}_3)=(\boldsymbol{a}_1,\boldsymbol{a}_2,\boldsymbol{a}_3)\boldsymbol{P},$$

则由例6之析(或习题17)知 $\boldsymbol{P}$ 为可逆矩阵,称它为从旧基到新基的过渡矩阵.

(2) 本例以自然基作为"过渡",这方法在解决向量空间的某些问题时是常用的.

例 4.1 已知向量组 $A:\boldsymbol{a}_1,\boldsymbol{a}_2,\cdots,\boldsymbol{a}_m\ (m\geqslant 2)$ 线性无关,设 $\boldsymbol{b}_1=\boldsymbol{a}_1+\boldsymbol{a}_2$, $\boldsymbol{b}_2=\boldsymbol{a}_2+\boldsymbol{a}_3,\cdots,\boldsymbol{b}_m=\boldsymbol{a}_m+\boldsymbol{a}_1$,试讨论向量组 $B:\boldsymbol{b}_1,\boldsymbol{b}_2,\cdots,\boldsymbol{b}_m$ 的线性相关性.

解一 本例是教材例6的直接推广,因此教材上两种证法均可沿用到本例. 这里解一与解二分别与例6中证一与证二相对应.

把题设条件写成

$$(\boldsymbol{b}_1,\boldsymbol{b}_2,\cdots,\boldsymbol{b}_m)=(\boldsymbol{a}_1,\boldsymbol{a}_2,\cdots,\boldsymbol{a}_m)\begin{pmatrix}1&0&\cdots&1\\1&1&\cdots&0\\&\ddots&\ddots&\vdots\\0&&1&1\end{pmatrix},$$

并把上式记作

$$\boldsymbol{B}=\boldsymbol{A}\boldsymbol{K}, \tag{4.3}$$

其中 m 阶方阵 $\boldsymbol{K}$ 即为 B 组由 $\boldsymbol{A}$ 组线性表示的系数矩阵. 于是

向量组 B 线性无关

$\Leftrightarrow$ 齐次方程 $\boldsymbol{Bx}=\boldsymbol{0}$ 只有零解 （定义 4）

$\Leftrightarrow \boldsymbol{AKx}=\boldsymbol{0}$ 只有零解 （(4.3)式代入）

$\Leftrightarrow \boldsymbol{Kx}=\boldsymbol{0}$ 只有零解 （因 A 组线性无关）

$\Leftrightarrow |\boldsymbol{K}|\neq 0.$

$$而\ |\boldsymbol{K}|=\begin{vmatrix}1&0&\cdots&1\\1&1&\cdots&0\\&\ddots&\ddots&\vdots\\0&&1&1\end{vmatrix}\overset{\substack{r_2-r_1\\r_3-r_2\\\cdots\\r_m-r_{m-1}}}{=\!=\!=}\begin{vmatrix}1&0&\cdots&1\\0&1&\cdots&-1\\\vdots&\vdots&&\vdots\\0&0&\cdots&1+(-1)^{m-1}\end{vmatrix}=\begin{cases}2,m\ 为奇数,\\0,m\ 为偶数.\end{cases}$$

因此, B 组线性无关的充要条件是 m 为奇数.

解二 用矩阵秩的性质考察(4.3)式.

若 $|\boldsymbol{K}|\neq 0$, 由矩阵秩的性质④知 $R(\boldsymbol{B})=R(\boldsymbol{A})=m$, 即矩阵 $\boldsymbol{B}$ 的秩等于其列数, 故向量组 B 线性无关; 反过来, 若 B 组线性无关, 则 $R(\boldsymbol{B})=m$. 此时, 由矩阵秩的性质⑦, $R(\boldsymbol{K})\geqslant R(\boldsymbol{B})=m$. 注意到 $\boldsymbol{K}$ 为 m 阶方阵, 故 $R(\boldsymbol{K})=m$, 从而 $|\boldsymbol{K}|\neq 0$. 于是向量组 B 线性无关的充要条件是 $|\boldsymbol{K}|\neq 0$.

例 4.2 设向量组 $A:\boldsymbol{a}_1,\boldsymbol{a}_2$, 向量组 $B:\boldsymbol{b}_1,\boldsymbol{b}_2$, 其中

$$\boldsymbol{a}_1=\begin{pmatrix}1\\-1\\2\\4\end{pmatrix},\boldsymbol{a}_2=\begin{pmatrix}0\\3\\1\\2\end{pmatrix};\boldsymbol{b}_1=\begin{pmatrix}3\\0\\7\\14\end{pmatrix},\boldsymbol{b}_2=\begin{pmatrix}2\\1\\5\\10\end{pmatrix},$$

(1) 证明向量组 A 与 B 等价; (2) 求向量组 A 与 B 的相互线性表示的表示式.

解 先求解(2), 若(2)已解出, (1)自然成立. 为此, 把向量组 A 和 B 合起来成矩阵, 并求它的行最简形:

$$(\boldsymbol{a}_1,\boldsymbol{a}_2,\boldsymbol{b}_1,\boldsymbol{b}_2)=\begin{pmatrix}1&0&3&2\\-1&3&0&1\\2&1&7&5\\4&2&14&10\end{pmatrix}\overset{\substack{r_2+r_1\\r_3-2r_1\\r_4-4r_1}}{\sim}\begin{pmatrix}1&0&3&2\\0&3&3&3\\0&1&1&1\\0&2&2&2\end{pmatrix}$$

$$\underset{r_4-2r_2}{\underset{r_3-r_2}{\overset{r_2\div 3}{\sim}}}\begin{bmatrix}1&0&3&2\\0&1&1&1\\0&0&0&0\\0&0&0&0\end{bmatrix}.$$

于是,向量 $\boldsymbol{b}_1$ 和 $\boldsymbol{b}_2$ 满足

$$\begin{cases}\boldsymbol{b}_1=3\boldsymbol{a}_1+\boldsymbol{a}_2,\\ \boldsymbol{b}_2=2\boldsymbol{a}_1+\boldsymbol{a}_2,\end{cases}$$

也即向量组 B 可由向量组 A 线性表示为

$$(\boldsymbol{b}_1,\boldsymbol{b}_2)=(\boldsymbol{a}_1,\boldsymbol{a}_2)\begin{pmatrix}3&2\\1&1\end{pmatrix}=(\boldsymbol{a}_1,\boldsymbol{a}_2)\boldsymbol{K},$$

其中,矩阵 $\boldsymbol{K}=\begin{pmatrix}3&2\\1&1\end{pmatrix}$是上述线性表示的系数矩阵.显然,$\boldsymbol{K}$ 可逆,且 $\boldsymbol{K}^{-1}=\begin{pmatrix}1&-2\\-1&3\end{pmatrix}$,于是

$$(\boldsymbol{a}_1,\boldsymbol{a}_2)=(\boldsymbol{b}_1,\boldsymbol{b}_2)\begin{pmatrix}1&-2\\-1&3\end{pmatrix},$$

具体写出,有

$$\begin{cases}\boldsymbol{a}_1=\boldsymbol{b}_1-\boldsymbol{b}_2,\\ \boldsymbol{a}_2=-2\boldsymbol{b}_1+3\boldsymbol{b}_2.\end{cases}$$

从上知两向量组能相互线性表示,故它们等价.

注 本例强调矩阵行最简形及矩阵的运算.如果说教材例 2 的方法用于两向量组的“定性”,即是否等价等问题的讨论,则本例的方法用于两向量组的“定量”讨论,即具体给出表示式.当系数矩阵不是方阵时,一般的处理方法可参看习题 2.

例 4.3 设 $\boldsymbol{A}$ 是 $n\times m$ 矩阵,$\boldsymbol{B}$ 是 $m\times n$ 矩阵,其中 $n<m$.若 $\boldsymbol{AB}=\boldsymbol{E}_n$,证明 $\boldsymbol{B}$ 的列向量组线性无关($\boldsymbol{E}_n$ 为 n 阶单位阵).

证 由矩阵 $\boldsymbol{AB}=\boldsymbol{E}\Rightarrow R(\boldsymbol{B})\geqslant R(\boldsymbol{E}_n)=n$;

另一方面,因 $\boldsymbol{B}$ 是 $m\times n$ 矩阵,故 $R(\boldsymbol{B})\leqslant n\ (<m)$.综合上面两个不等式,得 $R(\boldsymbol{B})=n$.于是 $\boldsymbol{B}$ 的列向量组线性无关.

例 4.4 设 $\boldsymbol{A}$ 是 n 阶方阵.若向量 $\boldsymbol{\alpha}$ 满足 $\boldsymbol{A}^k\boldsymbol{\alpha}=\boldsymbol{0}$,而 $\boldsymbol{A}^{k-1}\boldsymbol{\alpha}\neq\boldsymbol{0}$,证明向量组 $T:\boldsymbol{\alpha},\boldsymbol{A\alpha},\cdots,\boldsymbol{A}^{k-1}\boldsymbol{\alpha}$ 线性无关.

证 设有常数 $\lambda_0,\lambda_1,\cdots,\lambda_{k-1}$ 使

$$\lambda_0\boldsymbol{\alpha}+\lambda_1\boldsymbol{A\alpha}+\cdots+\lambda_{k-1}\boldsymbol{A}^{k-1}\boldsymbol{\alpha}=\boldsymbol{0},\tag{4.4}$$

$$\Rightarrow\boldsymbol{A}^{k-1}(\lambda_0\boldsymbol{\alpha}+\lambda_1\boldsymbol{A\alpha}+\cdots+\lambda_{k-1}\boldsymbol{A}^{k-1}\boldsymbol{\alpha})=\boldsymbol{0},$$

$$\Rightarrow \lambda_0 \boldsymbol{A}^{k-1}\boldsymbol{\alpha}=\boldsymbol{0}\ (\text{因 } \boldsymbol{A}^k\boldsymbol{\alpha}=\boldsymbol{A}^{k+1}\boldsymbol{\alpha}=\cdots=\boldsymbol{A}^{2(k-1)}\boldsymbol{\alpha}=\boldsymbol{0})$$
$$\Rightarrow \lambda_0=0(\text{因 } \boldsymbol{A}^{k-1}\boldsymbol{\alpha}\neq\boldsymbol{0}),$$

于是(4.4)式成为

$$\lambda_1\boldsymbol{A\alpha}+\cdots+\lambda_{k-1}\boldsymbol{A}^{k-1}\boldsymbol{\alpha}=\boldsymbol{0},$$
$$\Rightarrow \boldsymbol{A}^{k-2}(\lambda_1\boldsymbol{A\alpha}+\cdots+\lambda_{k-1}\boldsymbol{A}^{k-1}\boldsymbol{\alpha})=\boldsymbol{0},$$
$$\Rightarrow \lambda_1\boldsymbol{A}^{k-1}\boldsymbol{\alpha}=\boldsymbol{0}\quad(\text{与上同理}),$$
$$\Rightarrow \lambda_1=0,$$

继续这个过程,最终证得 $\lambda_j=0, j=0,1,\cdots,k-1$.由定义知向量组 T 线性无关.

例 4.5　设 $m\times n$ 矩阵 $\boldsymbol{A}$ 的秩 $R(\boldsymbol{A})=m<n$,则(　　).

(a) $\boldsymbol{A}$ 的任意 m 个列向量所成向量组线性无关

(b) $\boldsymbol{A}$ 的任意一个 m 阶子式不为零

(c) 若 $\boldsymbol{BA}=\boldsymbol{O}$,则 $\boldsymbol{B}=\boldsymbol{O}$

(d) 通过矩阵的初等行变换,必可化为 $(\boldsymbol{E}_m,\boldsymbol{O})$ 的形式

解　选(c).给出两种方法,说明它正确.

方法 1　因 $\boldsymbol{BA}=\boldsymbol{O}\Rightarrow R(\boldsymbol{B})+R(\boldsymbol{A})\leqslant m$(矩阵秩的性质⑧)

$$\Rightarrow R(\boldsymbol{B})\leqslant 0\quad(\text{因 } R(\boldsymbol{A})=m)$$
$$\Rightarrow R(\boldsymbol{B})=0\Leftrightarrow \boldsymbol{B}=\boldsymbol{O};$$

方法 2　因 $\boldsymbol{BA}=\boldsymbol{O}\Rightarrow \boldsymbol{A}^{\mathrm T}\boldsymbol{B}^{\mathrm T}=\boldsymbol{O}$

$\Rightarrow \boldsymbol{B}^{\mathrm T}$ 的列向量是齐次方程 $\boldsymbol{A}^{\mathrm T}\boldsymbol{x}=\boldsymbol{0}$ 的解

$$\Rightarrow R(\boldsymbol{B}^{\mathrm T})\leqslant m-R(\boldsymbol{A}^{\mathrm T})\quad(\text{定理 7})$$
$$\Rightarrow R(\boldsymbol{B})=R(\boldsymbol{B}^{\mathrm T})=0,$$

与方法 1 中结果相同.

注　方法 2 中的推导过程事实上就是矩阵秩的性质⑧的证明过程.

对选项(a),(b),(d),只需构作反例.取

$$\boldsymbol{A}=\begin{pmatrix}1&0&0\\0&1&1\end{pmatrix}.$$

显然,矩阵 $\boldsymbol{A}$ 是行满秩的.它有一个 2 阶子式为零;它的第 2、第 3 列向量线性相关;任何的初等行变换都无法把 $\boldsymbol{A}$ 化为 $(\boldsymbol{E}_2,\boldsymbol{O})$ 的形式.

下面是一组有关线性方程组理论的例题.线性方程组是线性代数的重要内容.对于求解线性方程组的基本题型,读者应予以足够重视,熟练掌握,惟有在此基础上,才有可能从容应付变化多端的有关线性方程组的习题.限于篇幅,一般的基本题型不再在此举例.

例 4.6　设有 n 元非齐次方程 $\boldsymbol{Ax}=\boldsymbol{b}$,则(　　).

(a) 若 $\boldsymbol{Ax}=\boldsymbol{0}$ 只有零解,则 $\boldsymbol{Ax}=\boldsymbol{b}$ 有惟一解

(b) $\boldsymbol{Ax}=\boldsymbol{b}$ 有惟一解的充要条件是 $R(\boldsymbol{A})=n$

(c) $\boldsymbol{Ax}=\boldsymbol{b}$ 有两个不同的解,则 $\boldsymbol{Ax}=\boldsymbol{0}$ 有无限多解

(d) $\boldsymbol{Ax}=\boldsymbol{b}$ 有两个不同的解,则 $\boldsymbol{Ax}=\boldsymbol{0}$ 的基础解系中含有两个以上向量

解 选(c).事实上设 $\boldsymbol{\eta}_1\neq\boldsymbol{\eta}_2$ 为方程 $\boldsymbol{Ax}=\boldsymbol{b}$ 的解,则 $\boldsymbol{\xi}=\boldsymbol{\eta}_1-\boldsymbol{\eta}_2$ 为 $\boldsymbol{Ax}=\boldsymbol{0}$ 的非零解,于是集合 $\{k\boldsymbol{\xi}\mid k\in\mathbb{R}\}$ 含有 $\boldsymbol{Ax}=\boldsymbol{0}$ 的无限多个解.

注 选项(a)错,因此对 $\boldsymbol{Ax}=\boldsymbol{b}$ 不一定有解;选项(b)错,因充分性不成立,即当 $R(\boldsymbol{A})=n$ 时,$\boldsymbol{Ax}=\boldsymbol{b}$ 不一定有解;选项(d)错,因 $\boldsymbol{Ax}=\boldsymbol{b}$ 有两个不同的解,只能推得方程 $\boldsymbol{Ax}=\boldsymbol{0}$ 存在基础解系,而基础解系中向量个数应是 $n-R(\boldsymbol{A})$,它可以是 1 到 n 的某个整数.

例 4.7 设 3 阶矩阵 $\boldsymbol{A}=\begin{pmatrix}1&2&-2\\4&t&3\\3&-1&1\end{pmatrix}$,$\boldsymbol{B}$ 为 3 阶非零矩阵,且 $\boldsymbol{AB}=\boldsymbol{O}$. 求 t 的值.

解 由题设 $\boldsymbol{AB}=\boldsymbol{O}$,用矩阵秩的性质⑧,有

$$R(\boldsymbol{A})+R(\boldsymbol{B})\leqslant 3.$$

又因 $\boldsymbol{B}$ 为非零矩阵,故 $R(\boldsymbol{B})\geqslant 1$,结合以上两式知

$$R(\boldsymbol{A})\leqslant 2$$

$$\Leftrightarrow \boldsymbol{A}\text{ 不是满秩矩阵}\Leftrightarrow|\boldsymbol{A}|=0\Leftrightarrow t=-3.$$

例 4.8 设 3 阶矩阵 $\boldsymbol{Q}=\begin{pmatrix}1&2&3\\2&4&t\\3&6&9\end{pmatrix}$,$\boldsymbol{P}$ 为 3 阶非零矩阵,且 $\boldsymbol{PQ}=\boldsymbol{O}$,则( ).

(a) $t=6$ 时,$R(\boldsymbol{P})=1$ (b) $t=6$ 时,$R(\boldsymbol{P})=2$

(c) $t\neq 6$ 时,$R(\boldsymbol{P})=1$ (d) $t\neq 6$ 时,$R(\boldsymbol{P})=2$

解 选(c).说明如下:

从矩阵 $\boldsymbol{Q}$ 可知,$\boldsymbol{Q}$ 的秩

$$R(\boldsymbol{Q})=\begin{cases}1, & t=6,\\2, & t\neq 6.\end{cases}$$

又由题设,矩阵 $\boldsymbol{PQ}$ 满足 $\boldsymbol{PQ}=\boldsymbol{O}$,由矩阵秩的性质⑧,有

$$R(\boldsymbol{P})+R(\boldsymbol{Q})\leqslant 3$$

综合上两式,得

$$R(\boldsymbol{P})\leqslant\begin{cases}2, & t=6,\\1, & t\neq 6.\end{cases}$$

又 $\boldsymbol{P}$ 为非零矩阵,故 $R(\boldsymbol{P})\geqslant 1$,最终得

$$\begin{cases} 1 \leqslant R(\boldsymbol{P}) \leqslant 2, & \text{当 } t=6 \text{ 时}, \\ R(\boldsymbol{P})=1, & \text{当 } t \neq 6 \text{ 时}. \end{cases}$$

注 选(a)是错误的,理由是当 $t=6$ 时,矩阵 $\boldsymbol{P}$ 的秩 $R(\boldsymbol{P})$ 不是必须等于1.同理,选(b)也是错的.选(d)错误的理由是当 $t \neq 6$ 时,$R(\boldsymbol{P}) \leqslant 1$.

例 4.9 已知方程组

$$\text{Ⅰ}: \begin{cases} a_{11}x_1 + a_{12}x_2 + \cdots + a_{1,2n}x_{2n} = 0, \\ a_{21}x_1 + a_{22}x_2 + \cdots + a_{2,2n}x_{2n} = 0, \\ \cdots\cdots\cdots\cdots \\ a_{n1}x_1 + a_{n2}x_2 + \cdots + a_{n,2n}x_{2n} = 0 \end{cases}$$

的一个基础解系为

$$\begin{pmatrix} b_{11} \\ b_{12} \\ \vdots \\ b_{1,2n} \end{pmatrix}, \begin{pmatrix} b_{21} \\ b_{22} \\ \vdots \\ b_{2,2n} \end{pmatrix}, \cdots, \begin{pmatrix} b_{n1} \\ b_{n2} \\ \vdots \\ b_{n,2n} \end{pmatrix},$$

试写出方程组

$$\text{Ⅱ}: \begin{cases} b_{11}y_1 + b_{12}y_2 + \cdots + b_{1,2n}y_{2n} = 0, \\ b_{21}y_1 + b_{22}y_2 + \cdots + b_{2,2n}y_{2n} = 0, \\ \cdots\cdots\cdots\cdots \\ b_{n1}y_1 + b_{n2}y_2 + \cdots + b_{n,2n}y_{2n} = 0 \end{cases}$$

的通解,并说明理由.

解 本题虽然计算本身并不复杂,但对于加深和把握齐次线性方程组理论很有帮助.

记 $n \times 2n$ 矩阵 $\boldsymbol{A}$ 和 $\boldsymbol{B}$ 分别是方程组Ⅰ和Ⅱ的系数矩阵,由题设条件,可获得下列信息:

(1) 关于矩阵 $\boldsymbol{B}$:$\boldsymbol{B}^{\mathrm{T}}$ 的 n 个列向量是方程组Ⅰ的一个基础解系,从而 $\boldsymbol{B}^{\mathrm{T}}$ 的秩,进而 $\boldsymbol{B}$ 的秩 $R(\boldsymbol{B})=n$.于是,方程组Ⅱ的解空间维数等于 n,即方程组Ⅱ的任意 n 个线性无关的解构成它的一个基础解系.

(2) 关于矩阵 $\boldsymbol{A}$:因方程组Ⅰ的基础解系含有 n 个向量,故由定理7知矩阵 $\boldsymbol{A}$ 的秩 $R(\boldsymbol{A})=2n-n=n$.于是,矩阵 $\boldsymbol{A}$ 的 n 个行向量所成行向量组线性无关.

(3) 关于两矩阵之间的关系:由信息(1)有 $\boldsymbol{A}\boldsymbol{B}^{\mathrm{T}}=\boldsymbol{O}$,于是

$$\boldsymbol{B}\boldsymbol{A}^{\mathrm{T}}=\boldsymbol{O},$$

即矩阵 $\boldsymbol{A}^{\mathrm{T}}$ 的 n 个列向量也即 $\boldsymbol{A}$ 的 n 个行向量是方程组Ⅱ的解,并且,由以上讨论知,它还是方程组Ⅱ的一个基础解系,将通解具体写出,得(注意应写成列向

量)

$$\boldsymbol{y}=k_1\begin{pmatrix}a_{11}\\a_{12}\\\vdots\\a_{1,2n}\end{pmatrix}+k_2\begin{pmatrix}a_{21}\\a_{22}\\\vdots\\a_{2,2n}\end{pmatrix}+\cdots+k_n\begin{pmatrix}a_{n1}\\a_{n2}\\\vdots\\a_{n,2n}\end{pmatrix},k_1,k_2,\cdots,k_n\in\mathbb{R}.$$

例 4.10 设$\mathbb{R}^3$中两个基 $\boldsymbol{a}_1,\boldsymbol{a}_2,\boldsymbol{a}_3$ 和 $\boldsymbol{b}_1,\boldsymbol{b}_2,\boldsymbol{b}_3$,其中

$$\boldsymbol{a}_1=\begin{pmatrix}1\\1\\0\end{pmatrix},\boldsymbol{a}_2=\begin{pmatrix}0\\1\\1\end{pmatrix},\boldsymbol{a}_3=\begin{pmatrix}1\\0\\1\end{pmatrix};\boldsymbol{b}_1=\begin{pmatrix}1\\0\\0\end{pmatrix},\boldsymbol{b}_2=\begin{pmatrix}1\\1\\0\end{pmatrix},\boldsymbol{b}_3=\begin{pmatrix}1\\1\\1\end{pmatrix},$$

(1) 求从基 $\boldsymbol{a}_1,\boldsymbol{a}_2,\boldsymbol{a}_3$ 到基 $\boldsymbol{b}_1,\boldsymbol{b}_2,\boldsymbol{b}_3$ 的过渡矩阵;

(2) 设向量 $\boldsymbol{\beta}$ 在基 $\boldsymbol{a}_1,\boldsymbol{a}_2,\boldsymbol{a}_3$ 中的坐标为 $\begin{pmatrix}3\\1\\2\end{pmatrix}$,求 $\boldsymbol{\beta}$ 在基 $\boldsymbol{b}_1,\boldsymbol{b}_2,\boldsymbol{b}_3$ 中的坐标.

解 (1) 设从旧基到新基的过渡矩阵为 $\boldsymbol{P}$,即

$$(\boldsymbol{b}_1,\boldsymbol{b}_2,\boldsymbol{b}_3)=(\boldsymbol{a}_1,\boldsymbol{a}_2,\boldsymbol{a}_3)\boldsymbol{P}$$
$$\Rightarrow\boldsymbol{P}=(\boldsymbol{a}_1,\boldsymbol{a}_2,\boldsymbol{a}_3)^{-1}(\boldsymbol{b}_1,\boldsymbol{b}_2,\boldsymbol{b}_3);$$

下面用初等变换的方法来求 $\boldsymbol{P}$.由

$$(\boldsymbol{a}_1,\boldsymbol{a}_2,\boldsymbol{a}_3,\boldsymbol{b}_1,\boldsymbol{b}_2,\boldsymbol{b}_3)=\begin{pmatrix}1&0&1&1&1&1\\1&1&0&0&1&1\\0&1&1&0&0&1\end{pmatrix}\underset{r_3-r_2}{\overset{r_2-r_1}{\sim}}\begin{pmatrix}1&0&1&1&1&1\\0&1&-1&-1&0&0\\0&0&2&1&0&1\end{pmatrix}$$

$$\underset{\substack{r_1-r_3\\r_2+r_3}}{\overset{r_3\div 2}{\sim}}\begin{pmatrix}1&0&0&\frac{1}{2}&1&\frac{1}{2}\\0&1&0&-\frac{1}{2}&0&\frac{1}{2}\\0&0&1&\frac{1}{2}&0&\frac{1}{2}\end{pmatrix},$$

得

$$\boldsymbol{P}=\frac{1}{2}\begin{pmatrix}1&2&1\\-1&0&1\\1&0&1\end{pmatrix}.$$

(2) 设 $\boldsymbol{\beta}$ 在基 $\boldsymbol{b}_1,\boldsymbol{b}_2,\boldsymbol{b}_3$ 中的坐标为 y_1,y_2,y_3 则按坐标变换公式有

$$\begin{pmatrix}y_1\\y_2\\y_3\end{pmatrix}=\boldsymbol{P}^{-1}\begin{pmatrix}3\\1\\2\end{pmatrix}$$

由
$$\begin{pmatrix} & 3 \\ \boldsymbol{P}, & 1 \\ & 2 \end{pmatrix} = \begin{pmatrix} \frac{1}{2} & 1 & \frac{1}{2} & 3 \\ -\frac{1}{2} & 0 & \frac{1}{2} & 1 \\ \frac{1}{2} & 0 & \frac{1}{2} & 2 \end{pmatrix} \xrightarrow[\substack{r_2+r_3 \\ r_3\times 2}]{r_1-r_3} \begin{pmatrix} 0 & 1 & 0 & 1 \\ 0 & 0 & 1 & 3 \\ 1 & 0 & 1 & 4 \end{pmatrix}$$
$$\xrightarrow[\substack{r_2\leftrightarrow r_1 \\ r_1-r_3}]{r_3\leftrightarrow r_2} \begin{pmatrix} 1 & 0 & 0 & 1 \\ 0 & 1 & 0 & 1 \\ 0 & 0 & 1 & 3 \end{pmatrix},$$
得
$$\begin{pmatrix} y_1 \\ y_2 \\ y_3 \end{pmatrix} = \begin{pmatrix} 1 \\ 1 \\ 3 \end{pmatrix}.$$

习题解答

1. 已知向量组
$$A: \boldsymbol{a}_1 = \begin{pmatrix} 0 \\ 1 \\ 2 \\ 3 \end{pmatrix}, \boldsymbol{a}_2 = \begin{pmatrix} 3 \\ 0 \\ 1 \\ 2 \end{pmatrix}, \boldsymbol{a}_3 = \begin{pmatrix} 2 \\ 3 \\ 0 \\ 1 \end{pmatrix}; B: \boldsymbol{b}_1 = \begin{pmatrix} 2 \\ 1 \\ 1 \\ 2 \end{pmatrix}, \boldsymbol{b}_2 = \begin{pmatrix} 0 \\ -2 \\ 1 \\ 1 \end{pmatrix}, \boldsymbol{b}_3 = \begin{pmatrix} 4 \\ 4 \\ 1 \\ 3 \end{pmatrix},$$
证明 B 组能由 A 组线性表示，但 A 组不能由 B 组线性表示.

证 B 组能由 A 组线性表示 $\Leftrightarrow R(\boldsymbol{A}, \boldsymbol{B}) = R(\boldsymbol{A})$；

A 组不能由 B 组线性表示 $\Leftrightarrow R(\boldsymbol{B}, \boldsymbol{A}) > R(\boldsymbol{B})$；

于是，B 组能由 A 组线性表示，且 A 组不能由 B 组线性表示 $\Leftrightarrow R(\boldsymbol{B}, \boldsymbol{A}) = R(\boldsymbol{A}) > R(\boldsymbol{B})$. 具体计算如下：
$$(\boldsymbol{B}, \boldsymbol{A}) = \begin{pmatrix} 2 & 0 & 4 & 0 & 3 & 2 \\ 1 & -2 & 4 & 1 & 0 & 3 \\ 1 & 1 & 1 & 2 & 1 & 0 \\ 2 & 1 & 3 & 3 & 2 & 1 \end{pmatrix} \overset{r}{\sim} \begin{pmatrix} 1 & 1 & 1 & 2 & 1 & 0 \\ 0 & 1 & -1 & 1 & 0 & -1 \\ 0 & 0 & 0 & -2 & 1 & 0 \\ 0 & 0 & 0 & 0 & 0 & 0 \end{pmatrix},$$
于是 $R(\boldsymbol{B}) = 2$，$R(\boldsymbol{B}, \boldsymbol{A}) = 3$，并且上式右端矩阵的后三列所构成矩阵与矩阵 $\boldsymbol{A}$ 行等价，继续对它作初等行变换，得
$$\boldsymbol{A} \overset{r}{\sim} \begin{pmatrix} 2 & 1 & 0 \\ 1 & 0 & -1 \\ -2 & 1 & 0 \\ 0 & 0 & 0 \end{pmatrix} \overset{r}{\sim} \begin{pmatrix} 1 & 0 & -1 \\ 0 & 1 & 2 \\ 0 & 0 & 1 \\ 0 & 0 & 0 \end{pmatrix},$$

所以 $R(\boldsymbol{A})=3$.合起来有 $R(\boldsymbol{B},\boldsymbol{A})=R(\boldsymbol{A})=3>R(\boldsymbol{B})=2$.

2. 已知向量组

$$A:\boldsymbol{a}_1=\begin{pmatrix}0\\1\\1\end{pmatrix},\boldsymbol{a}_2=\begin{pmatrix}1\\1\\0\end{pmatrix};B:\boldsymbol{b}_1=\begin{pmatrix}-1\\0\\1\end{pmatrix},\boldsymbol{b}_2=\begin{pmatrix}1\\2\\1\end{pmatrix},\boldsymbol{b}_3=\begin{pmatrix}3\\2\\-1\end{pmatrix},$$

证明 A 组与 B 组等价.

证 记矩阵 $\boldsymbol{A}=(\boldsymbol{a}_1,\boldsymbol{a}_2)$,$\boldsymbol{B}=(\boldsymbol{b}_1,\boldsymbol{b}_2,\boldsymbol{b}_3)$.因 A 组与 B 组等价$\Leftrightarrow R(\boldsymbol{A})=R(\boldsymbol{B})=R(\boldsymbol{A},\boldsymbol{B})$(或 $R(\boldsymbol{B},\boldsymbol{A})$),故求矩阵$(\boldsymbol{B},\boldsymbol{A})$的行阶梯形以计算 3 个矩阵的秩.

$$(\boldsymbol{B},\boldsymbol{A})=\begin{pmatrix}-1&1&3&0&1\\0&2&2&1&1\\1&1&-1&1&0\end{pmatrix}\overset{r}{\sim}\begin{pmatrix}1&1&-1&-1&0\\0&2&2&1&1\\0&0&0&0&0\end{pmatrix},$$

即知 $R(\boldsymbol{B})=R(\boldsymbol{B},\boldsymbol{A})=2$,且,$R(\boldsymbol{A})\leqslant 2$.又 $\boldsymbol{a}_1$ 与 $\boldsymbol{a}_2$ 不成比例,故 $R(\boldsymbol{A})=2$.因此,向量组 A 与 B 等价.

3. 已知 $R(\boldsymbol{a}_1,\boldsymbol{a}_2,\boldsymbol{a}_3)=2$,$R(\boldsymbol{a}_2,\boldsymbol{a}_3,\boldsymbol{a}_4)=3$,证明

(1) $\boldsymbol{a}_1$ 能由 $\boldsymbol{a}_2,\boldsymbol{a}_3$ 线性表示;

(2) $\boldsymbol{a}_4$ 不能由 $\boldsymbol{a}_1,\boldsymbol{a}_2,\boldsymbol{a}_3$ 线性表示.

证一 (1) 由 $R(\boldsymbol{a}_2,\boldsymbol{a}_3)\geqslant R(\boldsymbol{a}_2,\boldsymbol{a}_3,\boldsymbol{a}_4)-1=3-1=2$,知 $R(\boldsymbol{a}_2,\boldsymbol{a}_3)=2$.又已知 $R(\boldsymbol{a}_1,\boldsymbol{a}_2,\boldsymbol{a}_3)=2$,故 $R(\boldsymbol{a}_2,\boldsymbol{a}_3,\boldsymbol{a}_1)=R(\boldsymbol{a}_1,\boldsymbol{a}_2,\boldsymbol{a}_3)=R(\boldsymbol{a}_2,\boldsymbol{a}_3)$,由定理 1 知 $\boldsymbol{a}_1$ 能由 $\boldsymbol{a}_2,\boldsymbol{a}_3$ 线性表示;

(2) $R(\boldsymbol{a}_1,\boldsymbol{a}_2,\boldsymbol{a}_3,\boldsymbol{a}_4)\geqslant R(\boldsymbol{a}_2,\boldsymbol{a}_3,\boldsymbol{a}_4)=3>R(\boldsymbol{a}_1,\boldsymbol{a}_2,\boldsymbol{a}_3)$,由定理 1 知 $\boldsymbol{a}_4$ 不能由 $\boldsymbol{a}_1,\boldsymbol{a}_2,\boldsymbol{a}_3$ 线性表示.

证二 (1) $R(\boldsymbol{a}_2,\boldsymbol{a}_3,\boldsymbol{a}_4)=3\Rightarrow$向量组 $\boldsymbol{a}_2,\boldsymbol{a}_3,\boldsymbol{a}_4$ 线性无关$\Rightarrow\boldsymbol{a}_2,\boldsymbol{a}_3$ 线性无关(整体无关则部分无关);又,

$$R(\boldsymbol{a}_1,\boldsymbol{a}_2,\boldsymbol{a}_3)=2<3\Rightarrow\text{向量组 }\boldsymbol{a}_1,\boldsymbol{a}_2,\boldsymbol{a}_3\text{ 线性相关}.$$

于是,由定理 5,$\boldsymbol{a}_1$ 必能由 $\boldsymbol{a}_2,\boldsymbol{a}_3$(惟一地)线性表示.

(2) 反证法:若 $\boldsymbol{a}_4$ 能由 $\boldsymbol{a}_1,\boldsymbol{a}_2,\boldsymbol{a}_3$ 线性表示,而由(1),$\boldsymbol{a}_1$ 可由 $\boldsymbol{a}_2,\boldsymbol{a}_3$ 线性表示.这样,$\boldsymbol{a}_4$ 也就能由 $\boldsymbol{a}_2,\boldsymbol{a}_3$ 线性表示,从而可知 $\boldsymbol{a}_2,\boldsymbol{a}_3,\boldsymbol{a}_4$ 线性相关.于是 $R(\boldsymbol{a}_2,\boldsymbol{a}_3,\boldsymbol{a}_4)<3$,此与 $R(\boldsymbol{a}_2,\boldsymbol{a}_3,\boldsymbol{a}_4)=3$ 相矛盾.

4. 判定下列向量组是线性相关还是线性无关:

(1) $\begin{pmatrix}-1\\3\\1\end{pmatrix},\begin{pmatrix}2\\1\\0\end{pmatrix},\begin{pmatrix}1\\4\\1\end{pmatrix}$;　　(2) $\begin{pmatrix}2\\3\\0\end{pmatrix},\begin{pmatrix}-1\\4\\0\end{pmatrix},\begin{pmatrix}0\\0\\2\end{pmatrix}$.

解 记(1)、(2)中向量所构成的矩阵为 $\boldsymbol{A}$.

(1)　$\det \boldsymbol{A}=\begin{vmatrix}-1&2&1\\3&1&4\\1&0&1\end{vmatrix}=0$

$\Rightarrow R(\boldsymbol{A})<3=$向量的个数

$\Rightarrow$向量组(1)线性相关(由定理 4);

(2)　$\det \boldsymbol{A}=\begin{vmatrix}2&-1&0\\3&4&0\\0&0&2\end{vmatrix}=22\neq 0$

$\Rightarrow R(\boldsymbol{A})=3=$向量的个数

$\Rightarrow$向量组(2)线性无关　(由定理 4).

5. 问 a 取什么值时下列向量组线性相关?

$$\boldsymbol{a}_1=\begin{pmatrix}a\\1\\1\end{pmatrix},\boldsymbol{a}_2=\begin{pmatrix}1\\a\\-1\end{pmatrix},\boldsymbol{a}_3=\begin{pmatrix}1\\-1\\a\end{pmatrix}.$$

解　记 $\boldsymbol{A}=(\boldsymbol{a}_1,\boldsymbol{a}_2,\boldsymbol{a}_3)$,则

$$\det\boldsymbol{A}=\begin{vmatrix}a&1&1\\1&a&-1\\1&-1&a\end{vmatrix}\xlongequal{r_2+r_1}\begin{vmatrix}a&1&1\\a+1&a+1&0\\1&-1&a\end{vmatrix}$$

$$\xlongequal{c_1-c_2}\begin{vmatrix}a-1&1&1\\0&a+1&0\\2&-1&a\end{vmatrix}=(a+1)^2(a-2).$$

于是当 $a=-1$ 或 $a=2$ 时,$\det\boldsymbol{A}=0$,即 $R(\boldsymbol{A})<3$.由定理 4 知此时向量组 $\boldsymbol{a}_1$,$\boldsymbol{a}_2$,$\boldsymbol{a}_3$ 线性相关.

6. 设 $\boldsymbol{a}_1$,$\boldsymbol{a}_2$ 线性无关,$\boldsymbol{a}_1+\boldsymbol{b}$,$\boldsymbol{a}_2+\boldsymbol{b}$ 线性相关,求向量 $\boldsymbol{b}$ 用 $\boldsymbol{a}_1$,$\boldsymbol{a}_2$ 线性表示的表示式.

解一　因 $\boldsymbol{a}_1+\boldsymbol{b}$,$\boldsymbol{a}_2+\boldsymbol{b}$ 线性相关,故存在不全为零的常数 k_1,k_2,使

$$k_1(\boldsymbol{a}_1+\boldsymbol{b})+k_2(\boldsymbol{a}_2+\boldsymbol{b})=\boldsymbol{0} \tag{4.5}$$

$$\Rightarrow(k_1+k_2)\boldsymbol{b}=-k_1\boldsymbol{a}_1-k_2\boldsymbol{a}_2.$$

因 $\boldsymbol{a}_1$,$\boldsymbol{a}_2$ 线性无关,故 $k_1+k_2\neq 0$,不然,由上式得

$$k_1\boldsymbol{a}_1+k_2\boldsymbol{a}_2=\boldsymbol{0}\Rightarrow k_1=k_2=0,$$

这与 k_1,k_2 不全为零矛盾.于是由(4.5)式,得

$$\boldsymbol{b}=-\frac{k_1}{k_1+k_2}\boldsymbol{a}_1-\frac{k_2}{k_1+k_2}\boldsymbol{a}_2,k_1,k_2\in\mathbb{R},k_1+k_2\neq 0.$$

解二　因 $\boldsymbol{a}_1+\boldsymbol{b}$,$\boldsymbol{a}_2+\boldsymbol{b}$ 线性相关,故$(\boldsymbol{a}_1+\boldsymbol{b})-(\boldsymbol{a}_2+\boldsymbol{b})$,$\boldsymbol{a}_2+\boldsymbol{b}$ 线性相

关,即 $\boldsymbol{a}_1-\boldsymbol{a}_2,\boldsymbol{a}_2+\boldsymbol{b}$ 线性相关.又因 $\boldsymbol{a}_1,\boldsymbol{a}_2$ 线性无关,故 $\boldsymbol{a}_1-\boldsymbol{a}_2\neq\boldsymbol{0}$,于是存在 λ 使

$$\boldsymbol{a}_2+\boldsymbol{b}=\lambda(\boldsymbol{a}_1-\boldsymbol{a}_2)$$
$$\Rightarrow \boldsymbol{b}=\lambda\boldsymbol{a}_1-(\lambda+1)\boldsymbol{a}_2,\lambda\in\mathbb{R}.$$

这与解一的结果相同.

7. 设 $\boldsymbol{a}_1,\boldsymbol{a}_2$ 线性相关,$\boldsymbol{b}_1,\boldsymbol{b}_2$ 也线性相关,问 $\boldsymbol{a}_1+\boldsymbol{b}_1,\boldsymbol{a}_2+\boldsymbol{b}_2$ 是否一定线性相关?试举例说明之.

解 向量组 $\boldsymbol{a}_1+\boldsymbol{b}_1,\boldsymbol{a}_2+\boldsymbol{b}_2$ 不一定线性相关.例如令

$$\text{向量组 I}:\boldsymbol{a}_1=\begin{pmatrix}0\\0\end{pmatrix},\boldsymbol{a}_2=\begin{pmatrix}1\\0\end{pmatrix};\quad \text{向量组 II}:\boldsymbol{b}_1=\begin{pmatrix}0\\1\end{pmatrix},\boldsymbol{b}_2=\begin{pmatrix}0\\0\end{pmatrix},$$

则这两向量组均线性相关,但向量组 $\boldsymbol{a}_1+\boldsymbol{b}_1=\begin{pmatrix}0\\1\end{pmatrix},\boldsymbol{a}_2+\boldsymbol{b}_2=\begin{pmatrix}1\\0\end{pmatrix}$ 线性无关.

8. 举例说明下列各命题是错误的:

(1) 若向量组 $\boldsymbol{a}_1,\boldsymbol{a}_2,\cdots,\boldsymbol{a}_m$ 线性相关,则 $\boldsymbol{a}_1$ 可由 $\boldsymbol{a}_2,\cdots,\boldsymbol{a}_m$ 线性表示.

(2) 若有不全为零的数 $\lambda_1,\lambda_2,\cdots,\lambda_m$,使

$$\lambda_1\boldsymbol{a}_1+\lambda_2\boldsymbol{a}_2+\cdots+\lambda_m\boldsymbol{a}_m+\lambda_1\boldsymbol{b}_1+\lambda_2\boldsymbol{b}_2+\cdots+\lambda_m\boldsymbol{b}_m=\boldsymbol{0}$$

成立,则 $\boldsymbol{a}_1,\boldsymbol{a}_2,\cdots,\boldsymbol{a}_m$ 线性相关,$\boldsymbol{b}_1,\boldsymbol{b}_2,\cdots,\boldsymbol{b}_m$ 亦线性相关.

(3) 若只有当 $\lambda_1,\cdots,\lambda_m$ 全为零时,等式

$$\lambda_1\boldsymbol{a}_1+\cdots+\lambda_m\boldsymbol{a}_m+\lambda_1\boldsymbol{b}_1+\cdots+\lambda_m\boldsymbol{b}_m=\boldsymbol{0}$$

才能成立,则 $\boldsymbol{a}_1,\cdots,\boldsymbol{a}_m$ 线性无关,$\boldsymbol{b}_1,\cdots,\boldsymbol{b}_m$ 亦线性无关.

(4) 若 $\boldsymbol{a}_1,\cdots,\boldsymbol{a}_m$ 线性相关,$\boldsymbol{b}_1,\cdots,\boldsymbol{b}_m$ 亦线性相关,则有不全为零的数 $\lambda_1,\cdots,\lambda_m$,使

$$\lambda_1\boldsymbol{a}_1+\cdots+\lambda_m\boldsymbol{a}_m=\boldsymbol{0};\quad \lambda_1\boldsymbol{b}_1+\cdots+\lambda_m\boldsymbol{b}_m=\boldsymbol{0}$$

同时成立.

答 命题(1) 是错误的,反例:取向量 $\boldsymbol{a}_1=\begin{pmatrix}1\\0\end{pmatrix},\boldsymbol{a}_2=\begin{pmatrix}0\\0\end{pmatrix}$,则向量组 $\boldsymbol{a}_1,\boldsymbol{a}_2$ 线性相关,因它含有零向量,但 $\boldsymbol{a}_1$ 并不能由 $\boldsymbol{a}_2$ 线性表示.

注 向量组 $\boldsymbol{a}_1,\boldsymbol{a}_2,\cdots,\boldsymbol{a}_m$ 线性相关的充要条件是其中至少有一个向量能由其余向量线性表示,但并不指明是哪一个向量,更不是说任一个向量可由其余向量线性表示.

命题(2)是错误的,反例:取 $\boldsymbol{a}_1=\begin{pmatrix}1\\0\end{pmatrix},\boldsymbol{a}_2=\begin{pmatrix}0\\1\end{pmatrix},\boldsymbol{b}_1=\begin{pmatrix}-1\\0\end{pmatrix},\boldsymbol{b}_2=\begin{pmatrix}0\\-1\end{pmatrix}$;再取 $\lambda_1=\lambda_2=1$,则有

$$\lambda_1 \boldsymbol{a}_1 + \lambda_2 \boldsymbol{a}_2 + \lambda_1 \boldsymbol{b}_1 + \lambda_2 \boldsymbol{b}_2 = \boldsymbol{0}$$

成立,但 $\boldsymbol{a}_1, \boldsymbol{a}_2$ 线性无关,$\boldsymbol{b}_1, \boldsymbol{b}_2$ 也线性无关.

注　关系式 $\lambda_1 \boldsymbol{a}_1 + \cdots + \lambda_m \boldsymbol{a}_m + \lambda_1 \boldsymbol{b}_1 + \cdots + \lambda_m \boldsymbol{b}_m = \boldsymbol{0}$ (λ_i 不全为 0)只能说明向量组 $\boldsymbol{a}_1 + \boldsymbol{b}_1, \cdots, \boldsymbol{a}_m + \boldsymbol{b}_m$ 线性相关.

命题(3)是错误的,反例:取 $\boldsymbol{a}_1 = \begin{pmatrix}0\\0\end{pmatrix}, \boldsymbol{a}_2 = \begin{pmatrix}1\\0\end{pmatrix}, \boldsymbol{b}_1 = \begin{pmatrix}0\\1\end{pmatrix}, \boldsymbol{b}_2 = \begin{pmatrix}0\\0\end{pmatrix}$,此时若有

$$\lambda_1 \boldsymbol{a}_1 + \lambda_2 \boldsymbol{a}_2 + \lambda_1 \boldsymbol{b}_1 + \lambda_2 \boldsymbol{b}_2 = \lambda_1 \begin{pmatrix}0\\1\end{pmatrix} + \lambda_2 \begin{pmatrix}1\\0\end{pmatrix} = \begin{pmatrix}\lambda_2\\\lambda_1\end{pmatrix} = \boldsymbol{0}$$

成立,只有 $\lambda_1 = \lambda_2 = 0$,但向量组 $\boldsymbol{a}_1, \boldsymbol{a}_2$ 和向量组 $\boldsymbol{b}_1, \boldsymbol{b}_2$ 都线性相关.

注　题设条件只能说明 $\boldsymbol{a}_1 + \boldsymbol{b}_1, \cdots, \boldsymbol{a}_m + \boldsymbol{b}_m$ 线性无关.

命题(4)是错误的,反例:取 $\boldsymbol{a}_1 = \begin{pmatrix}0\\0\end{pmatrix}, \boldsymbol{a}_2 = \begin{pmatrix}1\\0\end{pmatrix}, \boldsymbol{b}_1 = \begin{pmatrix}0\\1\end{pmatrix}, \boldsymbol{b}_2 = \begin{pmatrix}0\\0\end{pmatrix}$,则向量组 $\boldsymbol{a}_1, \boldsymbol{a}_2$ 和向量组 $\boldsymbol{b}_1, \boldsymbol{b}_2$ 均线性相关.但对此两向量组不存在不全为零的数 λ_1, λ_2,使

$$\lambda_1 \boldsymbol{a}_1 + \lambda_2 \boldsymbol{a}_2 = \boldsymbol{0}, \quad \lambda_1 \boldsymbol{b}_1 + \lambda_2 \boldsymbol{b}_2 = \boldsymbol{0}$$

同时成立,因由上面第一式可得

$$\begin{pmatrix}0\\0\end{pmatrix} = \lambda_1 \boldsymbol{a}_1 + \lambda_2 \boldsymbol{a}_2 = \begin{pmatrix}\lambda_2\\0\end{pmatrix},$$

于是,$\lambda_2 = 0$,同理由第二式得 $\lambda_1 = 0$.

注　题设条件是齐次方程 $(\boldsymbol{a}_1, \cdots, \boldsymbol{a}_m)\boldsymbol{x} = \boldsymbol{0}$ 及 $(\boldsymbol{b}_1, \cdots, \boldsymbol{b}_m)\boldsymbol{x} = \boldsymbol{0}$ 都有非零解,而结论则是这两个齐次方程有公共的非零解.

9. 设 $\boldsymbol{b}_1 = \boldsymbol{a}_1 + \boldsymbol{a}_2, \boldsymbol{b}_2 = \boldsymbol{a}_2 + \boldsymbol{a}_3, \boldsymbol{b}_3 = \boldsymbol{a}_3 + \boldsymbol{a}_4, \boldsymbol{b}_4 = \boldsymbol{a}_4 + \boldsymbol{a}_1$,证明向量组 $\boldsymbol{b}_1, \boldsymbol{b}_2, \boldsymbol{b}_3, \boldsymbol{b}_4$ 线性相关.

证一　$\boldsymbol{b}_1 - \boldsymbol{b}_2 + \boldsymbol{b}_3 - \boldsymbol{b}_4$

$$= (\boldsymbol{a}_1 + \boldsymbol{a}_2) - (\boldsymbol{a}_2 + \boldsymbol{a}_3) + (\boldsymbol{a}_3 + \boldsymbol{a}_4) - (\boldsymbol{a}_4 + \boldsymbol{a}_1) = \boldsymbol{0},$$

由定义,知向量组 $\boldsymbol{b}_1, \boldsymbol{b}_2, \boldsymbol{b}_3, \boldsymbol{b}_4$ 线性相关.

证二　两向量组线性表示的矩阵形式为:

$$(\boldsymbol{b}_1, \boldsymbol{b}_2, \boldsymbol{b}_3, \boldsymbol{b}_4) = (\boldsymbol{a}_1, \boldsymbol{a}_2, \boldsymbol{a}_3, \boldsymbol{a}_4)\boldsymbol{K},$$

其中

$$\boldsymbol{K} = \begin{pmatrix}1&0&0&1\\1&1&0&0\\0&1&1&0\\0&0&1&1\end{pmatrix}.$$

因 $$\det \boldsymbol{K}=\begin{vmatrix}1&0&0&1\\1&1&0&0\\0&1&1&0\\0&0&1&1\end{vmatrix}\xlongequal{\text{按 } r_1 \text{ 展开}}1-1=0,\text{故 } R(\boldsymbol{K})<4.$$

由矩阵秩的性质 7 知

$$R(\boldsymbol{b}_1,\boldsymbol{b}_2,\boldsymbol{b}_3,\boldsymbol{b}_4)\leqslant R(\boldsymbol{K})<4,$$

由定理 4,向量组 $\boldsymbol{b}_1,\boldsymbol{b}_2,\boldsymbol{b}_3,\boldsymbol{b}_4$ 线性相关.

注 从证明可见,不管 $\boldsymbol{a}_1,\boldsymbol{a}_2,\boldsymbol{a}_3,\boldsymbol{a}_4$ 是否线性相关,$\boldsymbol{b}_1,\boldsymbol{b}_2,\boldsymbol{b}_3,\boldsymbol{b}_4$ 总是线性相关的(参看例 4.1).

10. 设 $\boldsymbol{b}_1=\boldsymbol{a}_1,\boldsymbol{b}_2=\boldsymbol{a}_1+\boldsymbol{a}_2,\cdots,\boldsymbol{b}_r=\boldsymbol{a}_1+\boldsymbol{a}_2+\cdots+\boldsymbol{a}_r$,且向量组 $\boldsymbol{a}_1,\boldsymbol{a}_2,\cdots,\boldsymbol{a}_r$ 线性无关,证明向量组 $\boldsymbol{b}_1,\boldsymbol{b}_2,\cdots,\boldsymbol{b}_r$ 线性无关.

证 先把向量组 $\boldsymbol{b}_1,\boldsymbol{b}_2,\cdots,\boldsymbol{b}_r$ 由向量组 $\boldsymbol{a}_1,\boldsymbol{a}_2,\cdots,\boldsymbol{a}_r$ 线性表示的关系式写成矩阵形式:

$$(\boldsymbol{b}_1,\boldsymbol{b}_2,\cdots,\boldsymbol{b}_r)=(\boldsymbol{a}_1,\boldsymbol{a}_2,\cdots,\boldsymbol{a}_r)\begin{pmatrix}1&\cdots&1\\&\ddots&\vdots\\0&&1\end{pmatrix}$$

$$=(\boldsymbol{a}_1,\boldsymbol{a}_2,\cdots,\boldsymbol{a}_r)\boldsymbol{K}.$$

因 $\det \boldsymbol{K}=1$,故 $\boldsymbol{K}$ 是可逆阵,由矩阵秩的性质 4,知

$$R(\boldsymbol{b}_1,\boldsymbol{b}_2,\cdots,\boldsymbol{b}_r)=R(\boldsymbol{a}_1,\boldsymbol{a}_2,\cdots,\boldsymbol{a}_r).$$

又因 $\boldsymbol{a}_1,\boldsymbol{a}_2,\cdots,\boldsymbol{a}_r$ 线性无关,由定理 4 知 $R(\boldsymbol{a}_1,\boldsymbol{a}_2,\cdots,\boldsymbol{a}_r)=r$,从而有 $R(\boldsymbol{b}_1,\boldsymbol{b}_2,\cdots,\boldsymbol{b}_r)=r$.再次运用定理 4 知向量组 $\boldsymbol{b}_1,\boldsymbol{b}_2,\cdots,\boldsymbol{b}_r$ 线性无关.

11. 求下列向量组的秩,并求一个最大无关组:

(1) $\boldsymbol{a}_1=\begin{pmatrix}1\\2\\-1\\4\end{pmatrix},\boldsymbol{a}_2=\begin{pmatrix}9\\100\\10\\4\end{pmatrix},\boldsymbol{a}_3=\begin{pmatrix}-2\\-4\\2\\-8\end{pmatrix}$;

(2) $\boldsymbol{a}_1=\begin{pmatrix}1\\2\\1\\3\end{pmatrix},\boldsymbol{a}_2=\begin{pmatrix}4\\-1\\-5\\-6\end{pmatrix},\boldsymbol{a}_3=\begin{pmatrix}1\\-3\\-4\\-7\end{pmatrix}$.

解 (1) 对 $\boldsymbol{A}=(\boldsymbol{a}_1,\boldsymbol{a}_2,\boldsymbol{a}_3)$ 作初等行变换,求它的行阶梯形:

$$\boldsymbol{A}=(\boldsymbol{a}_1,\boldsymbol{a}_2,\boldsymbol{a}_3)=\begin{pmatrix}1&9&-2\\2&100&-4\\-1&10&2\\4&4&-8\end{pmatrix}\underset{r_4-4r_1}{\overset{r_2-2r_1}{\underset{r_3+r_1}{\sim}}}\begin{pmatrix}1&9&-2\\0&82&0\\0&19&0\\0&-32&0\end{pmatrix}$$

$$\overset{r}{\sim}\begin{pmatrix}1&9&-2\\0&1&0\\0&0&0\\0&0&0\end{pmatrix},$$

由此可知 $R(\boldsymbol{a}_1,\boldsymbol{a}_2,\boldsymbol{a}_3)=2$,并且 $\boldsymbol{a}_1,\boldsymbol{a}_2$ 是它的一个最大无关组.

(2) $\boldsymbol{A}=(\boldsymbol{a}_1,\boldsymbol{a}_2,\boldsymbol{a}_3)=\begin{pmatrix}1&4&1\\2&-1&-3\\1&-5&-4\\3&-6&-7\end{pmatrix}\overset{\substack{r_2-2r_1\\r_3-r_1\\r_4-3r_1}}{\sim}\begin{pmatrix}1&4&1\\0&-9&-5\\0&-9&-5\\0&-18&-10\end{pmatrix}$

$$\overset{r}{\sim}\begin{pmatrix}1&4&1\\0&9&5\\0&0&0\\0&0&0\end{pmatrix}.$$

由此可知 $R(\boldsymbol{a}_1,\boldsymbol{a}_2,\boldsymbol{a}_3)=2$,并且 $\boldsymbol{a}_1,\boldsymbol{a}_2$ 是它的一个最大无关组.

12. 利用初等行变换求下列矩阵的列向量组的一个最大无关组,并把其余列向量用最大无关组线性表示:

(1) $\begin{pmatrix}25&31&17&43\\75&94&53&132\\75&94&54&134\\25&32&20&48\end{pmatrix}$; (2) $\begin{pmatrix}1&1&2&2&1\\0&2&1&5&-1\\2&0&3&-1&3\\1&1&0&4&-1\end{pmatrix}$.

解 (1) 记 $\boldsymbol{A}=(\boldsymbol{a}_1,\boldsymbol{a}_2,\boldsymbol{a}_3,\boldsymbol{a}_4)$

$$\boldsymbol{A}=\begin{pmatrix}25&31&17&43\\75&94&53&132\\75&94&54&134\\25&32&20&48\end{pmatrix}\overset{\substack{r_4-r_1\\r_3-r_2\\r_2-3r_1}}{\sim}\begin{pmatrix}25&31&17&43\\0&1&2&3\\0&0&1&2\\0&1&3&5\end{pmatrix}$$

$$\overset{\substack{r_4-r_2\\r_4-r_3}}{\sim}\begin{pmatrix}25&31&17&43\\0&1&2&3\\0&0&1&2\\0&0&0&0\end{pmatrix}\overset{\substack{r_1-17r_3\\r_2-2r_3}}{\sim}\begin{pmatrix}25&31&0&9\\0&1&0&-1\\0&0&1&2\\0&0&0&0\end{pmatrix}$$

$$\overset{r_1-31r_2}{\sim}\begin{pmatrix}25&0&0&40\\0&1&0&-1\\0&0&1&2\\0&0&0&0\end{pmatrix}\overset{r_1\div 25}{\sim}\begin{pmatrix}1&0&0&\frac{8}{5}\\0&1&0&-1\\0&0&1&2\\0&0&0&0\end{pmatrix}.$$

从 $\boldsymbol{A}$ 的行最简形可知:$\boldsymbol{a}_1,\boldsymbol{a}_2,\boldsymbol{a}_3$ 是 $\boldsymbol{A}$ 的列向量组的一个最大无关组;而

$$a_4=\frac{8}{5}a_1-a_2+2a_3.$$

(2) 记 $A=(a_1,a_2,a_3,a_4,a_5)$.

$$A=\begin{pmatrix}1&1&2&2&1\\0&2&1&5&-1\\2&0&3&-1&3\\1&1&0&4&-1\end{pmatrix}\underset{r_4-r_1}{\overset{r_3-2r_1}{\sim}}\begin{pmatrix}1&1&2&2&1\\0&2&1&5&-1\\0&-2&-1&-5&1\\0&0&-2&2&-2\end{pmatrix}$$

$$\underset{\substack{r_4\div(-2)\\r_3\leftrightarrow r_4}}{\overset{r_3+r_2}{\sim}}\begin{pmatrix}1&1&2&2&1\\0&2&1&5&-1\\0&0&1&-1&1\\0&0&0&0&0\end{pmatrix}\underset{r_2-r_3}{\overset{r_1-2r_3}{\sim}}\begin{pmatrix}1&1&0&4&-1\\0&2&0&6&-2\\0&0&1&-1&1\\0&0&0&0&0\end{pmatrix}$$

$$\underset{r_1-r_2}{\overset{r_2\div2}{\sim}}\begin{pmatrix}1&0&0&1&0\\0&1&0&3&-1\\0&0&1&-1&1\\0&0&0&0&0\end{pmatrix}.$$

从上面 A 的行最简形可知：a_1,a_2,a_3 是 A 的列向量组的一个最大无关线；而

$$a_4=a_1+3a_2-a_3,\quad a_5=-a_2+a_3.$$

13. 设向量组

$$a_1=\begin{pmatrix}a\\3\\1\end{pmatrix},a_2=\begin{pmatrix}2\\b\\3\end{pmatrix},a_3=\begin{pmatrix}1\\2\\1\end{pmatrix},a_4=\begin{pmatrix}2\\3\\1\end{pmatrix}$$

的秩为2,求 a,b.

解 对含参数 a 和 b 的矩阵(a_3,a_4,a_1,a_2)作初等行变换,以求其行阶梯形.

$$(a_3,a_4,a_1,a_2)=\begin{pmatrix}1&2&a&2\\2&3&3&b\\1&1&1&3\end{pmatrix}\underset{r_3-r_1}{\overset{r_2-2r_1}{\sim}}\begin{pmatrix}1&2&a&2\\0&-1&3-2a&b-4\\0&-1&1-a&1\end{pmatrix}$$

$$\overset{r_3-r_2}{\sim}\begin{pmatrix}1&2&a&2\\0&-1&3-2a&b-4\\0&0&a-2&5-b\end{pmatrix},$$

于是
$$R(a_1,a_2,a_3,a_4)=2$$
$$\Leftrightarrow R(a_3,a_4,a_1,a_2)=2\Leftrightarrow a=2 \text{ 且 } b=5.$$

注 把含参数的列放在不含参数的列后面,常可简化计算.

14. 设 $\boldsymbol{a}_1,\boldsymbol{a}_2,\cdots,\boldsymbol{a}_n$ 是一组 n 维向量,已知 n 维单位坐标向量 $\boldsymbol{e}_1,\boldsymbol{e}_2,\cdots,\boldsymbol{e}_n$ 能由它们线性表示,证明 $\boldsymbol{a}_1,\boldsymbol{a}_2,\cdots,\boldsymbol{a}_n$ 线性无关.

证 $\boldsymbol{e}_1,\boldsymbol{e}_2,\cdots,\boldsymbol{e}_n$ 可由 $\boldsymbol{a}_1,\boldsymbol{a}_2,\cdots,\boldsymbol{a}_n$ 线性表示

$\Rightarrow n=R(\boldsymbol{e}_1,\boldsymbol{e}_2,\cdots,\boldsymbol{e}_n)\leqslant R(\boldsymbol{a}_1,\boldsymbol{a}_2,\cdots,\boldsymbol{a}_n)\leqslant n$ (由定理 3)

$\Rightarrow R(\boldsymbol{a}_1,\boldsymbol{a}_2,\cdots,\boldsymbol{a}_n)=n$

$\Rightarrow \boldsymbol{a}_1,\boldsymbol{a}_2,\cdots,\boldsymbol{a}_n$ 线性无关 (由定理 4).

15. 设 $\boldsymbol{a}_1,\boldsymbol{a}_2,\cdots,\boldsymbol{a}_n$ 是一组 n 维向量,证明它们线性无关的充要条件是:任一 n 维向量都可由它线性表示.

证 必要性:任给 n 维向量 $\boldsymbol{b}$,则 n 维向量组 $\boldsymbol{a}_1,\boldsymbol{a}_2,\cdots,\boldsymbol{a}_n,\boldsymbol{b}$ 线性相关(因它所含向量个数大于向量的维数). 又因 $\boldsymbol{a}_1,\boldsymbol{a}_2,\cdots,\boldsymbol{a}_n$ 线性无关,由定理 5(3),可知向量 $\boldsymbol{b}$ 必可由 $\boldsymbol{a}_1,\boldsymbol{a}_2,\cdots,\boldsymbol{a}_n$(惟一地)线性表示.

充分性:设任一 n 维向量能由 $\boldsymbol{a}_1,\boldsymbol{a}_2,\cdots,\boldsymbol{a}_n$ 线性表示,特别,n 维单位坐标向量 $\boldsymbol{e}_1,\boldsymbol{e}_2,\cdots,\boldsymbol{e}_n$ 能由 $\boldsymbol{a}_1,\boldsymbol{a}_2,\cdots,\boldsymbol{a}_n$ 线性表示,由习题 14 知 $\boldsymbol{a}_1,\boldsymbol{a}_2,\cdots,\boldsymbol{a}_n$ 线性无关.

16. 设向量组 $\boldsymbol{a}_1,\boldsymbol{a}_2,\cdots,\boldsymbol{a}_m$ 线性相关,且 $\boldsymbol{a}_1\neq\boldsymbol{0}$,证明存在某个向量 $\boldsymbol{a}_k(2\leqslant k\leqslant m)$,使 $\boldsymbol{a}_k$ 能由 $\boldsymbol{a}_1,\boldsymbol{a}_2,\cdots,\boldsymbol{a}_{k-1}$ 线性表示.

证一 因为向量组 $\boldsymbol{a}_1,\boldsymbol{a}_2,\cdots,\boldsymbol{a}_m$ 线性相关,由定义知,存在不全为零的数 $\lambda_1,\lambda_2,\cdots,\lambda_m$,使

$$\lambda_1\boldsymbol{a}_1+\lambda_2\boldsymbol{a}_2+\cdots+\lambda_m\boldsymbol{a}_m=\boldsymbol{0}. \tag{4.6}$$

按足标从大到小考察上式中系数 λ_i. 设其第一个不为零的数为 λ_k,也即 $\lambda_k\neq 0$,但 $\lambda_{k+1}=\lambda_{k+2}=\cdots=\lambda_m=0$. 此足标 $k\geqslant 2$. 如若不然,该式成为 $\lambda_1\boldsymbol{a}_1=\boldsymbol{0}$. 由 $\boldsymbol{a}_1\neq\boldsymbol{0}$ 知 $\lambda_1=0$,此与这些系数不全为零矛盾. 这时(4.6)式成为

$$\lambda_1\boldsymbol{a}_1+\lambda_2\boldsymbol{a}_2+\cdots+\lambda_k\boldsymbol{a}_k=\boldsymbol{0},\text{且 }\lambda_k\neq 0,k\geqslant 2$$

$$\Rightarrow \boldsymbol{a}_k=-\frac{\lambda_1}{\lambda_k}\boldsymbol{a}_1-\cdots-\frac{\lambda_{k-1}}{\lambda_k}\boldsymbol{a}_{k-1},$$

于是上述向量 $\boldsymbol{a}_k$ 即满足要求.

证二 记 $\boldsymbol{A}=(\boldsymbol{a}_1,\boldsymbol{a}_2,\cdots,\boldsymbol{a}_m)$. 由题设,$\boldsymbol{A}$ 的列向量组线性相关,故 $R(\boldsymbol{A})<m$. 设 $\widetilde{\boldsymbol{A}}$ 是 $\boldsymbol{A}$ 的行阶梯形,则 $\widetilde{\boldsymbol{A}}$ 中一定存在不含非零首元的列 $\widetilde{\boldsymbol{a}}_k$. 注意到 $\widetilde{\boldsymbol{A}}$ 的第 1 列是含非零首元的,故 $k\geqslant 2$. 因 $\widetilde{\boldsymbol{a}}_k$ 能由 $\widetilde{\boldsymbol{a}}_1,\cdots,\widetilde{\boldsymbol{a}}_{k-1}$ 线性表示,故 $\boldsymbol{A}$ 中对应的 $\boldsymbol{a}_k$ 也能由 $\boldsymbol{a}_1,\cdots,\boldsymbol{a}_{k-1}$ 线性表示.

17. 设向量组 $B:\boldsymbol{b}_1,\boldsymbol{b}_2,\cdots,\boldsymbol{b}_r$ 能由向量组 $A:\boldsymbol{a}_1,\boldsymbol{a}_2,\cdots,\boldsymbol{a}_s$ 线性表示为

$$(\boldsymbol{b}_1,\boldsymbol{b}_2,\cdots,\boldsymbol{b}_r)=(\boldsymbol{a}_1,\boldsymbol{a}_2,\cdots,\boldsymbol{a}_s)\boldsymbol{K},$$

其中 $\boldsymbol{K}$ 为 $s\times r$ 矩阵,且 A 组线性无关. 证明 B 组线性无关的充要条件是矩阵

$\boldsymbol{K}$ 的秩 $R(\boldsymbol{K})=r$.

证一 记 $\boldsymbol{A}=(\boldsymbol{a}_1,\boldsymbol{a}_2,\cdots,\boldsymbol{a}_s)$,$\boldsymbol{B}=(\boldsymbol{b}_1,\boldsymbol{b}_2,\cdots,\boldsymbol{b}_r)$,则有

$$\boldsymbol{B}=\boldsymbol{AK}. \tag{4.7}$$

必要性:设向量组 B 线性无关,知 $R(\boldsymbol{B})=r$.又由 $\boldsymbol{B}=\boldsymbol{AK}$,知 $R(\boldsymbol{K})\geqslant R(\boldsymbol{B})$.但 $\boldsymbol{K}$ 含 r 列,有 $R(\boldsymbol{K})\leqslant r$,于是

$$r=R(\boldsymbol{B})\leqslant R(\boldsymbol{K})\leqslant r,\text{即 } R(\boldsymbol{K})=r,k\text{ 为列满秩矩阵.}$$

充分性:设 $R(\boldsymbol{K})=r$.要证 B 组线性无关.由于

$$\begin{aligned}\boldsymbol{Bx}=\boldsymbol{0}&\Leftrightarrow \boldsymbol{AKx}=\boldsymbol{0}\\&\Rightarrow \boldsymbol{Kx}=\boldsymbol{0}\ (\text{因 } R(\boldsymbol{A})=s,\text{根据上章定理 4})\\&\Rightarrow \boldsymbol{x}=\boldsymbol{0}\ (\text{因 } R(\boldsymbol{K})=r,\text{根据上章定理 4}),\end{aligned}$$

因此,向量组 B 线性无关.

证二 由(4.7)式,因 $R(\boldsymbol{A})=s$,$\boldsymbol{A}$ 为列满秩矩阵,根据上章例 9 知 $R(\boldsymbol{B})=R(\boldsymbol{K})$.于是

$$B\text{ 组线性无关}\Leftrightarrow R(\boldsymbol{B})=r\Leftrightarrow R(\boldsymbol{K})=r.$$

18. 设

$$\begin{cases}\boldsymbol{\beta}_1= & \boldsymbol{\alpha}_2+\boldsymbol{\alpha}_3+\cdots+\boldsymbol{\alpha}_n,\\ \boldsymbol{\beta}_2=\boldsymbol{\alpha}_1+ & \boldsymbol{\alpha}_3+\cdots+\boldsymbol{\alpha}_n,\\ \cdots\cdots\cdots\cdots \\ \boldsymbol{\beta}_n=\boldsymbol{\alpha}_1+\boldsymbol{\alpha}_2+ & \cdots+\boldsymbol{\alpha}_{n-1},\end{cases}$$

证明向量组 $\boldsymbol{\alpha}_1,\boldsymbol{\alpha}_2,\cdots,\boldsymbol{\alpha}_n$ 与向量组 $\boldsymbol{\beta}_1,\boldsymbol{\beta}_2,\cdots,\boldsymbol{\beta}_n$ 等价.

证 列向量组 $\boldsymbol{\alpha}_1,\boldsymbol{\alpha}_2,\cdots,\boldsymbol{\alpha}_n$ 和 $\boldsymbol{\beta}_1,\boldsymbol{\beta}_2,\cdots,\boldsymbol{\beta}_n$ 依次构成矩阵 $\boldsymbol{A}$ 和 $\boldsymbol{B}$,于是有

$$\boldsymbol{B}=\boldsymbol{AK}, \tag{4.8}$$

其中系数矩阵 $\boldsymbol{K}$ 为

$$\boldsymbol{K}=\begin{pmatrix}0&1&\cdots&1\\1&0&\cdots&1\\\vdots&&\ddots&\vdots\\1&\cdots&1&0\end{pmatrix},$$

其行列式 $|\boldsymbol{K}|=(n-1)(-1)^{n-1}\neq 0\ (n\geqslant 2)$(见第一章习题 8(2)),故 $\boldsymbol{K}$ 可逆.由(4.8)式即得 $\boldsymbol{A}=\boldsymbol{BK}^{-1}$,此表明 $\boldsymbol{\alpha}_1,\boldsymbol{\alpha}_2,\cdots,\boldsymbol{\alpha}_n$ 能由 $\boldsymbol{\beta}_1,\boldsymbol{\beta}_2,\cdots,\boldsymbol{\beta}_n$ 线性表示(其表示的系数矩阵为 $\boldsymbol{K}^{-1}$),从而 $\boldsymbol{\alpha}_1,\boldsymbol{\alpha}_2,\cdots,\boldsymbol{\alpha}_n$ 与 $\boldsymbol{\beta}_1,\boldsymbol{\beta}_2,\cdots,\boldsymbol{\beta}_n$ 等价.

注 当 $|\boldsymbol{K}|=0$ 时,不能得出 $\boldsymbol{\alpha}_1,\boldsymbol{\alpha}_2,\cdots,\boldsymbol{\alpha}_n$ 与 $\boldsymbol{\beta}_1,\boldsymbol{\beta}_2,\cdots,\boldsymbol{\beta}_n$ 不等价的结论.

19. 已知 3 阶矩阵 $\boldsymbol{A}$ 与 3 维列向量 $\boldsymbol{x}$ 满足 $\boldsymbol{A}^3\boldsymbol{x}=3\boldsymbol{Ax}-\boldsymbol{A}^2\boldsymbol{x}$,且向量组 $\boldsymbol{x},\boldsymbol{Ax},\boldsymbol{A}^2\boldsymbol{x}$ 线性无关.

(1) 记 $\boldsymbol{y}=\boldsymbol{Ax}$,$\boldsymbol{z}=\boldsymbol{Ay}$,$\boldsymbol{P}=(\boldsymbol{x},\boldsymbol{y},\boldsymbol{z})$,求三阶矩阵 $\boldsymbol{B}$,使 $\boldsymbol{AP}=\boldsymbol{PB}$;

(2) 求 $|A|$.

解　(1) 因矩阵 P 的列向量组线性无关,故 P 可逆,从而 $B=P^{-1}AP$.本题的困难在于没有具体给出 A 和 P 的元素,而是它们之间的一些关系式.下面就利用这些关系式来计算 B.

$$AP=A(x,y,z)=(Ax,Ay,Az).$$

因 $Ax=y,Ay=z,Az=A^3x=3Ax-A^2x=3y-z$,故

$$\begin{aligned}AP&=(y,z,3y-z)\\&=(x,y,z)\begin{pmatrix}0&0&0\\1&0&3\\0&1&-1\end{pmatrix}=P\begin{pmatrix}0&0&0\\1&0&3\\0&1&-1\end{pmatrix},\end{aligned}$$

于是

$$B=P^{-1}AP=\begin{pmatrix}0&0&0\\1&0&3\\0&1&-1\end{pmatrix}$$

(其实,矩阵 B 就是向量组 Ax,Ay,Az 由向量组 x,y,z 线性表示的系数矩阵).

(2) 由 $B=P^{-1}AP$,两边取行列式,便有 $|A|=|B|=0$.

20. 求下列齐次线性方程组的基础解系:

(1) $\begin{cases}x_1-8x_2+10x_3+2x_4=0,\\2x_1+4x_2+5x_3-x_4=0,\\3x_1+8x_2+6x_3-2x_4=0;\end{cases}$　(2) $\begin{cases}2x_1-3x_2-2x_3+x_4=0,\\3x_1+5x_2+4x_3-2x_4=0,\\8x_1+7x_2+6x_3-3x_4=0;\end{cases}$

(3) $nx_1+(n-1)x_2+\cdots+2x_{n-1}+x_n=0$.

解　(1)

$$A=\begin{pmatrix}1&-8&10&2\\2&4&5&-1\\3&8&6&-2\end{pmatrix}\xrightarrow[r_3-3r_1]{r_2-2r_1}\begin{pmatrix}1&-8&10&2\\0&20&-15&-5\\0&32&-24&-8\end{pmatrix}$$

$$\xrightarrow[r_3+8r_2]{r_2\div(-5)}\begin{pmatrix}1&-8&10&2\\0&-4&3&1\\0&0&0&0\end{pmatrix}\xrightarrow{r_1-2r_2}\begin{pmatrix}1&0&4&0\\0&-4&3&1\\0&0&0&0\end{pmatrix},$$

可知原方程的同解方程为

$$\begin{cases}x_1+4x_3=0,\\-4x_2+3x_3+x_4=0\end{cases}\Rightarrow\begin{cases}x_1=-4x_3,\\x_4=4x_2-3x_3.\end{cases}$$

分别取 $\begin{pmatrix}x_2\\x_3\end{pmatrix}=\begin{pmatrix}1\\0\end{pmatrix}$ 和 $\begin{pmatrix}0\\1\end{pmatrix}$,得基础解系

$$\boldsymbol{\xi}_1=\begin{pmatrix}0\\1\\0\\4\end{pmatrix},\quad \boldsymbol{\xi}_2=\begin{pmatrix}-4\\0\\1\\-3\end{pmatrix}.$$

(2) $\boldsymbol{A}=\begin{pmatrix}2&-3&-2&1\\3&5&4&-2\\8&7&6&-3\end{pmatrix}\overset{r_2+2r_1}{\underset{r_3+3r_1}{\sim}}\begin{pmatrix}2&-3&-2&1\\7&-1&0&0\\14&-2&0&0\end{pmatrix}$

$$\overset{r_2\times(-1)}{\underset{\substack{r_1+3r_2\\r_3+2r_2}}{\sim}}\begin{pmatrix}-19&0&-2&1\\-7&1&0&0\\0&0&0&0\end{pmatrix},$$

可得同解方程

$$\begin{cases}-19x_1-2x_3+x_4=0,\\-7x_1+x_2=0\end{cases}\Rightarrow\begin{cases}x_2=7x_1,\\x_4=19x_1+2x_3.\end{cases}$$

分别取$\begin{pmatrix}x_1\\x_3\end{pmatrix}=\begin{pmatrix}1\\0\end{pmatrix}$和$\begin{pmatrix}0\\1\end{pmatrix}$,得基础解系

$$\boldsymbol{\xi}_1=\begin{pmatrix}1\\7\\0\\19\end{pmatrix},\boldsymbol{\xi}_2=\begin{pmatrix}0\\0\\1\\2\end{pmatrix}.$$

注 解本题时,矩阵的初等行变换与第三章中的比较,已有了一些变化,要求概念掌握得更加清晰,初等变换运用得更加娴熟.

(3) $\boldsymbol{A}=(n,n-1,\cdots,1)$,可见$R(\boldsymbol{A})=1$,从而有$n-R(\boldsymbol{A})=n-1$个线性无关的解构成此方程的基础解系,并且由

$$x_n=-nx_1-(n-1)x_2\cdots-2x_{n-1},$$

分别取

$$\begin{pmatrix}x_1\\x_2\\\vdots\\x_{n-1}\end{pmatrix}=\begin{pmatrix}1\\0\\\vdots\\0\end{pmatrix},\begin{pmatrix}0\\1\\\vdots\\0\end{pmatrix},\cdots,\begin{pmatrix}0\\0\\\vdots\\1\end{pmatrix},$$

代入上式就得到基础解系:

$$\boldsymbol{\xi}_1=\begin{pmatrix}1\\0\\\vdots\\-n\end{pmatrix},\boldsymbol{\xi}_2=\begin{pmatrix}0\\1\\\vdots\\-(n-1)\end{pmatrix},\cdots,\boldsymbol{\xi}_{n-1}=\begin{pmatrix}0\\\vdots\\1\\-2\end{pmatrix}.$$

21. 设 $\boldsymbol{A}=\begin{pmatrix}2&-2&1&3\\9&-5&2&8\end{pmatrix}$,求一个 4×2 矩阵 $\boldsymbol{B}$,使 $\boldsymbol{AB}=\boldsymbol{O}$,且 $R(\boldsymbol{B})=2$.

解 设 $\boldsymbol{B}$ 按列分块为 $\boldsymbol{B}=(\boldsymbol{b}_1,\boldsymbol{b}_2)$.因 $R(\boldsymbol{B})=2$,故 $\boldsymbol{b}_1,\boldsymbol{b}_2$ 线性无关.

又因 $\boldsymbol{AB}=\boldsymbol{O}\Rightarrow\boldsymbol{A}(\boldsymbol{b}_1,\boldsymbol{b}_2)=(\boldsymbol{0},\boldsymbol{0})\Rightarrow\boldsymbol{Ab}_1=0$ 且 $\boldsymbol{Ab}_2=\boldsymbol{0}\Rightarrow\boldsymbol{b}_1,\boldsymbol{b}_2$ 是方程

$$\boldsymbol{Ax}=\boldsymbol{0} \tag{4.9}$$

的解;并且这方程的系数矩阵 $\boldsymbol{A}$ 的秩 $R(\boldsymbol{A})=2$.于是可知 $\boldsymbol{b}_1,\boldsymbol{b}_2$ 是它的一个基础解系.

$$\boldsymbol{A}=\begin{pmatrix}2&-2&1&3\\9&-5&2&8\end{pmatrix}\underset{r_2\times(-1)}{\overset{r_2-2r_1}{\sim}}\begin{pmatrix}2&-2&1&3\\-5&1&0&-2\end{pmatrix}\overset{r_1+2r_2}{\sim}\begin{pmatrix}-8&0&1&-1\\-5&1&0&-2\end{pmatrix}.$$

得
$$\begin{cases}x_2=5x_1+2x_4,\\x_3=8x_1+x_4,\end{cases}$$

分别取 $\begin{pmatrix}x_1\\x_4\end{pmatrix}=\begin{pmatrix}1\\0\end{pmatrix}$和$\begin{pmatrix}0\\1\end{pmatrix}$,得此方程的一个基础解系为

$$\boldsymbol{b}_1=\begin{pmatrix}1\\5\\8\\0\end{pmatrix},\quad \boldsymbol{b}_2=\begin{pmatrix}0\\2\\1\\1\end{pmatrix}.$$

于是,令

$$\boldsymbol{B}=(\boldsymbol{b}_1,\boldsymbol{b}_2)=\begin{pmatrix}1&0\\5&2\\8&1\\0&1\end{pmatrix}$$

就满足题目的要求.

22. 求一个齐次线性方程组,使它的基础解系为

$$\boldsymbol{\xi}_1=(0,1,2,3)^{\mathrm{T}},\quad \boldsymbol{\xi}_2=(3,2,1,0)^{\mathrm{T}}.$$

解 设所求齐次线性方程为

$$\boldsymbol{Ax}=\boldsymbol{0}.$$

首先考虑此方程组有多少个未知数?有多少个方程?因 $\boldsymbol{\xi}_1$ 是 4 维的,故方程有 4 个未知数,即矩阵 $\boldsymbol{A}$ 的列数等于 4.另一方面,因基础解系含 2 个向量,故由定理 7 知 $R(\boldsymbol{A})=4-2=2$,因此方程的个数 $m\geqslant2$ 个.这样,我们只需构造一个满足题设要求而行数最少的矩阵 $\boldsymbol{A}$,也即 $\boldsymbol{A}$ 取 2×4 矩阵,且 $R(\boldsymbol{A})=2$.

记$\boldsymbol{B}=(\boldsymbol{\xi}_1,\boldsymbol{\xi}_2)$,那么

$\boldsymbol{\xi}_1,\boldsymbol{\xi}_2$ 是方程 $\boldsymbol{Ax}=\boldsymbol{0}$ 的基础解系

$\Leftrightarrow \boldsymbol{AB}=\boldsymbol{O}$，且 $R(\boldsymbol{A})=2$

$\Leftrightarrow \boldsymbol{B}^{\mathrm{T}}\boldsymbol{A}^{\mathrm{T}}=\boldsymbol{O}$，且 $R(\boldsymbol{A}^{\mathrm{T}})=2$.

$\Leftrightarrow \boldsymbol{A}^{\mathrm{T}}$ 的两个列向量是 $\boldsymbol{B}^{\mathrm{T}}\boldsymbol{x}=\boldsymbol{0}$ 的一个基础解系(因 $R(\boldsymbol{B})=2$).

由
$$\boldsymbol{B}^{\mathrm{T}}=\begin{pmatrix}0&1&2&3\\3&2&1&0\end{pmatrix}\overset{r}{\sim}\begin{pmatrix}0&1&2&3\\1&0&-1&-2\end{pmatrix},$$

得基础解系为

$$\boldsymbol{\eta}_1=(1,-2,1,0)^{\mathrm{T}},\qquad \boldsymbol{\eta}_2=(2,-3,0,1)^{\mathrm{T}},$$

故 $\boldsymbol{A}$ 可取为

$$\boldsymbol{A}=\begin{pmatrix}\boldsymbol{\eta}_1^{\mathrm{T}}\\\boldsymbol{\eta}_2^{\mathrm{T}}\end{pmatrix}=\begin{pmatrix}1&-2&1&0\\2&-3&0&1\end{pmatrix}.$$

对应齐次线性方程组为

$$\begin{cases}x_1-2x_2+x_3=0,\\2x_1-3x_2+x_4=0.\end{cases}$$

23. 设四元齐次方程组

$$\text{Ⅰ}:\begin{cases}x_1+x_2=0,\\x_2-x_4=0,\end{cases}\qquad \text{Ⅱ}:\begin{cases}x_1-x_2+x_3=0,\\x_2-x_3+x_4=0,\end{cases}$$

求(1) 方程组Ⅰ与Ⅱ的基础解系;(2) Ⅰ与Ⅱ的公共解.

解 (1) 求方程组Ⅰ的基础解系:系数矩阵为

$$\begin{pmatrix}1&1&0&0\\0&1&0&-1\end{pmatrix}\overset{r}{\sim}\begin{pmatrix}1&1&0&0\\0&-1&0&1\end{pmatrix},$$

其基础解系可取为

$$\boldsymbol{\xi}_1=\begin{pmatrix}-1\\1\\0\\1\end{pmatrix},\quad \boldsymbol{\xi}_2=\begin{pmatrix}0\\0\\1\\0\end{pmatrix};$$

求方程组Ⅱ的基础解系:系数矩阵为$\begin{pmatrix}1&-1&1&0\\0&1&-1&1\end{pmatrix}$,故可取其基础解系为

$$\boldsymbol{\xi}_1=\begin{pmatrix}1\\1\\0\\-1\end{pmatrix},\quad \boldsymbol{\xi}_2=\begin{pmatrix}-1\\0\\1\\1\end{pmatrix}.$$

(2) 设 $\boldsymbol{x}=(x_1,x_2,x_3,x_4)^{\mathrm{T}}$ 为Ⅰ与Ⅱ的公共解,下面用两种方法求 $\boldsymbol{x}$ 的一

般表达式.

方法一 $\boldsymbol{x}$ 是Ⅰ与Ⅱ的公共解$\Leftrightarrow\boldsymbol{x}$ 是方程组Ⅲ的解,这里方程组Ⅲ为Ⅰ与Ⅱ合起来的方程组,即

$$\text{Ⅲ}:\begin{cases}x_1+x_2=0,\\x_2-x_4=0,\\x_1-x_2+x_3=0,\\x_2-x_3+x_4=0.\end{cases}$$

其系数矩阵

$$\begin{pmatrix}1&1&0&0\\0&1&0&-1\\1&-1&1&0\\0&1&-1&1\end{pmatrix}\overset{r}{\sim}\begin{pmatrix}1&0&0&1\\0&1&0&-1\\0&0&1&-2\\0&0&0&0\end{pmatrix}.$$

取其基础解系为$(-1,1,2,1)^{\mathrm{T}}$,于是Ⅰ与Ⅱ的公共解为

$$\boldsymbol{x}=k\begin{pmatrix}-1\\1\\2\\1\end{pmatrix},\quad k\in\mathbb{R}.$$

方法二 以Ⅰ的通解 $\boldsymbol{x}=(-c_1,c_1,c_2,c_1)^{\mathrm{T}}$代入Ⅱ得

$$\begin{cases}-c_1-c_1+c_2=0,\\c_1-c_2+c_1=0.\end{cases}\quad\Rightarrow\quad c_2=2c_1.$$

这表明Ⅰ的解中所有形如$(-c_1,c_1,2c_1,c_1)^{\mathrm{T}}$的解也是Ⅱ的解,从而是Ⅰ和Ⅱ的公共解.于是Ⅰ和Ⅱ的公共解为

$$\boldsymbol{x}=k\begin{pmatrix}-1\\1\\2\\1\end{pmatrix},\quad k\in\mathbb{R}.$$

24. 设 n 阶矩阵$\boldsymbol{A}$ 满足$\boldsymbol{A}^2=\boldsymbol{A}$,$\boldsymbol{E}$ 为 n 阶单位矩阵,证明

$$R(\boldsymbol{A})+R(\boldsymbol{A}-\boldsymbol{E})=n.$$

提示:利用矩阵秩的性质⑥和⑧.

证

$\boldsymbol{A}^2=\boldsymbol{A}$

$\Rightarrow\boldsymbol{A}(\boldsymbol{A}-\boldsymbol{E})=\boldsymbol{O}$

$\Rightarrow R(\boldsymbol{A})+R(\boldsymbol{A}-\boldsymbol{E})\leqslant n$ (矩阵秩的性质⑧).

另一方面,由矩阵秩的性质⑥,知

$$R(\boldsymbol{A})+R(\boldsymbol{E}-\boldsymbol{A})\geqslant R(\boldsymbol{A}+(\boldsymbol{E}-\boldsymbol{A}))=R(\boldsymbol{E})=n,$$

因 $R(\boldsymbol{E}-\boldsymbol{A})=R(\boldsymbol{A}-\boldsymbol{E})$,故由以上两个不等式知,$R(\boldsymbol{A})+R(\boldsymbol{A}-\boldsymbol{E})=n$.

25. 设 $\boldsymbol{A}$ 为 n 阶($n\geqslant2$)矩阵,$\boldsymbol{A}^*$ 为 $\boldsymbol{A}$ 的伴随矩阵,证明

$$R(\boldsymbol{A}^*)=\begin{cases}n,当\ R(\boldsymbol{A})=n,\\1,当\ R(\boldsymbol{A})=n-1,\\0,当\ R(\boldsymbol{A})\leqslant n-2.\end{cases}$$

证 (1) 当 $R(\boldsymbol{A})=n$ 时,$|\boldsymbol{A}|\neq0$.由习题二题24,得

$$|\boldsymbol{A}^*|=|\boldsymbol{A}|^{n-1}\neq0,$$

从而

$$R(\boldsymbol{A}^*)=n;$$

(2) 当 $R(\boldsymbol{A})\leqslant n-2$ 时,由矩阵秩的定义知 $\boldsymbol{A}$ 的所有 $n-1$ 阶子式即 $\boldsymbol{A}^*$ 的任一元素均为零,即 $\boldsymbol{A}^*=\boldsymbol{O}$,从而 $R(\boldsymbol{A}^*)=0$;

(3) 当 $R(\boldsymbol{A})=n-1$ 时,由矩阵秩的定义,$\boldsymbol{A}$ 中至少有一个 $n-1$ 阶子式不为零,也即 $\boldsymbol{A}^*$ 中至少有一个元素不为零,故 $R(\boldsymbol{A}^*)\geqslant1$.

另一方面,因 $R(\boldsymbol{A})=n-1$,有 $|\boldsymbol{A}|=0$.由 $\boldsymbol{A}\boldsymbol{A}^*=|\boldsymbol{A}|\boldsymbol{E}$ 知,

$$\boldsymbol{A}\boldsymbol{A}^*=\boldsymbol{O}.$$

由矩阵秩的性质⑧得

$$R(\boldsymbol{A})+R(\boldsymbol{A}^*)\leqslant n,$$

把 $R(\boldsymbol{A})=n-1$ 代入上式,得 $R(\boldsymbol{A}^*)\leqslant1$.综合以上两个关于 $R(\boldsymbol{A}^*)$ 的不等式,便有 $R(\boldsymbol{A}^*)=1$.

注 本题的结论很有用,值得记取.

26. 求下列非齐次方程组的一个解及对应的齐次方程组的基础解系:

(1) $\begin{cases}x_1+x_2=5,\\2x_1+x_2+x_3+2x_4=1,\\5x_1+3x_2+2x_3+2x_4=3;\end{cases}$ (2) $\begin{cases}x_1-5x_2+2x_3-3x_4=11,\\5x_1+3x_2+6x_3-x_4=-1,\\2x_1+4x_2+2x_3+x_4=-6.\end{cases}$

解 (1) 增广矩阵

$$\boldsymbol{B}=\begin{pmatrix}1&1&0&0&5\\2&1&1&2&1\\5&3&2&2&3\end{pmatrix}\xrightarrow[r_3-5r_1]{r_2-2r_1}\begin{pmatrix}1&1&0&0&5\\0&-1&1&2&-9\\0&-2&2&2&-22\end{pmatrix}$$

$$\xrightarrow[\substack{r_1-r_2\\r_3+2r_2}]{r_2\times(-1)}\begin{pmatrix}1&0&1&2&-4\\0&1&-1&-2&9\\0&0&0&-2&-4\end{pmatrix}\xrightarrow[\substack{r_1-2r_3\\r_2+2r_3}]{r_3\div(-2)}\begin{pmatrix}1&0&1&0&-8\\0&1&-1&0&13\\0&0&0&1&2\end{pmatrix}.$$

据此,得原方程组的同解方程

$$\begin{cases}x_1=-x_3-8,\\x_2=x_3+13,\\x_4=2.\end{cases}$$

取 $x_3=0$ 得特解 $\boldsymbol{\eta}=\begin{pmatrix}-8\\13\\0\\2\end{pmatrix}$；取 $x_3=1$ 得对应齐次方程基础解系 $\boldsymbol{\xi}=\begin{pmatrix}-1\\1\\1\\0\end{pmatrix}$.

(2) 增广矩阵

$$\boldsymbol{B}=\begin{pmatrix}1&-5&2&-3&11\\5&3&6&-1&-1\\2&4&2&1&-6\end{pmatrix}\underset{r_3-2r_1}{\overset{r_2-5r_1}{\sim}}\begin{pmatrix}1&-5&2&-3&11\\0&28&-4&14&-56\\0&14&-2&7&-28\end{pmatrix}$$

$$\underset{\substack{r_1-2r_2\\r_3+2r_2}}{\overset{r_2\div(-4)}{\sim}}\begin{pmatrix}1&9&0&4&-17\\0&-7&1&-\dfrac{7}{2}&14\\0&0&0&0&0\end{pmatrix},$$

得同解方程组为

$$\begin{cases}x_1+9x_2+4x_4=-17,\\-7x_2+x_3-\dfrac{7}{2}x_4=14\end{cases}\Rightarrow\begin{cases}x_1=-9x_2-4x_4-17,\\x_3=7x_2+\dfrac{7}{2}x_4+14.\end{cases}$$

令 $x_2=x_4=0$ 得特解 $\boldsymbol{\eta}=\begin{pmatrix}-17\\0\\14\\0\end{pmatrix}$，分别令 $\begin{pmatrix}x_2\\x_4\end{pmatrix}=\begin{pmatrix}1\\0\end{pmatrix}$ 和 $\begin{pmatrix}0\\1\end{pmatrix}$，得对应齐次方程的基础解系

$$\boldsymbol{\xi}_1=\begin{pmatrix}-9\\1\\7\\0\end{pmatrix},\quad\boldsymbol{\xi}_2=\begin{pmatrix}-4\\0\\\dfrac{7}{2}\\1\end{pmatrix}.$$

27. 设四元非齐次线性方程组的系数矩阵的秩为 3，已知 $\boldsymbol{\eta}_1,\boldsymbol{\eta}_2,\boldsymbol{\eta}_3$ 是它的三个解向量，且

$$\boldsymbol{\eta}_1=\begin{pmatrix}2\\3\\4\\5\end{pmatrix},\quad\boldsymbol{\eta}_2+\boldsymbol{\eta}_3=\begin{pmatrix}1\\2\\3\\4\end{pmatrix},$$

求该方程组的通解.

解 记该非齐次方程组为 $\boldsymbol{Ax}=\boldsymbol{b}$，对应齐次方程为

$$\boldsymbol{Ax}=\boldsymbol{0}.$$

因 $R(\boldsymbol{A})=3$,由定理 7 知此齐次方程的基础解系由 1 个非零解构成,也即它的任一非零解都是它的基础解系.另一方面,记向量 $\boldsymbol{\xi}=2\boldsymbol{\eta}_1-(\boldsymbol{\eta}_2+\boldsymbol{\eta}_3)$,则

$$\begin{aligned}\boldsymbol{A\xi}&=\boldsymbol{A}(2\boldsymbol{\eta}_1-\boldsymbol{\eta}_2-\boldsymbol{\eta}_3)\\&=2\boldsymbol{A\eta}_1-\boldsymbol{A\eta}_2-\boldsymbol{A\eta}_3=2\boldsymbol{b}-\boldsymbol{b}-\boldsymbol{b}=\boldsymbol{0},\end{aligned}$$

且直接计算得 $\boldsymbol{\xi}=(3,4,5,6)^{\mathrm{T}}\neq\boldsymbol{0}$.这样,$\boldsymbol{\xi}$ 就是它的一个基础解系.根据非齐次方程组解的结构知,原方程组的通解为

$$\boldsymbol{x}=k\boldsymbol{\xi}+\boldsymbol{\eta}_1=k\begin{pmatrix}3\\4\\5\\6\end{pmatrix}+\begin{pmatrix}2\\3\\4\\5\end{pmatrix},\quad k\in\mathbb{R}.$$

28. 设有向量组 $A:\boldsymbol{a}_1=\begin{pmatrix}\alpha\\2\\10\end{pmatrix},\boldsymbol{a}_2=\begin{pmatrix}-2\\1\\5\end{pmatrix},\boldsymbol{a}_3=\begin{pmatrix}-1\\1\\4\end{pmatrix}$ 及向量 $\boldsymbol{b}=\begin{pmatrix}1\\\beta\\-1\end{pmatrix}$,问 α,β 为何值时

(1) 向量 $\boldsymbol{b}$ 不能由向量组 A 线性表示;

(2) 向量 $\boldsymbol{b}$ 能由向量组 A 线性表示,且表示式惟一;

(3) 向量 $\boldsymbol{b}$ 能由向量组 A 线性表示,且表示式不惟一,并求一般表示式.

解 记矩阵 $\boldsymbol{A}=(\boldsymbol{a}_1,\boldsymbol{a}_2,\boldsymbol{a}_3)$,那么方程

$$\boldsymbol{Ax}=\boldsymbol{b}\tag{4.10}$$

有解$\Leftrightarrow\boldsymbol{b}$ 可由向量组 A 线性表示,因而本题可以归结为含参数的非齐次线性方程的求解(可参看第三章相关习题).

(1) 当方程(4.10)的系数行列式

$$\begin{vmatrix}\alpha&-2&-1\\2&1&1\\10&5&4\end{vmatrix}\neq0,\text{即 }\alpha\neq-4\text{ 时}$$

方程(4.10)有惟一解,从而向量 $\boldsymbol{b}$ 能由向量组 A 线性表示,且表示式惟一;

(2) 当 $\alpha=-4$ 时,增广矩阵

$$(\boldsymbol{A},\boldsymbol{b})=\begin{pmatrix}-4&-2&-1&1\\2&1&1&\beta\\10&5&4&-1\end{pmatrix}\underset{\substack{r_2+2r_1\\r_3-5r_1}}{\overset{r_1\leftrightarrow r_2}{\sim}}\begin{pmatrix}2&1&1&\beta\\0&0&1&1+2\beta\\0&0&-1&-1-5\beta\end{pmatrix}$$

$$\underset{r_1-r_2}{\overset{r_3+r_2}{\sim}}\begin{pmatrix}2&1&0&-1-\beta\\0&0&1&1+2\beta\\0&0&0&-3\beta\end{pmatrix}.$$

于是当 $\beta\neq0$ 时,方程(4.10)无解,从而向量 $\boldsymbol{b}$ 不能由向量组 A 线性表示;

(3) 当$\beta=0$时，

$$(\boldsymbol{A},\boldsymbol{b}) \overset{r}{\sim} \begin{pmatrix} 2 & 1 & 0 & -1 \\ 0 & 0 & 1 & 1 \\ 0 & 0 & 0 & 0 \end{pmatrix},$$

$R(\boldsymbol{A})=R(\boldsymbol{A},\boldsymbol{b})=2<3$,方程(4.10)有无穷多解,从而向量 $\boldsymbol{b}$ 可由向量组A 线性表示,且表示式不惟一.

因方程(4.10)的通解为

$$\boldsymbol{x}=c\begin{pmatrix}1\\-2\\0\end{pmatrix}+\begin{pmatrix}0\\-1\\1\end{pmatrix}=\begin{pmatrix}c\\-(2c+1)\\1\end{pmatrix},\quad c\in\mathbb{R}.$$

故 $\boldsymbol{b}$ 由向量组A 线性表示的一般表示式为

$$\begin{aligned}\boldsymbol{b}&=\boldsymbol{A}\boldsymbol{x}=(\boldsymbol{a}_1,\boldsymbol{a}_2,\boldsymbol{a}_3)\begin{pmatrix}c\\-(2c+1)\\1\end{pmatrix}\\&=c\boldsymbol{a}_1-(2c+1)\boldsymbol{a}_2+\boldsymbol{a}_3,\quad c\in\mathbb{R}.\end{aligned}$$

29. 设

$$\boldsymbol{a}=\begin{pmatrix}a_1\\a_2\\a_3\end{pmatrix},\boldsymbol{b}=\begin{pmatrix}b_1\\b_2\\b_3\end{pmatrix},\boldsymbol{c}=\begin{pmatrix}c_1\\c_2\\c_3\end{pmatrix},$$

证明三直线

$$\begin{cases}l_1:a_1x+b_1y+c_1=0,\\l_2:a_2x+b_2y+c_2=0,\\l_3:a_3x+b_3y+c_3=0\end{cases}\quad(a_i^2+b_i^2\neq0,i=1,2,3)$$

相交于一点的充要条件为向量组 $\boldsymbol{a},\boldsymbol{b}$ 线性无关,且向量组 $\boldsymbol{a},\boldsymbol{b},\boldsymbol{c}$ 线性相关.

证 三直线 l_1,l_2,l_3 相交于一点

$\Leftrightarrow$非齐次方程$(\boldsymbol{a},\boldsymbol{b})\begin{pmatrix}x\\y\end{pmatrix}=-\boldsymbol{c}$ 有惟一解

$\Leftrightarrow R(\boldsymbol{a},\boldsymbol{b})=R(\boldsymbol{a},\boldsymbol{b},\boldsymbol{c})=2$

$\Leftrightarrow$向量组 $\boldsymbol{a},\boldsymbol{b}$ 线性无关,且向量组 $\boldsymbol{a},\boldsymbol{b},\boldsymbol{c}$ 线性相关.

30. 设矩阵 $\boldsymbol{A}=(\boldsymbol{a}_1,\boldsymbol{a}_2,\boldsymbol{a}_3,\boldsymbol{a}_4)$,其中 $\boldsymbol{a}_2,\boldsymbol{a}_3,\boldsymbol{a}_4$ 线性无关,$\boldsymbol{a}_1=2\boldsymbol{a}_2-\boldsymbol{a}_3$.向量 $\boldsymbol{b}=\boldsymbol{a}_1+\boldsymbol{a}_2+\boldsymbol{a}_3+\boldsymbol{a}_4$,求方程 $\boldsymbol{A}\boldsymbol{x}=\boldsymbol{b}$ 的通解.

解 显然,这是一个四元方程.先决定系数矩阵 $\boldsymbol{A}$ 的秩.因 $\boldsymbol{a}_2,\boldsymbol{a}_3,\boldsymbol{a}_4$ 线性无关,故 $R(\boldsymbol{A})\geqslant3$.又

$\boldsymbol{a}_1$ 能由 $\boldsymbol{a}_2,\boldsymbol{a}_3$ 线性表示

$$\Rightarrow a_1, a_2, a_3 \text{ 线性相关}$$
$$\Rightarrow a_1, a_2, a_3, a_4 \text{ 线性相关(部分相关则整体相关)}$$
$$\Rightarrow R(A) \leqslant 3.$$

综合上面两个不等式,有 $R(A)=3$,从而原方程的基础解系所含向量个数为 $4-3=1$.进一步,

$$a_1 = 2a_2 - a_3 \Leftrightarrow a_1 - 2a_2 + a_3 = 0$$
$$\Leftrightarrow x = (1,-2,1,0)^{\mathrm{T}} \text{ 是方程 } Ax = 0 \text{ 的解}$$
$$\Rightarrow x = (1,-2,1,0)^{\mathrm{T}} \text{ 是它的基础解系},$$

又
$$b = a_1 + a_2 + a_3 + a_4$$
$$\Leftrightarrow x = (1,1,1,1)^{\mathrm{T}} \text{ 是方程 } Ax = b \text{ 的解},$$

于是由非齐次线性方程解的结构,原方程的通解为

$$x = c\begin{pmatrix}1\\-2\\1\\0\end{pmatrix} + \begin{pmatrix}1\\1\\1\\1\end{pmatrix}, c \in \mathbb{R}.$$

31. 设 $\boldsymbol{\eta}^*$ 是非齐次线性方程组 $Ax=b$ 的一个解,$\boldsymbol{\xi}_1, \boldsymbol{\xi}_2, \cdots, \boldsymbol{\xi}_{n-r}$ 是对应的齐次线性方程组的一个基础解系,证明

(1) $\boldsymbol{\eta}^*, \boldsymbol{\xi}_1, \cdots, \boldsymbol{\xi}_{n-r}$ 线性无关;

(2) $\boldsymbol{\eta}^*, \boldsymbol{\eta}^*+\boldsymbol{\xi}_1, \cdots, \boldsymbol{\eta}^*+\boldsymbol{\xi}_{n-r}$ 线性无关.

证 (1) 设有关系式

$$k_0\boldsymbol{\eta}^* + k_1\boldsymbol{\xi}_1 + \cdots + k_{n-r}\boldsymbol{\xi}_{n-r} = \mathbf{0}, \tag{4.11}$$

用矩阵 A 左乘上式两边,并注意题设条件,得

$$\mathbf{0} = A(k_0\boldsymbol{\eta}^* + k_1\boldsymbol{\xi}_1 + \cdots + k_{n-r}\boldsymbol{\xi}_{n-r})$$
$$= k_0 A\boldsymbol{\eta}^* + k_1 A\boldsymbol{\xi}_1 + \cdots + k_{n-r} A\boldsymbol{\xi}_{n-r} = k_0 b,$$

但 $b \neq \mathbf{0}$,由上式知 $k_0=0$,于是,(4.11)式成为

$$k_1\boldsymbol{\xi}_1 + k_2\boldsymbol{\xi}_2 + \cdots + k_{n-r}\boldsymbol{\xi}_{n-r} = \mathbf{0}.$$

因向量组 $\boldsymbol{\xi}_1, \boldsymbol{\xi}_2, \cdots, \boldsymbol{\xi}_{n-r}$ 是对应齐次方程的基础解系,从而线性无关,于是 $k_1 = k_2 = \cdots = k_{n-r} = 0$,由定义知 $\boldsymbol{\eta}^*, \boldsymbol{\xi}_1, \cdots, \boldsymbol{\xi}_{n-r}$ 线性无关.

(2) 设有关系式

$$\lambda_0\boldsymbol{\eta}^* + \lambda_1(\boldsymbol{\eta}^* + \boldsymbol{\xi}_1) + \cdots + \lambda_{n-r}(\boldsymbol{\eta}^* + \boldsymbol{\xi}_{n-r}) = \mathbf{0},$$

也即
$$(\lambda_0 + \lambda_1 + \cdots + \lambda_{n-r})\boldsymbol{\eta}^* + \lambda_1\boldsymbol{\xi}_1 + \cdots + \lambda_{n-r}\boldsymbol{\xi}_{n-r} = \mathbf{0}.$$

由(1),向量组 $\boldsymbol{\eta}^*, \boldsymbol{\xi}_1, \cdots, \boldsymbol{\xi}_{n-r}$ 线性无关,故 $\lambda_1 = \lambda_2 = \cdots = \lambda_{n-r} = 0$ 并且 $\lambda_0 + \lambda_1 + \cdots + \lambda_{n-r} = 0$,于是,$\lambda_0$ 也等于 0,故所给向量组线性无关.

注 显然,因 $\boldsymbol{A}(\boldsymbol{\eta}^*+\boldsymbol{\xi}_i)=\boldsymbol{A}\boldsymbol{\eta}^*+\boldsymbol{A}\boldsymbol{\xi}_i=\boldsymbol{b}$,故 $\boldsymbol{\eta}^*+\boldsymbol{\xi}_i$ 是原方程 $\boldsymbol{Ax}=\boldsymbol{b}$ 的解.于是本题的意义在于:若有解的非齐次线性方程的系数矩阵的秩为 r,则它有 $n-r+1$ 个线性无关的解.而习题 33 则进一步揭示它恰好有 $n-r+1$ 个线性无关的解,并且它的任一解都可由它们线性表示.

32. 设 $\boldsymbol{\eta}_1,\cdots,\boldsymbol{\eta}_s$ 是非齐次线性方程组 $\boldsymbol{Ax}=\boldsymbol{b}$ 的 s 个解,$k_1,\cdots,k_s$ 为实数,满足 $k_1+k_2+\cdots+k_s=1$.证明

$$\boldsymbol{x}=k_1\boldsymbol{\eta}_1+k_2\boldsymbol{\eta}_2+\cdots+k_s\boldsymbol{\eta}_s$$

也是它的解.

证 因 $$\begin{aligned}\boldsymbol{Ax}&=\boldsymbol{A}(k_1\boldsymbol{\eta}_1+k_2\boldsymbol{\eta}_2+\cdots+k_s\boldsymbol{\eta}_s)\\&=k_1(\boldsymbol{A}\boldsymbol{\eta}_1)+k_2(\boldsymbol{A}\boldsymbol{\eta}_2)+\cdots+k_s(\boldsymbol{A}\boldsymbol{\eta}_s)\\&=k_1\boldsymbol{b}+k_2\boldsymbol{b}+\cdots+k_s\boldsymbol{b}=(k_1+k_2+\cdots+k_s)\boldsymbol{b}=\boldsymbol{b},\end{aligned}$$

故 $\boldsymbol{x}=k_1\boldsymbol{\eta}_1+k_2\boldsymbol{\eta}_2+\cdots+k_s\boldsymbol{\eta}_s$ 也是方程 $\boldsymbol{Ax}=\boldsymbol{b}$ 的解.

33. 设非齐次线性方程组 $\boldsymbol{Ax}=\boldsymbol{b}$ 的系数矩阵的秩为 r,向量 $\boldsymbol{\eta}_1,\cdots,\boldsymbol{\eta}_{n-r+1}$ 是它的 $n-r+1$ 个线性无关的解(见 31 题之注).试证它的任一解可表示为

$$\boldsymbol{x}=k_1\boldsymbol{\eta}_1+\cdots+k_{n-r+1}\boldsymbol{\eta}_{n-r+1}\quad(\text{其中 } k_1+\cdots+k_{n-r+1}=1).$$

证 首先,由 32 题可知,上式向量 $\boldsymbol{x}$ 满足所给方程.

另一方面,设向量 $\boldsymbol{\beta}$ 是原方程的任一解,记向量 $\boldsymbol{\xi}_i=\boldsymbol{\eta}_i-\boldsymbol{\eta}_{n-r+1}$,$i=1,2,\cdots,n-r$,则 $\boldsymbol{\xi}_i$ 是对应齐次方程的解,且向量组 $\boldsymbol{\xi}_1,\boldsymbol{\xi}_2,\cdots,\boldsymbol{\xi}_{n-r}$ 线性无关(其理由与习题 31 的证明完全类似,读者可作为练习),于是,它就是对应齐次方程的一个基础解系.这样,向量 $\boldsymbol{\beta}$ 就可由此基础解系和原方程的特解 $\boldsymbol{\eta}_{n-r+1}$ 线性表示,即存在数 $\lambda_1,\lambda_2,\cdots,\lambda_{n-r}$,使

$$\begin{aligned}\boldsymbol{\beta}&=\lambda_1\boldsymbol{\xi}_1+\cdots+\lambda_{n-r}\boldsymbol{\xi}_{n-r}+\boldsymbol{\eta}_{n-r+1}\\&=\lambda_1(\boldsymbol{\eta}_1-\boldsymbol{\eta}_{n-r+1})+\cdots+\lambda_{n-r}(\boldsymbol{\eta}_{n-r}-\boldsymbol{\eta}_{n-r+1})+\boldsymbol{\eta}_{n-r+1}\\&=\lambda_1\boldsymbol{\eta}_1+\cdots+\lambda_{n-r}\boldsymbol{\eta}_{n-r}+(1-\lambda_1-\lambda_2-\cdots-\lambda_{n-r})\boldsymbol{\eta}_{n-r+1}\\&=\lambda_1\boldsymbol{\eta}_1+\cdots+\lambda_{n-r}\boldsymbol{\eta}_{n-r}+\lambda_{n-r+1}\boldsymbol{\eta}_{n-r+1},\end{aligned}$$

上式中,$\lambda_{n-r+1}\overset{\triangle}{=\!=}1-\lambda_1-\lambda_2-\cdots-\lambda_{n-r}$,即 $\lambda_1+\lambda_2+\cdots+\lambda_{n-r+1}=1$.

注 此题事实上给出了非齐次线性方程组的通解的另一表达式.

34. 设 $V_1=\{\boldsymbol{x}=(x_1,x_2,\cdots,x_n)^{\mathrm{T}}\mid x_1,\cdots,x_n\in\mathbb{R}\text{满足 } x_1+\cdots+x_n=0\}$,

$V_2=\{\boldsymbol{x}=(x_1,x_2,\cdots,x_n)^{\mathrm{T}}\mid x_1,\cdots,x_n\in\mathbb{R}\text{ 满足 } x_1+\cdots+x_n=1\}$,

问 V_1,V_2 是不是向量空间?为什么?

解 (1) V_1 是向量空间,理由是

(i) V_1 非空:$(0,0,\cdots,0)^{\mathrm{T}}\in V_1$;

(ii) V_1 对于向量的加法和数乘封闭.事实上,

$$\forall \boldsymbol{x}=(x_1,x_2,\cdots,x_n)^{\mathrm{T}},\boldsymbol{y}=(y_1,y_2,\cdots,y_n)^{\mathrm{T}}\in V_1,$$

则有$(\boldsymbol{x}+\boldsymbol{y})=(x_1+y_1,x_2+y_2,\cdots,x_n+y_n)^{\mathrm{T}},\lambda x=(\lambda x_1,\lambda x_2,\cdots,\lambda x_n)^{\mathrm{T}}$.

因
$$\sum_{k=1}^{n}(x_k+y_k)=\sum_{k=1}^{n}x_k+\sum_{k=1}^{n}y_k=0+0=0,$$
$$\sum_{k=1}^{n}(\lambda x_k)=\lambda\sum_{k=1}^{n}x_k=\lambda\cdot 0=0,$$
故
$$\boldsymbol{x}+\boldsymbol{y}\in V_1,\qquad \lambda\boldsymbol{x}\in V_1.$$

(2) V_2 不是向量空间.事实上,取
$$\boldsymbol{a}=(1,0,\cdots,0)^{\mathrm{T}},\quad \boldsymbol{b}=(0,1,\cdots,0)^{\mathrm{T}}\in V_2,$$
那么 $\boldsymbol{a}+\boldsymbol{b}=(1,1,\cdots,0)^{\mathrm{T}}\overline{\in} V_2$,即 V_2 对向量加法不封闭.

35. 试证:由 $\boldsymbol{a}_1=(0,1,1)^{\mathrm{T}},\boldsymbol{a}_2=(1,0,1)^{\mathrm{T}},\boldsymbol{a}_3=(1,1,0)^{\mathrm{T}}$ 所生成的向量空间就是$\mathbb{R}^3$.

证 所生成的向量空间记作 L,显然 $L\subset\mathbb{R}^3$.另一方面,$\forall\, \boldsymbol{b}\in\mathbb{R}^3$,则因 $\det(\boldsymbol{a}_1,\boldsymbol{a}_2,\boldsymbol{a}_3)=2\neq 0$,故 $\boldsymbol{a}_1,\boldsymbol{a}_2,\boldsymbol{a}_3$ 线性无关.但由定理 5,向量组 $\boldsymbol{a}_1,\boldsymbol{a}_2,\boldsymbol{a}_3,\boldsymbol{b}$ 线性相关,于是 $\boldsymbol{b}$ 可由 $\boldsymbol{a}_1,\boldsymbol{a}_2,\boldsymbol{a}_3$ 线性表示,也即 $\boldsymbol{b}\in L$.所以$\mathbb{R}^3\subset L$.综上知 $L=\mathbb{R}^3$.

36. 由 $\boldsymbol{a}_1=(1,1,0,0)^{\mathrm{T}},\boldsymbol{a}_2=(1,0,1,1)^{\mathrm{T}}$ 所生成的向量空间记作 L_1,由 $\boldsymbol{b}_1=(2,-1,3,3)^{\mathrm{T}},\boldsymbol{b}_2=(0,1,-1,-1)^{\mathrm{T}}$ 所生成的向量空间记作 L_2,试证 $L_1=L_2$.

证 因对应分量不成比例,故 $\boldsymbol{a}_1,\boldsymbol{a}_2$ 线性无关,$\boldsymbol{b}_1,\boldsymbol{b}_2$ 也线性无关.又因

$$(\boldsymbol{a}_1,\boldsymbol{a}_2,\boldsymbol{b}_1,\boldsymbol{b}_2)=\begin{pmatrix}1&1&2&0\\1&0&-1&1\\0&1&3&-1\\0&1&3&-1\end{pmatrix}\underset{\substack{r_3+r_2\\r_4+r_2}}{\overset{r_2-r_1}{\sim}}\begin{pmatrix}1&1&2&0\\0&-1&-3&1\\0&0&0&0\\0&0&0&0\end{pmatrix},$$

于是 $R(\boldsymbol{a}_1,\boldsymbol{a}_2)=R(\boldsymbol{b}_1,\boldsymbol{b}_2)=R(\boldsymbol{a}_1,\boldsymbol{a}_2,\boldsymbol{b}_1,\boldsymbol{b}_2)=2$,由定理 2 之推论,知向量组 $\boldsymbol{a}_1,\boldsymbol{a}_2$ 与 $\boldsymbol{b}_1,\boldsymbol{b}_2$ 等价,从而

$$L_1=L_2.$$

37. 验证 $\boldsymbol{a}_1=(1,-1,0)^{\mathrm{T}},\boldsymbol{a}_2=(2,1,3)^{\mathrm{T}},\boldsymbol{a}_3=(3,1,2)^{\mathrm{T}}$ 为$\mathbb{R}^3$的一个基,并把$\boldsymbol{v}_1=(5,0,7)^{\mathrm{T}},\boldsymbol{v}_2=(-9,-8,-13)^{\mathrm{T}}$ 用这个基线性表示.

解 本题本质上就是例 11 及习题 12.只不过是以向量空间的语言来叙述.因

$$(\boldsymbol{a}_1,\boldsymbol{a}_2,\boldsymbol{a}_3,\boldsymbol{v}_1,\boldsymbol{v}_2)=\begin{pmatrix}1&2&3&5&-9\\-1&1&1&0&-8\\0&3&2&7&-13\end{pmatrix}\overset{r_2+r_1}{\sim}\begin{pmatrix}1&2&3&5&-9\\0&3&4&5&-17\\0&3&2&7&-13\end{pmatrix}$$

$$\underset{r_3\div(-2)}{\overset{r_3-r_2}{\sim}}\begin{pmatrix}1&2&3&5&-9\\0&3&4&5&-17\\0&0&1&-1&-2\end{pmatrix}\underset{r_2-4r_3}{\overset{r_1-3r_3}{\sim}}\begin{pmatrix}1&2&0&8&-3\\0&3&0&9&-9\\0&0&1&-1&-2\end{pmatrix}$$

$$\underset{r_1-2r_2}{\overset{r_2\div 3}{\sim}}\begin{pmatrix}1&0&0&2&3\\0&1&0&3&-3\\0&0&1&-1&-2\end{pmatrix},$$

据此可知$(\boldsymbol{a}_1,\boldsymbol{a}_2,\boldsymbol{a}_3)\overset{r}{\sim}\boldsymbol{E}$,从而$R(\boldsymbol{a}_1,\boldsymbol{a}_2,\boldsymbol{a}_3)=3$,故$\boldsymbol{a}_1,\boldsymbol{a}_2,\boldsymbol{a}_3$是$\mathbb{R}^3$的一个基;$\boldsymbol{v}_1,\boldsymbol{v}_2$用此基线性表示式为

$$\boldsymbol{v}_1=2\boldsymbol{a}_1+3\boldsymbol{a}_2-\boldsymbol{a}_3,\quad \boldsymbol{v}_2=3\boldsymbol{a}_1-3\boldsymbol{a}_2-2\boldsymbol{a}_3.$$

38. 已知$\mathbb{R}^3$的两个基为

$$\boldsymbol{a}_1=\begin{pmatrix}1\\1\\1\end{pmatrix},\boldsymbol{a}_2=\begin{pmatrix}1\\0\\-1\end{pmatrix},\boldsymbol{a}_3=\begin{pmatrix}1\\0\\1\end{pmatrix},\text{及 }\boldsymbol{b}_1=\begin{pmatrix}1\\2\\1\end{pmatrix},\boldsymbol{b}_2=\begin{pmatrix}2\\3\\4\end{pmatrix},\boldsymbol{b}_3=\begin{pmatrix}3\\4\\3\end{pmatrix}.$$

求由基$\boldsymbol{a}_1,\boldsymbol{a}_2,\boldsymbol{a}_3$到基$\boldsymbol{b}_1,\boldsymbol{b}_2,\boldsymbol{b}_3$的过渡矩阵$\boldsymbol{P}$.

解 记矩阵$\boldsymbol{A}=(\boldsymbol{a}_1,\boldsymbol{a}_2,\boldsymbol{a}_3),\boldsymbol{B}=(\boldsymbol{b}_1,\boldsymbol{b}_2,\boldsymbol{b}_3)$.因$\boldsymbol{a}_1,\boldsymbol{a}_2,\boldsymbol{a}_3$与$\boldsymbol{b}_1,\boldsymbol{b}_2,\boldsymbol{b}_3$均为$\mathbb{R}^3$中的基,故$\boldsymbol{A}$和$\boldsymbol{B}$均为3阶可逆阵.由过渡矩阵定义,

$$(\boldsymbol{b}_1,\boldsymbol{b}_2,\boldsymbol{b}_3)=(\boldsymbol{a}_1,\boldsymbol{a}_2,\boldsymbol{a}_3)\boldsymbol{P}\text{ 或 }\boldsymbol{B}=\boldsymbol{AP}$$

$$\Rightarrow \boldsymbol{P}=\boldsymbol{A}^{-1}\boldsymbol{B}.$$

利用第三章介绍的方法,即可求得$\boldsymbol{P}$如下:

$$(\boldsymbol{A},\boldsymbol{B})=\begin{pmatrix}1&1&1&1&2&3\\1&0&0&2&3&4\\1&-1&1&1&4&3\end{pmatrix}\overset{r}{\sim}\begin{pmatrix}1&0&0&2&3&4\\0&1&0&0&-1&0\\0&0&1&-1&0&-1\end{pmatrix},$$

从而$\boldsymbol{P}=\boldsymbol{A}^{-1}\boldsymbol{B}=\begin{pmatrix}2&3&4\\0&-1&0\\-1&0&-1\end{pmatrix}$.

习题 4(附答案和提示)

4.1 选择题

(1) 向量组$A:\boldsymbol{a}_1,\boldsymbol{a}_2,\cdots,\boldsymbol{a}_m\ (m\geqslant 3)$线性无关的充要条件是(　　).

(a) 存在不全为零的数$k_1,k_2,\cdots,k_m$,使

$$k_1\boldsymbol{a}_1+k_2\boldsymbol{a}_2+\cdots+k_m\boldsymbol{a}_m\neq\boldsymbol{0}$$

(b) 向量组 A 中任意两个向量都线性无关

(c) 向量组 A 中存在一个向量,它不能用其余向量线性表示

(d) 向量组 A 中任意一个向量都不能用其余向量线性表示

(2) 设向量组 $\boldsymbol{a}_1,\boldsymbol{a}_2,\boldsymbol{a}_3$ 线性无关,则下列向量组线性无关的是(　　).

(a) $\boldsymbol{a}_1+\boldsymbol{a}_2,\boldsymbol{a}_2+\boldsymbol{a}_3,\boldsymbol{a}_3-\boldsymbol{a}_1$

(b) $\boldsymbol{a}_1+\boldsymbol{a}_2,\boldsymbol{a}_2+\boldsymbol{a}_3,\boldsymbol{a}_1+2\boldsymbol{a}_2+\boldsymbol{a}_3$

(c) $\boldsymbol{a}_1+2\boldsymbol{a}_1,2\boldsymbol{a}_2+3\boldsymbol{a}_3,3\boldsymbol{a}_3+\boldsymbol{a}_1$

(d) $\boldsymbol{a}_1+\boldsymbol{a}_2+\boldsymbol{a}_3,2\boldsymbol{a}_1-3\boldsymbol{a}_2+22\boldsymbol{a}_3,3\boldsymbol{a}_1+5\boldsymbol{a}_2-5\boldsymbol{a}_3$

(3) 设向量 $\boldsymbol{b}$ 能由向量组 $\boldsymbol{a}_1,\cdots,\boldsymbol{a}_m$ 线性表示,但不能由向量组Ⅰ:$\boldsymbol{a}_1,\cdots,\boldsymbol{a}_{m-1}$ 线性表示.记向量组Ⅱ:$\boldsymbol{a}_1,\cdots,\boldsymbol{a}_{m-1},\boldsymbol{b}$,则(　　)

(a) 向量 $\boldsymbol{a}_m$ 不能由向量组Ⅰ线性表示,也不能由向量组Ⅱ线性表示

(b) 向量 $\boldsymbol{a}_m$ 不能由向量组Ⅰ线性表示,但能由向量组Ⅱ线性表示

(c) 向量 $\boldsymbol{a}_m$ 能由向量组Ⅰ线性表示,但不能由向量组Ⅱ线性表示

(d) 向量 $\boldsymbol{a}_m$ 能由向量组Ⅰ线性表示,也能由向量组Ⅱ线性表示

(4) 设 $\boldsymbol{\alpha}_1,\boldsymbol{\alpha}_2,\cdots,\boldsymbol{\alpha}_s$ 为 n 维列向量,$\boldsymbol{B}$ 是 $m\times n$ 矩阵,下列正确的是(　　).

(a) 若 $\boldsymbol{\alpha}_1,\boldsymbol{\alpha}_2,\cdots,\boldsymbol{\alpha}_s$ 线性相关,则 $\boldsymbol{B\alpha}_1,\boldsymbol{B\alpha}_2,\cdots,\boldsymbol{B\alpha}_s$ 线性相关

(b) 若 $\boldsymbol{\alpha}_1,\boldsymbol{\alpha}_2,\cdots,\boldsymbol{\alpha}_s$ 线性相关,则 $\boldsymbol{B\alpha}_1,\boldsymbol{B\alpha}_2,\cdots,\boldsymbol{B\alpha}_s$ 线性无关

(c) 若 $\boldsymbol{\alpha}_1,\boldsymbol{\alpha}_2,\cdots,\boldsymbol{\alpha}_s$ 线性无关,则 $\boldsymbol{B\alpha}_1,\boldsymbol{B\alpha}_2,\cdots,\boldsymbol{B\alpha}_s$ 线性相关

(d) 若 $\boldsymbol{\alpha}_1,\boldsymbol{\alpha}_2,\cdots,\boldsymbol{\alpha}_s$ 线性无关,则 $\boldsymbol{B\alpha}_1,\boldsymbol{B\alpha}_2,\cdots,\boldsymbol{B\alpha}_s$ 线性无关

(5) 已知 $\boldsymbol{\eta}_1,\boldsymbol{\eta}_2$ 是非齐次方程 $\boldsymbol{Ax}=\boldsymbol{b}$ 的两个不同的解,$\boldsymbol{\xi}_1,\boldsymbol{\xi}_2$ 是对应齐次方程 $\boldsymbol{Ax}=\boldsymbol{0}$ 的基础解系,$k_1,k_2\in\mathbb{R}$,则方程 $\boldsymbol{Ax}=\boldsymbol{b}$ 的通解是(　　).

(a) $k_1\boldsymbol{\xi}_1+k_2(\boldsymbol{\xi}_1+\boldsymbol{\xi}_2)+\dfrac{\boldsymbol{\eta}_2-\boldsymbol{\eta}_1}{2}$　　(b) $k_1\boldsymbol{\xi}_1+k_2(\boldsymbol{\xi}_2-\boldsymbol{\xi}_1)+\dfrac{\boldsymbol{\eta}_1+\boldsymbol{\eta}_2}{2}$

(c) $k_1\boldsymbol{\xi}_1+k_2(\boldsymbol{\eta}_1+\boldsymbol{\eta}_2)+\dfrac{\boldsymbol{\eta}_2-\boldsymbol{\eta}_1}{2}$　　(d) $k_1\boldsymbol{\xi}_1+k_2(\boldsymbol{\eta}_2-\boldsymbol{\eta}_1)+\dfrac{\boldsymbol{\eta}_1+\boldsymbol{\eta}_2}{2}$

4.2　设向量组 $\boldsymbol{a}_1,\boldsymbol{a}_2,\boldsymbol{a}_3$ 线性无关,问常数 l,m 满足什么条件时,向量组 B:$l\boldsymbol{a}_2-\boldsymbol{a}_1,m\boldsymbol{a}_3-\boldsymbol{a}_2,\boldsymbol{a}_1-\boldsymbol{a}_3$ 也线性无关?

4.3　设向量组 A:$\boldsymbol{a}_1,\boldsymbol{a}_2,\boldsymbol{a}_3$ 线性无关,向量 $\boldsymbol{b}_1$ 能由向量组 A 线性表示,向量 $\boldsymbol{b}_2$ 不能由向量组 A 线性表示,k 为任意常数.问:

(1) 向量组 $\boldsymbol{a}_1,\boldsymbol{a}_2,\boldsymbol{a}_3,k\boldsymbol{b}_1+\boldsymbol{b}_2$ 是否线性相关,为什么?

(2) 向量组 $\boldsymbol{a}_1,\boldsymbol{a}_2,\boldsymbol{a}_3,\boldsymbol{b}_1+k\boldsymbol{b}_2$ 是否线性相关,为什么?

4.4　设向量组 A:

$$\boldsymbol{\alpha}_1=\begin{pmatrix}1\\0\\2\\3\end{pmatrix},\boldsymbol{\alpha}_2=\begin{pmatrix}1\\1\\3\\5\end{pmatrix},\boldsymbol{\alpha}_3=\begin{pmatrix}1\\-1\\a+2\\1\end{pmatrix},\boldsymbol{\alpha}_4=\begin{pmatrix}1\\2\\4\\a+8\end{pmatrix},$$

又向量 $\boldsymbol{\beta}=(1,1,b+3,5)^{\mathrm{T}}$,问 a,b 为何值时,$\boldsymbol{\beta}$ 可由向量组 A 惟一地线性表示,并写出表示

式.

4.5　设 $\boldsymbol{A}$ 为 n 阶矩阵，$\boldsymbol{\alpha}$ 为 n 维列向量，记矩阵 $\boldsymbol{B}=\begin{pmatrix}\boldsymbol{A} & \boldsymbol{\alpha}\\ \boldsymbol{\alpha}^{\mathrm{T}} & 0\end{pmatrix}$，且 $R(\boldsymbol{B})=R(\boldsymbol{A})$，证明：齐次线性方程 $\boldsymbol{Bx}=\boldsymbol{0}$ 必有非零解.

4.6　设线性方程组Ⅰ和Ⅱ：

$$\text{Ⅰ}:\begin{cases}3x_1+2x_2+x_3-3x_4=1,\\ a_1x_1+a_2x_2+a_3x_3+a_4x_4=a_5,\\ b_1x_1+b_2x_2+b_3x_3+b_4x_4=b_5,\end{cases}$$

$$\text{Ⅱ}:\begin{cases}3x_1-x_2+x_3-3x_4=1,\\ a_1x_1+a_2x_2+a_3x_3+a_4x_4=a_5,\\ b_1x_1+b_2x_2+b_3x_3+b_4x_4=b_5,\end{cases}$$

已知方程组Ⅰ有通解 $k(-1,1,1,0)^{\mathrm{T}}+(1,-3,1,1)^{\mathrm{T}}$，求方程组Ⅱ的一个特解.

4.7　设 n 阶方阵 $\boldsymbol{A}$ 满足 $\boldsymbol{A}^2=\boldsymbol{E}$，证明(1) $\boldsymbol{A}$ 可逆；(2) $R(\boldsymbol{A}-\boldsymbol{E})+R(\boldsymbol{A}+\boldsymbol{E})=n$.

4.8　设 $\boldsymbol{A}$ 为 $m\times n$ 矩阵，它的 m 个行向量是某个 n 元齐次线性方程的一个基础解系，又 $\boldsymbol{B}$ 是 m 阶可逆阵，证明：$\boldsymbol{BA}$ 的行向量也是该线性方程的一个基础解系.

4.9　设 $\boldsymbol{A}$ 是 n 阶不可逆矩阵，若 $\boldsymbol{A}$ 的伴随矩阵 $\boldsymbol{A}^*$ 不是零矩阵，求方程 $\boldsymbol{Ax}=\boldsymbol{0}$ 的通解.

4.10　设 n 维向量组 $S:\boldsymbol{\alpha}_1,\boldsymbol{\alpha}_2,\cdots,\boldsymbol{\alpha}_s$ 线性无关，证明存在齐次线性方程 $\boldsymbol{Ax}=\boldsymbol{0}$，使向量组 S 是它的一个基础解系.

4.11　已知四元非齐次线性方程组的系数矩阵的秩为 2，并且 $\boldsymbol{\eta}_1,\boldsymbol{\eta}_2,\boldsymbol{\eta}_3$ 是它的三个解，且

$$\boldsymbol{\eta}_1+\boldsymbol{\eta}_3=\begin{pmatrix}2\\3\\4\\5\end{pmatrix},\boldsymbol{\eta}_2+\boldsymbol{\eta}_3=\begin{pmatrix}1\\2\\3\\4\end{pmatrix},\boldsymbol{\eta}_1+\boldsymbol{\eta}_2=\begin{pmatrix}3\\4\\6\\7\end{pmatrix},$$

求该方程组的通解.

4.12　设四元齐次方程组Ⅰ：

$$\begin{cases}2x_1+3x_2-x_3=0,\\ x_1+2x_2+x_3-x_4=0,\end{cases}$$

且已知另一四元齐次方程组Ⅱ的一个基础解系为

$$\boldsymbol{\xi}_1=\begin{pmatrix}2\\-1\\a+2\\1\end{pmatrix},\boldsymbol{\xi}_2=\begin{pmatrix}-1\\2\\4\\a+8\end{pmatrix}$$

(1) 求方程组Ⅰ的基础解系；

(2) 问 a 为何值时，方程组Ⅰ与Ⅱ有非零公共解，并求出全部公共解.

4.13　设 $\mathbb{R}^3$ 中的向量在两个基中的坐标变换公式为 $y_1=x_1-x_2-x_3$，$y_2=-x_1+x_2$，$y_3=x_1+2x_3$，求从一个基到另一个基的过渡矩阵.

答案和提示

4.1 (1) (d),参看问 4.1;(2) (c),参看例 6 之析或习题 17;(3) (b);(4) (a),记 $\boldsymbol{A}=(\boldsymbol{\alpha}_1,\boldsymbol{\alpha}_2,\cdots,\boldsymbol{\alpha}_s)$,则 $\boldsymbol{Ax}=\boldsymbol{0}$ 有非零解$\Rightarrow\boldsymbol{BAx}=\boldsymbol{0}$有非零解;(5) (b).

4.2 $lm\neq1$,提示:$(\boldsymbol{b}_1,\boldsymbol{b}_2,\boldsymbol{b}_3)=(\boldsymbol{a}_1,\boldsymbol{a}_2,\boldsymbol{a}_3)\begin{pmatrix}-1&0&1\\l&-1&0\\0&m&-1\end{pmatrix}$,参看例 6 之析.

4.3 (1) 线性无关;(2) 当 $k\neq0$ 时,线性无关;当 $k=0$ 时,线性相关.

4.4 当 $a\neq-1$ 时,$\boldsymbol{\beta}$ 能由向量组 A 惟一地线性表示:$\boldsymbol{\beta}=-\dfrac{2b}{a+1}\boldsymbol{\alpha}_1+\dfrac{a+b+1}{a+1}\boldsymbol{\alpha}_2+\dfrac{b}{a+1}\boldsymbol{\alpha}_3$.

4.5 提示:$R(\boldsymbol{B})=R(\boldsymbol{A})<n+1$,故方程 $\boldsymbol{Bx}=\boldsymbol{0}$ 必有非零解.

4.6 提示:在方程组Ⅰ的通解中取 $k=3$,得方程组Ⅰ的特解 $\boldsymbol{x}=(-2,0,4,1)^{\mathrm{T}}$,因它的第 2 个分量为零,故必也是方程组Ⅱ的特解.

4.7 (2) 提示:$(\boldsymbol{A}-\boldsymbol{E})(\boldsymbol{A}+\boldsymbol{E})=\boldsymbol{O}$,仿照习题 24.

4.8 略.

4.9 提示:由题设条件可知 $R(\boldsymbol{A})=n-1$.又 $\boldsymbol{AA}^*=|\boldsymbol{A}|\boldsymbol{E}=\boldsymbol{O}$,故 $\boldsymbol{A}^*$ 的列向量都是 $\boldsymbol{Ax}=\boldsymbol{0}$ 的解,不妨设 $A_{ij}\neq0$,则 $\boldsymbol{A}^*$ 的第 i 列非零,于是原方程组的通解为 $\boldsymbol{x}=k(A_{i1},A_{i2},\cdots,A_{in})^{\mathrm{T}},k\in\mathbb{R}$.

4.10 提示:参看习题 22.

4.11 提示:从所给关系式中可求得 $\boldsymbol{\eta}_2=\dfrac{1}{2}\begin{pmatrix}2\\3\\5\\6\end{pmatrix}$,又 $\boldsymbol{\eta}_1-\boldsymbol{\eta}_2,\boldsymbol{\eta}_2-\boldsymbol{\eta}_3$ 是对应齐次方程的基础解系,于是通解为

$$k_1\begin{pmatrix}1\\1\\1\\1\end{pmatrix}+k_2\begin{pmatrix}1\\1\\2\\2\end{pmatrix}+\frac{1}{2}\begin{pmatrix}2\\3\\5\\6\end{pmatrix},k_1,k_2\in\mathbb{R}.$$

4.12 当 $a\neq-1$ 时,方程组Ⅰ与Ⅱ有非零公共解,公共解为

$$\boldsymbol{x}=c_1\begin{pmatrix}2\\-1\\1\\1\end{pmatrix}+c_2\begin{pmatrix}-1\\2\\4\\7\end{pmatrix},c_1,c_2\in\mathbb{R}.$$

4.13 设旧基与新基(列向量组)构成矩阵 $\boldsymbol{A}$ 与 $\boldsymbol{B}$,则 $\boldsymbol{B}=\boldsymbol{AP}$,这里 $\boldsymbol{P}$ 即为所求的过渡

矩阵.由坐标变换公式

$$\begin{pmatrix} y_1 \\ y_2 \\ y_3 \end{pmatrix} = \boldsymbol{P}^{-1} \begin{pmatrix} x_1 \\ x_2 \\ x_3 \end{pmatrix} \Rightarrow \boldsymbol{P}^{-1} = \begin{pmatrix} 1 & -1 & -1 \\ -1 & 1 & 0 \\ 1 & 0 & 2 \end{pmatrix} \Rightarrow \boldsymbol{P} = \begin{pmatrix} 2 & 2 & 1 \\ 2 & 3 & 1 \\ -1 & -1 & 0 \end{pmatrix}.$$

第五章

相似矩阵及二次型

基 本 要 求

1．了解向量的内积、长度、正交、规范正交基、正交矩阵等概念，知道施密特正交化方法．

2．理解矩阵的特征值与特征向量的概念，了解其性质，并掌握其求法．

3．了解相似矩阵的概念和性质，了解矩阵可相似对角化的充要条件．

4．了解对称矩阵的特征值与特征向量的性质，掌握利用正交矩阵将对称阵化为对角阵的方法．

5．熟悉二次型及其矩阵表示，知道二次型的秩．掌握用正交变换把二次型化为标准形的方法．

6．会用配方法化二次型为规范形．知道惯性定理．

7．知道二次型的正定性及其判别法．

内 容 提 要

1．向量的内积、长度、正交

(1) 设 n 维向量

$$\boldsymbol{x}=\begin{pmatrix}x_1\\x_2\\\vdots\\x_n\end{pmatrix},\boldsymbol{y}=\begin{pmatrix}y_1\\y_2\\\vdots\\y_n\end{pmatrix},$$

令 $$[\boldsymbol{x},\boldsymbol{y}]=x_1y_1+x_2y_2+\cdots+x_ny_n=\boldsymbol{x}^{\mathrm{T}}\boldsymbol{y},$$

$[\boldsymbol{x},\boldsymbol{y}]$称为向量 $\boldsymbol{x}$ 与 $\boldsymbol{y}$ 的内积．

(2) 非负实数 $\|\boldsymbol{x}\|=\sqrt{[\boldsymbol{x},\boldsymbol{x}]}$称为向量 $\boldsymbol{x}$ 的长度．当 $\|\boldsymbol{x}\|=1$ 时，向量 $\boldsymbol{x}$ 称为单位向量．$\boldsymbol{x}=\boldsymbol{0}\Leftrightarrow\|\boldsymbol{x}\|=0$．

(3) 当 $[\boldsymbol{x},\boldsymbol{y}]=0$ 时,称向量 $\boldsymbol{x}$ 与 $\boldsymbol{y}$ 正交.零向量与任何向量都正交.

2. 正交向量组

一组两两正交的非零向量称为正交向量组.正交向量组一定线性无关.

施密特正交化过程:设向量组 $A:\boldsymbol{a}_1,\boldsymbol{a}_2,\cdots,\boldsymbol{a}_r$ 线性无关,令

$$\boldsymbol{b}_1 = \boldsymbol{a}_1,$$

$$\boldsymbol{b}_2 = \boldsymbol{a}_2 - \frac{[\boldsymbol{a}_2,\boldsymbol{b}_1]}{\|\boldsymbol{b}_1\|^2}\boldsymbol{b}_1,$$

$$\cdots\cdots\cdots\cdots$$

$$\boldsymbol{b}_r = \boldsymbol{a}_r - \frac{[\boldsymbol{a}_r,\boldsymbol{b}_1]}{\|\boldsymbol{b}_1\|^2}\boldsymbol{b}_1 - \cdots - \frac{[\boldsymbol{a}_r,\boldsymbol{b}_{r-1}]}{\|\boldsymbol{b}_{r-1}\|^2}\boldsymbol{b}_{r-1},$$

则向量组 $\boldsymbol{b}_1,\boldsymbol{b}_2,\cdots,\boldsymbol{b}_r$ 为正交向量组,且与向量组 A 等价.

设 n 维向量 $\boldsymbol{e}_1,\boldsymbol{e}_2,\cdots,\boldsymbol{e}_r$ 是向量空间 V ($V\subset\mathbb{R}^n$)的一个基,如果 $\boldsymbol{e}_1,\boldsymbol{e}_2,\cdots,\boldsymbol{e}_r$ 两两正交,且都是单位向量,则称它是 V 的一个规范正交基.

3. 正交矩阵

若 n 阶矩阵 $\boldsymbol{A}$ 满足 $\boldsymbol{A}^{\mathrm{T}}\boldsymbol{A}=\boldsymbol{E}$,则称 $\boldsymbol{A}$ 为正交矩阵.

$\boldsymbol{A}$ 为正交矩阵 $\Leftrightarrow \boldsymbol{A}^{\mathrm{T}}\boldsymbol{A} = \boldsymbol{E} \Leftrightarrow \boldsymbol{A}\boldsymbol{A}^{\mathrm{T}} = \boldsymbol{E}$

$\Leftrightarrow \boldsymbol{A}$ 可逆,且 $\boldsymbol{A}^{-1} = \boldsymbol{A}^{\mathrm{T}}$

$\Leftrightarrow \boldsymbol{A}$ 的行(列)向量组是 $\mathbb{R}^n$ 的规范正交基.

4. 特征值与特征向量

(1) 设 $\boldsymbol{A}$ 为 n 阶矩阵,若有数 λ 及非零列向量 $\boldsymbol{\xi}$,使

$$\boldsymbol{A}\boldsymbol{\xi} = \lambda\boldsymbol{\xi},$$

则称 λ 是矩阵 $\boldsymbol{A}$ 的特征值,$\boldsymbol{\xi}$ 为 $\boldsymbol{A}$ 的对应于特征值 λ 的特征向量.

(2) λ 的 n 次多项式

$$f(\lambda) = |\boldsymbol{A}-\lambda\boldsymbol{E}| = \begin{vmatrix} a_{11}-\lambda & a_{12} & \cdots & a_{1n} \\ a_{21} & a_{22}-\lambda & \cdots & a_{2n} \\ \vdots & \vdots & & \vdots \\ a_{n1} & a_{n2} & \cdots & a_{nn}-\lambda \end{vmatrix}$$

称为 n 阶矩阵 $\boldsymbol{A}$ 的特征多项式,$|\boldsymbol{A}-\lambda\boldsymbol{E}|=0$ 称为特征方程,特征方程的根就是矩阵 $\boldsymbol{A}$ 的特征值.在复数范围内 n 阶矩阵 $\boldsymbol{A}$ 有 n 个特征值(重根按重数计算).

设 $\lambda_1,\lambda_2,\cdots,\lambda_n$ 是 n 阶矩阵 $\boldsymbol{A}$ 的 n 个特征值,则

(i) $\lambda_1+\lambda_2+\cdots+\lambda_n = a_{11}+a_{22}+\cdots+a_{nn} = \operatorname{tr}\boldsymbol{A}$ (称为矩阵 $\boldsymbol{A}$ 的迹);

(ii) $\lambda_1\lambda_2\cdots\lambda_n = \det\boldsymbol{A}$;

(iii) 若 λ 是 $\boldsymbol{A}$ 的一个特征值,$\varphi(\lambda)=a_0+a_1\lambda+\cdots+a_m\lambda^m$,则 $\varphi(\lambda)$ 是矩阵 $\varphi(\boldsymbol{A})$ 的特征值,这里

$$\varphi(\boldsymbol{A}) = a_0\boldsymbol{E} + a_1\boldsymbol{A} + \cdots + a_m\boldsymbol{A}^m,$$

(3) 设 λ 是方阵 $\boldsymbol{A}$ 的特征值，则齐次方程

$$(\boldsymbol{A} - \lambda\boldsymbol{E})\boldsymbol{x} = \boldsymbol{0}$$

的全体非零解就是方阵 $\boldsymbol{A}$ 的对应于特征值 λ 的全部特征向量.

设 $\lambda_1,\lambda_2,\cdots,\lambda_r$ 是方阵 $\boldsymbol{A}$ 的 r 个特征值，对应的特征向量依次为 $\boldsymbol{p}_1,\boldsymbol{p}_2,\cdots,\boldsymbol{p}_r$，如果 $\lambda_1,\lambda_2,\cdots,\lambda_r$ 各不相等，则 $\boldsymbol{p}_1,\boldsymbol{p}_2,\cdots,\boldsymbol{p}_r$ 线性无关.

5. 相似矩阵

(1) 对于 n 阶矩阵 $\boldsymbol{A}$ 和 $\boldsymbol{B}$，若存在可逆矩阵 $\boldsymbol{P}$，使 $\boldsymbol{P}^{-1}\boldsymbol{AP}=\boldsymbol{B}$，则称 $\boldsymbol{A}$ 与 $\boldsymbol{B}$ 相似. 把 $\boldsymbol{A}$ 化成 $\boldsymbol{B}$ 的变换称为相似变换，$\boldsymbol{P}$ 称为这一变换的过渡矩阵.

若矩阵 $\boldsymbol{A}$ 与 $\boldsymbol{B}$ 相似，则 $\boldsymbol{A}$ 与 $\boldsymbol{B}$ 有相同的特征多项式，从而有相同的特征值.

(2) 若矩阵 $\boldsymbol{A}$ 与对角阵相似（此时，称矩阵 $\boldsymbol{A}$ 能（相似）对角化），即若存在可逆矩阵 $\boldsymbol{P}$，使 $\boldsymbol{P}^{-1}\boldsymbol{AP}=\boldsymbol{\Lambda}=\mathrm{diag}(\lambda_1,\lambda_2,\cdots,\lambda_n)$，则

(i) $\lambda_1,\lambda_2,\cdots,\lambda_n$ 是 $\boldsymbol{A}$ 的 n 个特征值；

(ii) $\boldsymbol{P}$ 的第 i 个列向量 $\boldsymbol{p}_i$ 是 $\boldsymbol{A}$ 的对应于特征值 λ_i 的特征向量.

由此可推知：矩阵 $\boldsymbol{A}$ 能（相似）对角化的充要条件是 $\boldsymbol{A}$ 有 n 个线性无关的特征向量.

6. 对称矩阵的对角化

(1) 对称矩阵的性质：

(i) 对称矩阵的特征值都是实数；

(ii) 对称矩阵的对应不同特征值的特征向量正交；

(iii) 给定对称阵 $\boldsymbol{A}$，存在正交阵 $\boldsymbol{P}$，使

$$\boldsymbol{P}^{-1}\boldsymbol{AP} = \boldsymbol{P}^{\mathrm{T}}\boldsymbol{AP} = \boldsymbol{\Lambda} = \mathrm{diag}(\lambda_1,\lambda_2,\cdots,\lambda_n).$$

(2) 对称阵 $\boldsymbol{A}$ 对角化的步骤：

(i) 求出 $\boldsymbol{A}$ 的全部互不相等的特征值 $\lambda_1,\cdots,\lambda_l$，它们的重数依次为 $s_1,\cdots,s_l(s_1+\cdots+s_l=n)$；

(ii) 对每个 s_i 重特征值 λ_i，求方程 $(\boldsymbol{A}-\lambda_i\boldsymbol{E})\boldsymbol{x}=\boldsymbol{0}$ 的基础解系，得 s_i 个线性无关的特征向量. 再把它们正交化、单位化，得 s_i 个两两正交的单位特征向量. 因 $s_1+\cdots+s_l=n$，故总共可得 n 个两两正交的单位特征向量；

(iii) 用这 n 个两两正交的单位特征向量构成正交阵 $\boldsymbol{P}$，便有 $\boldsymbol{P}^{-1}\boldsymbol{AP}=\boldsymbol{P}^{\mathrm{T}}\boldsymbol{AP}=\boldsymbol{\Lambda}$.

7. 二次型化标准形

(1) 二次齐次函数

$$f(x_1,\cdots,x_n) = a_{11}x_1^2 + \cdots + a_{nn}x_n^2 + 2a_{12}x_1x_2 + \cdots + 2a_{n-1,n}x_{n-1}x_n$$

称为 n 元二次型.

令 $a_{ij}=a_{ji}$，$\boldsymbol{A}=(a_{ij})_{n\times n}$，$\boldsymbol{x}=(x_1,\cdots,x_n)^{\mathrm{T}}$，那么上列二次型的矩阵形式为

$$f(\boldsymbol{x}) = \boldsymbol{x}^{\mathrm{T}}\boldsymbol{A}\boldsymbol{x},$$

对称矩阵 $\boldsymbol{A}$ 称为二次型 f 的矩阵.并规定二次型 f 的秩为矩阵 $\boldsymbol{A}$ 的秩.

(2) 二次型研究的主要问题是：寻求可逆线性变换 $\boldsymbol{x}=\boldsymbol{C}\boldsymbol{y}$，使

$$f(\boldsymbol{C}\boldsymbol{y}) = \boldsymbol{y}^{\mathrm{T}}\boldsymbol{C}^{\mathrm{T}}\boldsymbol{A}\boldsymbol{C}\boldsymbol{y} = k_1y_1^2 + k_2y_2^2 + \cdots + k_ny_n^2.$$

这种只含平方项的二次型称为二次型的标准形.特别地，如果标准形中的系数 k_i 只在 $1,-1,0$ 三个数中取值，那么这个标准形称为二次型的规范形.

(3) 对于 n 阶矩阵 $\boldsymbol{A}$ 和 $\boldsymbol{B}$，若有可逆阵 $\boldsymbol{C}$，使 $\boldsymbol{C}^{\mathrm{T}}\boldsymbol{A}\boldsymbol{C}=\boldsymbol{B}$，则称矩阵 $\boldsymbol{A}$ 与 $\boldsymbol{B}$ 合同.把 $\boldsymbol{A}$ 化为 $\boldsymbol{B}$ 的变换称为合同变换.

对二次型 $f(\boldsymbol{x})=\boldsymbol{x}^{\mathrm{T}}\boldsymbol{A}\boldsymbol{x}$ 作可逆线性变换 $\boldsymbol{x}=\boldsymbol{C}\boldsymbol{y}$，相当于对对称阵 $\boldsymbol{A}$ 作合同变换；把二次型化成标准形相当于把对称阵 $\boldsymbol{A}$ 用合同变换化成对角阵，即寻求可逆阵 $\boldsymbol{C}$，使 $\boldsymbol{C}^{\mathrm{T}}\boldsymbol{A}\boldsymbol{C}=\mathrm{diag}(k_1,\cdots,k_n)$.

(4) 给定二次型 $f(\boldsymbol{x})=\boldsymbol{x}^{\mathrm{T}}\boldsymbol{A}\boldsymbol{x}$ $(\boldsymbol{A}^{\mathrm{T}}=\boldsymbol{A})$，存在正交变换 $\boldsymbol{x}=\boldsymbol{P}\boldsymbol{y}$，使

$$f(\boldsymbol{P}\boldsymbol{y}) = \boldsymbol{y}^{\mathrm{T}}\boldsymbol{P}^{\mathrm{T}}\boldsymbol{A}\boldsymbol{P}\boldsymbol{y} = \boldsymbol{y}^{\mathrm{T}}\boldsymbol{\Lambda}\boldsymbol{y} = \lambda_1y_1^2 + \lambda_2y_2^2 + \cdots + \lambda_ny_n^2,$$

其中 $\lambda_1,\lambda_2,\cdots,\lambda_n$ 是对称阵 $\boldsymbol{A}$ 的 n 个特征值.

(5) 配方法是化二次型成标准形(或规范形)的一种较方便的方法.

8．惯性定理、正定二次型

(1) 惯性定理　设二次型 f 的标准形为

$$f = k_1y_1^2 + \cdots + k_ry_r^2 \quad (k_i \neq 0),$$

那么系数 k_i 中正数的个数是确定的(上式中项数 r 为 f 的秩，也是确定的).

二次型 f 的标准形中正(负)系数的个数称为二次型 f 的正(负)惯性指数.

若二次型 f 的秩为 r，正惯性指数为 p，则 f 的规范形为

$$f = y_1^2 + \cdots + y_p^2 - y_{p+1}^2 - \cdots - y_r^2.$$

(2) 如果 $\forall\, \boldsymbol{x}\neq\boldsymbol{0}$，总有 $f(\boldsymbol{x})>0$（或 <0），则称二次型 f 是正定(或负定)的.并称 f 的矩阵 $\boldsymbol{A}$ 是正定(或负定)的，记作 $\boldsymbol{A}>0$（或 $\boldsymbol{A}<0$）.

$$\begin{aligned} f = \boldsymbol{x}^{\mathrm{T}}\boldsymbol{A}\boldsymbol{x}\ \text{正定} &\Leftrightarrow f\ \text{的正惯性指数}\ p = n \\ &\Leftrightarrow \boldsymbol{A}\ \text{的}\ n\ \text{个特征值全为正} \\ &\Leftrightarrow f\ \text{的规范形为}\ f = \boldsymbol{y}^{\mathrm{T}}\boldsymbol{y} \\ &\Leftrightarrow \boldsymbol{A}\ \text{合同于单位阵}\ \boldsymbol{E} \\ &\Leftrightarrow \boldsymbol{A}\ \text{的各阶主子式全为正}. \end{aligned}$$

学 习 要 点

本章的中心议题是对称矩阵的对角化问题.对称矩阵可以相似对角化，也可

以合同对角化，而求得正交阵 $\boldsymbol{P}$，使

$$\boldsymbol{P}^{-1}\boldsymbol{A}\boldsymbol{P}=\boldsymbol{P}^{\mathrm{T}}\boldsymbol{A}\boldsymbol{P}=\boldsymbol{\Lambda}=\operatorname{diag}(\lambda_1,\lambda_2,\cdots,\lambda_n),$$

这样的对角化(不妨称为正交相似)既是相似，又是合同.因此，学好本章的关键是掌握对称矩阵正交相似对角化的原理和步骤.其他概念如向量的内积、长度、正交、施密特正交化过程、正交矩阵、特征值与特征向量等等都围绕着正交相似对角化的原理和步骤这一中心议题，学这些概念是解决中心议题的需要，故在学习时要着重掌握这些概念与中心议题的联系.

二次型化标准形是对称矩阵合同对角化的直接应用，故二次型的矩阵表示是必须掌握的，这是用矩阵方法解决二次型问题的前提.由于二次型在解析几何、工程技术、经济学等各方面有广泛的应用，是一项很有用的知识，故对于用配方法化二次型成标准形(或规范型)以及惯性定理、二次型的正定性等知识需有所了解.

释 疑 解 难

问 5.1 在向量空间中定义内积有什么意义？

答 在向量空间中，向量之间的运算只定义了加法与数乘(统称为向量的线性运算).如果把三维向量空间 $\mathbb{R}^3$ 与解析几何中三维几何空间(或称欧氏空间)相比较，就会发现前者缺少向量的几何度量性质，诸如向量的长度，两向量之间的夹角，等等.但向量的几何度量性质在许多问题中(包括几何问题)有着特殊的地位.在 $\mathbb{R}^n$ 中引入向量的内积，就能合理定义向量的长度、两向量之间的夹角等，使之进一步成为一个可度量的向量空间，于是也就有了正交向量组、单位向量、规范正交基、正交矩阵和正交变换等概念.

问 5.2 下列三个矩阵

$$\boldsymbol{A}=\begin{pmatrix}1&&\\&2&\\&&0\end{pmatrix},\boldsymbol{B}=\begin{pmatrix}1&&\\&0&\\&&2\end{pmatrix},\boldsymbol{C}=\begin{pmatrix}2&&\\&0&\\&&1\end{pmatrix}$$

是否相似？

答 矩阵 $\boldsymbol{B}$ 可由交换 $\boldsymbol{A}$ 的第 2,3 列及第 2,3 行得到.令 $\boldsymbol{P}=\begin{pmatrix}1&0&0\\0&0&1\\0&1&0\end{pmatrix}$，则 $\boldsymbol{P}^{-1}=\boldsymbol{P}$，且

$$\boldsymbol{P}\boldsymbol{A}\boldsymbol{P}^{-1}=\boldsymbol{P}\boldsymbol{A}\boldsymbol{P}=\boldsymbol{B},$$

由矩阵相似的定义，知 $\boldsymbol{A}$ 与 $\boldsymbol{B}$ 相似.同理，矩阵 $\boldsymbol{B}$ 与 $\boldsymbol{C}$ 相似，再由相似关系的对

称性和传递性,三个矩阵两两相似.

把上述结论一般化:若把对角阵 $\boldsymbol{\Lambda}$ 的对角元交换次序变为对角阵 $\boldsymbol{\Lambda}_1$,则 $\boldsymbol{\Lambda}$ 与 $\boldsymbol{\Lambda}_1$ 相似.

问 5.3 若矩阵 $\boldsymbol{A}$ 与 $\boldsymbol{B}$ 相似,则它们有相同的特征值.反过来,若矩阵 $\boldsymbol{A}$ 与 $\boldsymbol{B}$ 有相同的特征值,那么:(1) 它们是否相似? (2) 在什么条件下,它们必定相似?

答 (1) 若矩阵 $\boldsymbol{A}$ 和 $\boldsymbol{B}$ 有相同的特征值,它们可能相似,如问 5.2 中矩阵 $\boldsymbol{A}$ 和 $\boldsymbol{B}$;也可能不相似,例如,取

$$\boldsymbol{A} = \boldsymbol{E} = \begin{pmatrix} 1 & 0 \\ 0 & 1 \end{pmatrix}, \quad \boldsymbol{B} = \begin{pmatrix} 1 & 1 \\ 0 & 1 \end{pmatrix}$$

则易求得两矩阵的特征值相同,均为 1.但二者不相似,因若不然,就存在 2 阶可逆阵 $\boldsymbol{P}$,使

$$\boldsymbol{B} = \boldsymbol{P}^{-1}\boldsymbol{A}\boldsymbol{P} = \boldsymbol{P}^{-1}\boldsymbol{E}\boldsymbol{P} = \boldsymbol{E},$$

与 $\boldsymbol{B} \neq \boldsymbol{E}$ 矛盾.

(2) 当 n 阶矩阵 $\boldsymbol{A}$ 和 $\boldsymbol{B}$ 都能对角化时,若它们有相同的特征值,则它们一定相似,证明如下:

设 n 阶矩阵 $\boldsymbol{A}$ 和 $\boldsymbol{B}$ 都能对角化且特征值相同.于是,$\boldsymbol{A}$ 与对角阵 $\boldsymbol{\Lambda}$ 相似,$\boldsymbol{B}$ 与对角阵 $\boldsymbol{\Lambda}_1$ 相似.由于 $\boldsymbol{\Lambda}$ 与 $\boldsymbol{\Lambda}_1$ 的对角元都是 $\boldsymbol{A}$(或 $\boldsymbol{B}$)的特征值,只是排列的次序不同,由问 5.2 知 $\boldsymbol{\Lambda}$ 与 $\boldsymbol{\Lambda}_1$ 相似,从而 $\boldsymbol{A}$ 与 $\boldsymbol{B}$ 相似.

问 5.4 方阵能相似对角化有什么意义?

答 n 阶方阵 $\boldsymbol{A}$ 能相似对角化,即存在可逆阵 $\boldsymbol{P}$,使

$$\boldsymbol{P}^{-1}\boldsymbol{A}\boldsymbol{P} = \boldsymbol{\Lambda} = \operatorname{diag}(\lambda_1, \cdots, \lambda_n) \tag{5.1}$$

是 $\boldsymbol{A}$ 自身所固有的重要属性,它的意义可初步归纳为

(1) (5.1)式中 $\boldsymbol{\Lambda}$ 的对角元必定是 $\boldsymbol{A}$ 的 n 个特征值.于是在不计较 $\boldsymbol{\Lambda}$ 的对角元次序的意义下,$\boldsymbol{\Lambda}$ 由 $\boldsymbol{A}$ 惟一确定,而且(5.1)式中矩阵 $\boldsymbol{P}$ 的列向量组的结构完全由 $\boldsymbol{\Lambda}$,从而也就由 $\boldsymbol{A}$ 确定,即有 $\boldsymbol{A}\boldsymbol{p}_j = \lambda_j \boldsymbol{p}_j$,也即矩阵 $\boldsymbol{P}$ 的第 j 个列向量是对应特征值 λ_j 的特征向量,并且这 n 个特征向量构成的向量组是线性无关的.

(2) $\boldsymbol{A}$ 能对角化的作用表现在 $\boldsymbol{A}$ 的多项式 $\varphi(\boldsymbol{A})$ 的计算上.若(5.1)式成立,则

$$\begin{aligned} \boldsymbol{A} &= \boldsymbol{P}\boldsymbol{\Lambda}\boldsymbol{P}^{-1} \\ &\Rightarrow \varphi(\boldsymbol{A}) = \boldsymbol{P}\varphi(\boldsymbol{\Lambda})\boldsymbol{P}^{-1} = \boldsymbol{P}(\operatorname{diag}(\varphi(\lambda_1), \cdots, \varphi(\lambda_n)))\boldsymbol{P}^{-1}, \end{aligned}$$

即 $\boldsymbol{A}$ 的多项式可通过同一多项式的数值计算而得到(详见教材或例 8 之析).以上两点在本章的学习中占有重要地位.

(3) 若 $\boldsymbol{A}$ 为对称阵,则 $\boldsymbol{A}$ 必定能正交相似对角化;与 $\boldsymbol{A}$ 对应的二次型 $f=$

$x^{\mathrm{T}}Ax$ 必定能通过正交变换将它化为标准形.

问 5.5 若 n 阶矩阵 A 的秩 $R(A)=r<n$,那么,(1) $\lambda=0$ 是不是 A 的 $n-r$ 重特征值?(2) 什么情形下,$\lambda=0$ 一定是 A 的 $n-r$ 重特征值?

答 (1) $\lambda=0$ 一定是 A 的特征值,但不一定是 $n-r$ 重,$n-r$ 是对应特征值 0 的线性无关特征向量的个数.例如

令 $A=\begin{pmatrix}0&1\\0&0\end{pmatrix}$,那么 $R(A)=1,n-r=1$,0 是 A 的二重特征值但不是 $n-r$ 重的;

令 $A=\begin{pmatrix}0&0\\0&0\end{pmatrix}$,那么 $R(A)=0,n-r=2$,而 0 恰好是 A 的二重特征值.

(2) 若 A 能对角化,特别若 A 为对称阵,那么 0 一定是 A 的 $n-r$ 重特征值.说明如下:设有可逆阵 P 使

$$P^{-1}AP=\Lambda=\operatorname{diag}(\lambda_1,\lambda_2,\cdots,\lambda_n),\lambda_1,\lambda_2,\cdots,\lambda_n \text{ 为特征值},$$

那么
$$R(A)=R(\Lambda)=\lambda_1,\lambda_2,\cdots,\lambda_n \text{ 中非零个数},$$

于是
$$\begin{aligned}n-r=n-R(A)&=\lambda_1,\lambda_2,\cdots,\lambda_n \text{ 中零的个数}\\&=\text{特征值 }\lambda=0\text{ 的重数}.\end{aligned}$$

例题剖析与增补

例 3 已知 $a_1=\begin{pmatrix}1\\1\\1\end{pmatrix}$,求一组非零向量 a_2,a_3,使 a_1,a_2,a_3 两两正交.

析 求解本例的第一步是把所提问题归结为求一个齐次线性方程的正交基础解系.求齐次线性方程的正交基础解系是一个常见的问题,本例给出了这个问题的一种解法:先求出一个基础解系,再用施密特正交化过程把所求得的基础解系正交化,便得正交基础解系.

例 6 求矩阵 $A=\begin{pmatrix}-1&1&0\\-4&3&0\\1&0&2\end{pmatrix}$ 的特征值和特征向量.

例 7 求矩阵 $A=\begin{pmatrix}-2&1&1\\0&2&0\\-4&1&3\end{pmatrix}$ 的特征值和特征向量.

析 此两例属于同一类型,解题方法与步骤也完全一致,把它们接连放在一起,意在强调其结果的差异,为下节的理论学习提供具体的实例.

例 6 中，对应于二重特征值 $\lambda=1$ 仅有一个线性无关特征向量，从而 $\boldsymbol{A}$ 只有两个线性无关特征向量，由定理 4 知它不可对角化；例 7 中，对应于二重特征值 $\lambda=2$ 有两个线性无关特征向量，从而 $\boldsymbol{A}$ 有 3 个线性无关的特征向量，由定理 4 知它可对角化.

例 8 设 λ 是方阵 $\boldsymbol{A}$ 的特征值，证明

(1) λ^2 是 $\boldsymbol{A}^2$ 的特征值；(2) 当 $\boldsymbol{A}$ 可逆时，$\dfrac{1}{\lambda}$是 $\boldsymbol{A}^{-1}$ 的特征值.

例 9 设 3 阶矩阵 $\boldsymbol{A}$ 的特征值为 1，-1，2，求 $\boldsymbol{A}^*+3\boldsymbol{A}-2\boldsymbol{E}$ 的特征值.

析 此两例的目的是熟悉特征值的一个重要性质，即

设 $\varphi(x)$ 为 x 的 m 次多项式：$\varphi(x)=a_0+a_1x+\cdots+a_mx^m$，那么，当 λ 是 $\boldsymbol{A}$ 的特征值时，

(i) $\varphi(\lambda)$ 是矩阵 $\varphi(\boldsymbol{A})=a_0\boldsymbol{E}+a_1\boldsymbol{A}+\cdots+a_m\boldsymbol{A}^m$ 的特征值；

(ii) 当 $\boldsymbol{A}$ 可逆时，$\lambda^{-k}\varphi(\lambda)$ 是矩阵 $\boldsymbol{A}^{-k}\varphi(\boldsymbol{A})$ 的特征值.

特征值的这一重要而优良的性质，使计算 $\boldsymbol{A}$ 和 $\boldsymbol{A}^{-1}$（当 $\boldsymbol{A}$ 可逆时）的幂次及多项式的特征值变得特别方便，因为它归结为对应多项式数值的计算.

例 11 设 $\boldsymbol{A}=\begin{pmatrix}0&0&1\\1&1&x\\1&0&0\end{pmatrix}$，问 x 取何值时，矩阵 $\boldsymbol{A}$ 能对角化？

析 本例是定理 4 的应用. 定理 4 表明：n 阶矩阵 $\boldsymbol{A}$ 可对角化的充要条件是 $\boldsymbol{A}$ 有 n 个线性无关的特征向量. 由此容易推导出另一个充要条件：对 $\boldsymbol{A}$ 的每个不同的特征值 λ_i，λ_i 的重数 = 对应线性无关特征向量的个数 $=n-R(\boldsymbol{A}-\lambda_i\boldsymbol{E})$. 于是本例 x 取值的问题就转化为二重特征值 $\lambda=1$ 应满足 $R(\boldsymbol{A}-\boldsymbol{E})=3-2=1$，从而求得 x.

矩阵能否对角化，取决于它的线性无关特征向量的个数，而与 $\boldsymbol{A}$ 的秩、$\boldsymbol{A}$ 的行列式均无关. 尽管本例在解题中也用到行列式及初等行变换，但前者的对象是 $|\boldsymbol{A}-\lambda\boldsymbol{E}|$，目的是求特征值；后者的对象是 $\boldsymbol{A}-\boldsymbol{E}$，目的是求 x，使 $R(\boldsymbol{A}-\boldsymbol{E})=1$，从而使对应 $\lambda=1$ 的线性无关特征向量的个数为 2.

例 12 设
$$\boldsymbol{A}=\begin{pmatrix}0&-1&1\\-1&0&1\\1&1&0\end{pmatrix},$$
求一个正交阵 $\boldsymbol{P}$，使 $\boldsymbol{P}^{-1}\boldsymbol{A}\boldsymbol{P}=\boldsymbol{\Lambda}$ 为对角阵.

析 对称阵正交相似对角化的原理和步骤是本章的中心问题，本例是这一中心问题的示范，它完整地显示出正交相似对角化的步骤，因此，它是本章中重要的例题. 读者应予以充分的重视，掌握其全过程，并明确每个步骤的必要性和依据.

例 13 设 $\boldsymbol{A}=\begin{pmatrix}2 & -1\\ -1 & 2\end{pmatrix}$,求 $\boldsymbol{A}^n$.

析 本例的目的是掌握用矩阵对角化理论计算矩阵的幂及多项式.若 $\boldsymbol{P}^{-1}\boldsymbol{AP}=\boldsymbol{\Lambda}$ (即 $\boldsymbol{A}=\boldsymbol{P\Lambda P}^{-1}$),则 $\boldsymbol{A}^k=\boldsymbol{P\Lambda}^k\boldsymbol{P}^{-1}=\boldsymbol{P}\mathrm{diag}(\lambda_1^k,\cdots,\lambda_n^k)\boldsymbol{P}^{-1}$,详见问 5.4.

将第二章例 13 和例 14 与本例相比较,前者给出关系式 $\boldsymbol{AP}=\boldsymbol{P\Lambda}$、矩阵 $\boldsymbol{P}$ 和 $\boldsymbol{\Lambda}$.从本章观点看,就是给出条件(1) $\boldsymbol{A}$ 可对角化;(2) $\boldsymbol{A}$ 的相似对角阵 $\boldsymbol{\Lambda}$;(3) 相似变换过渡矩阵 $\boldsymbol{P}$.后者则更具理论性和实践性:已知 $\boldsymbol{A}$,通过计算 $\boldsymbol{\Lambda}$ 和 $\boldsymbol{P}$,求 $\boldsymbol{A}^n$(自然假设 $\boldsymbol{A}$ 可对角化).因此尽管两者都是求 $\boldsymbol{A}$ 的幂,形象地说前者是矩阵乘法的练习,后者是理论指导下的计算.

例 14 求一个正交变换 $\boldsymbol{x}=\boldsymbol{Py}$,把二次型 $f=-2x_1x_2+2x_1x_3+2x_2x_3$ 化为标准形.

析 本例的目的是熟悉化二次型为标准形的"标准程序",它是在教材关于对称阵 $\boldsymbol{A}$ 对角化的步骤(1)、(2)、(3)之前和之后各增加一个步骤:

(0) 写出 f 的矩阵 $\boldsymbol{A}$,它是对称阵;

(4) 在求得正交阵 $\boldsymbol{P}$ 之后,令 $\boldsymbol{x}=\boldsymbol{Py}$,得到 f 的标准形

$$f(\boldsymbol{y})=\lambda_1y_1^2+\cdots+\lambda_ny_n^2,$$

这里 $\lambda_1,\cdots,\lambda_n$ 为 $\boldsymbol{A}$ 的特征值,其次序与对角阵 $\boldsymbol{\Lambda}$ 的对角元次序一致.

例 5.1 若非零向量 $\boldsymbol{\beta}$ 与 n 维向量组 $A:\boldsymbol{\alpha}_1,\boldsymbol{\alpha}_2,\cdots,\boldsymbol{\alpha}_n$ 中向量都正交,则向量组 A 必线性相关.

证 本题也即表明在向量空间 $\mathbb{R}^n$ 中同时与一个非零向量正交的线性无关的向量至多是 $n-1$ 个.这在三维欧氏空间 $\mathbb{R}^3$ 中是显然的.用反证法.

若向量组 A 线性无关,因$(n+1)$个向量的向量组 $\boldsymbol{\alpha}_1,\boldsymbol{\alpha}_2,\cdots,\boldsymbol{\alpha}_n,\boldsymbol{\beta}$ 必线性相关.于是,向量 $\boldsymbol{\beta}$ 必可由向量组 A 线性表示为

$$\boldsymbol{\beta}=k_1\boldsymbol{\alpha}_1+k_2\boldsymbol{\alpha}_2+\cdots+k_n\boldsymbol{\alpha}_n.$$

用此表示式计算向量 $\boldsymbol{\beta}$ 的长度,并利用$[\boldsymbol{\alpha}_i,\boldsymbol{\beta}]=0\ (i=1,2,\cdots,n)$得

$$\begin{aligned}\|\boldsymbol{\beta}\|^2&=[\boldsymbol{\beta},\boldsymbol{\beta}]=[k_1\boldsymbol{\alpha}_1+\cdots+k_n\boldsymbol{\alpha}_n,\boldsymbol{\beta}]\\&=k_1[\boldsymbol{\alpha}_1,\boldsymbol{\beta}]+\cdots+k_n[\boldsymbol{\alpha}_n,\boldsymbol{\beta}]=0,\end{aligned}$$

由向量长度性质知 $\boldsymbol{\beta}=\boldsymbol{0}$,此与 $\boldsymbol{\beta}$ 为非零向量矛盾.

例 5.2 设 $\boldsymbol{A}$ 是 n 阶矩阵,$\lambda=2,4,\cdots,2n$ 是 $\boldsymbol{A}$ 的 n 个特征值,求行列式 $|\boldsymbol{A}-3\boldsymbol{E}|$的值.

解一 设 λ 是 $\boldsymbol{A}$ 的特征值,则 $\lambda-3$ 是矩阵 $\boldsymbol{A}-3\boldsymbol{E}$ 的特征值.于是,由 $\boldsymbol{A}$ 有特征值 $2,4,\cdots,2n$ 知矩阵 $\boldsymbol{A}-3\boldsymbol{E}$ 就有特征值 $-1,1,\cdots,2n-3$,并且是它的全部特征值.

又由特征值的性质得

$$
\begin{aligned}
|A-3E| &= \text{它的全部特征值之积} \\
&= (-1)\times 1\times\cdots\times(2n-3) \\
&= -3\times 5\times\cdots\times(2n-3) = -(2n-3)!!.
\end{aligned}
$$

解二　根据矩阵可对角化求解.

因为 $\boldsymbol{A}$ 有 n 个不同的特征值,所以 $\boldsymbol{A}$ 可对角化,即存在可逆矩阵 $\boldsymbol{P}$,使

$$
\begin{aligned}
&\boldsymbol{P}^{-1}\boldsymbol{AP} = \operatorname{diag}(2,4,\cdots,2n) \\
\Rightarrow &\boldsymbol{A} = \boldsymbol{P}\operatorname{diag}(2,4,\cdots,2n)\boldsymbol{P}^{-1} \\
\Rightarrow &\boldsymbol{A}-3\boldsymbol{E} = \boldsymbol{P}[\operatorname{diag}(2,4,\cdots,2n)-3\boldsymbol{E}]\boldsymbol{P}^{-1}.
\end{aligned}
$$

上式的两边取行列式,并由矩阵取行列式性质,得

$$
\begin{aligned}
|\boldsymbol{A}-3\boldsymbol{E}| &= |\boldsymbol{P}|\begin{vmatrix}-1 & & \\ & \ddots & \\ & & 2n-3\end{vmatrix}|\boldsymbol{P}^{-1}| \\
&= -|\boldsymbol{P}|\cdot|\boldsymbol{P}^{-1}|(3\times 5\times\cdots\times(2n-3)) \\
&= -|\boldsymbol{PP}^{-1}|(3\times 5\times\cdots\times(2n-3)) \\
&= -3\times 5\times\cdots\times(2n-3) = -(2n-3)!!.
\end{aligned}
$$

例 5.3　设 $\boldsymbol{A}$ 是 n 阶对称阵,$\boldsymbol{P}$ 是 n 阶可逆阵.已知 n 维列向量 $\boldsymbol{\alpha}$ 是 $\boldsymbol{A}$ 的对应于特征值 λ 的特征向量,求矩阵 $(\boldsymbol{P}^{-1}\boldsymbol{AP})^{\mathrm{T}}$ 对应于特征值 λ 的特征向量.

解　记 $\boldsymbol{B}=(\boldsymbol{P}^{-1}\boldsymbol{AP})^{\mathrm{T}}$,则有

$$
\boldsymbol{B} = (\boldsymbol{P}^{-1}\boldsymbol{AP})^{\mathrm{T}} = \boldsymbol{P}^{\mathrm{T}}\boldsymbol{A}^{\mathrm{T}}(\boldsymbol{P}^{-1})^{\mathrm{T}} = \boldsymbol{P}^{\mathrm{T}}\boldsymbol{A}(\boldsymbol{P}^{\mathrm{T}})^{-1},
$$

它表明矩阵 $\boldsymbol{B}$ 与 $\boldsymbol{A}$ 相似,从而 λ 是 $\boldsymbol{B}$ 的一个特征值.

设 $\boldsymbol{\xi}\neq\boldsymbol{0}$ 是矩阵 $\boldsymbol{B}$ 的对应于特征值 λ 的特征向量,即有

$$
\begin{aligned}
&\boldsymbol{B\xi} = \lambda\boldsymbol{\xi} \\
\Leftrightarrow &\boldsymbol{P}^{\mathrm{T}}\boldsymbol{A}(\boldsymbol{P}^{\mathrm{T}})^{-1}\boldsymbol{\xi} = \lambda\boldsymbol{\xi} \\
\Leftrightarrow &\boldsymbol{A}(\boldsymbol{P}^{\mathrm{T}})^{-1}\boldsymbol{\xi} = \lambda(\boldsymbol{P}^{\mathrm{T}})^{-1}\boldsymbol{\xi}
\end{aligned}
$$

$\Leftrightarrow(\boldsymbol{P}^{\mathrm{T}})^{-1}\boldsymbol{\xi}$ 是 $\boldsymbol{A}$ 的对应于特征值 λ 的特征向量,

于是令 $(\boldsymbol{P}^{\mathrm{T}})^{-1}\boldsymbol{\xi}=\boldsymbol{\alpha}$,即 $\boldsymbol{\xi}=\boldsymbol{P}^{\mathrm{T}}\boldsymbol{\alpha}$,则 $\boldsymbol{\xi}\neq\boldsymbol{0}$,且是矩阵 $(\boldsymbol{P}^{-1}\boldsymbol{AP})^{\mathrm{T}}$ 的对应于特征值 λ 的特征向量.

例 5.4　设 3 阶方阵 $\boldsymbol{A}$ 的特征值 $\lambda_1=1,\lambda_2=2,\lambda_3=3$,对应的特征向量 $\boldsymbol{\xi}_1=(1,1,1)^{\mathrm{T}},\boldsymbol{\xi}_2=(1,2,4)^{\mathrm{T}},\boldsymbol{\xi}_3=(1,3,9)^{\mathrm{T}}$.又向量 $\boldsymbol{\beta}=(1,1,3)^{\mathrm{T}}$,求 $\boldsymbol{A}^n\boldsymbol{\beta}$.

解一　利用矩阵 $\boldsymbol{A}$ 的相似对角阵求 $\boldsymbol{A}^n$.

因 $\boldsymbol{A}$ 的 3 个特征值相异,于是 $\boldsymbol{A}$ 必能对角化.记矩阵 $\boldsymbol{P}=(\boldsymbol{\xi}_1,\boldsymbol{\xi}_2,\boldsymbol{\xi}_3)$,则 $\boldsymbol{P}$ 可逆,且

$$
\boldsymbol{P}^{-1}\boldsymbol{AP} = \operatorname{diag}(1,2,3) = \boldsymbol{\Lambda},
$$

也即
$$A = P\Lambda P^{-1}.$$
于是
$$A^n = P\Lambda^n P^{-1},$$
从而
$$A^n\beta = P\Lambda^n P^{-1}\beta.$$

先利用初等行变换求出 $P^{-1}\beta$：

$$(P,\beta) = \begin{pmatrix} 1 & 1 & 1 & 1 \\ 1 & 2 & 3 & 1 \\ 1 & 4 & 9 & 3 \end{pmatrix} \overset{r}{\sim} \begin{pmatrix} 1 & 0 & 0 & 2 \\ 0 & 1 & 0 & -2 \\ 0 & 0 & 1 & 1 \end{pmatrix},$$

得 $P^{-1}\beta = \begin{pmatrix} 2 \\ -2 \\ 1 \end{pmatrix}$，于是

$$A^n\beta = \begin{pmatrix} 1 & 1 & 1 \\ 1 & 2 & 3 \\ 1 & 4 & 9 \end{pmatrix} \begin{pmatrix} 1 & & \\ & 2^n & \\ & & 3^n \end{pmatrix} \begin{pmatrix} 2 \\ -2 \\ 1 \end{pmatrix}$$
$$= \begin{pmatrix} 2 - 2^{n+1} + 3^n \\ 2 - 2^{n+2} + 3^{n+1} \\ 2 - 2^{n+3} + 3^{n+2} \end{pmatrix}.$$

解二 将向量 β 用向量组 ξ_1,ξ_2,ξ_3 线性表示，再根据特征向量的定义求解.

因 ξ_1,ξ_2,ξ_3 是对应于不同特征值的特征向量，故向量组 ξ_1,ξ_2,ξ_3 线性无关，于是向量 β 必可由此向量组（惟一地）线性表示，它的表示式可由矩阵的初等行变换得到

$$(\xi_1,\xi_2,\xi_3,\beta) = \begin{pmatrix} 1 & 1 & 1 & 1 \\ 1 & 2 & 3 & 1 \\ 1 & 4 & 9 & 3 \end{pmatrix} \overset{r}{\sim} \begin{pmatrix} 1 & 0 & 0 & 2 \\ 0 & 1 & 0 & -2 \\ 0 & 0 & 1 & 1 \end{pmatrix},$$

于是
$$\beta = 2\xi_1 - 2\xi_2 + \xi_3.$$
用 A 左乘上式两边，并由 $\xi_i\ (1\leqslant i\leqslant 3)$ 是特征向量，因而有
$$A\beta = 2A\xi_1 - 2A\xi_2 + A\xi_3 = 2\lambda_1\xi_1 - 2\lambda_2\xi_2 + \lambda_3\xi_3,$$
同理可得
$$A^n\beta = 2\lambda_1^n\xi_1 - 2\lambda_2^n\xi_2 + \lambda_3^n\xi_3 = 2\xi_1 - 2^{n+1}\xi_2 + 3^n\xi_3$$
$$= \begin{pmatrix} 2-2^{n+1}+3^n \\ 2-2^{n+2}+3^{n+1} \\ 2-2^{n+3}+3^{n+2} \end{pmatrix}.$$

例 5.5 已知二次型
$$f = 5x_1^2 + 5x_2^2 + ax_3^2 - 2x_1x_2 + 6x_1x_3 - 6x_2x_3$$

的秩为 2.

(1) 求参数 a 以及此二次型对应矩阵的特征值;

(2) 指出 $f(x_1,x_2,x_3)=1$ 表示何种曲面.

解　(1) 二次型 f 的矩阵

$$\boldsymbol{A}=\begin{pmatrix}5&-1&3\\-1&5&-3\\3&-3&a\end{pmatrix}\overset{r}{\sim}\begin{pmatrix}-1&5&-3\\0&2&-1\\0&0&a-3\end{pmatrix},$$

因 f 的秩为 2,也即矩阵 $\boldsymbol{A}$ 的秩为 2,由上式知 $a=3$.

当 $a=3$ 时,$\boldsymbol{A}$ 的特征多项式

$$|\boldsymbol{A}-\lambda\boldsymbol{E}|=\begin{vmatrix}5-\lambda&-1&3\\-1&5-\lambda&-3\\3&-3&3-\lambda\end{vmatrix}\xlongequal[r_1\div(4-\lambda)]{r_1+r_2}(4-\lambda)\begin{vmatrix}1&1&0\\-1&5-\lambda&-3\\3&-3&3-\lambda\end{vmatrix}$$

$$\xlongequal{c_2-c_1}(4-\lambda)\begin{vmatrix}1&0&0\\-1&6-\lambda&-3\\3&-6&3-\lambda\end{vmatrix}=-\lambda(\lambda-4)(\lambda-9),$$

于是,$\boldsymbol{A}$ 的特征值 $\lambda_1=0,\lambda_2=4,\lambda_3=9$.

(2) 由定理 8 知,必存在正交变换 $\begin{pmatrix}x_1\\x_2\\x_3\end{pmatrix}=\boldsymbol{P}\begin{pmatrix}y_1\\y_2\\y_3\end{pmatrix}$,其中 $\boldsymbol{P}$ 为正交矩阵,使二次型在新变量 y_1,y_2,y_3 下成为标准形

$$f=4y_2^2+9y_3^2.$$

于是,曲面 $f(x_1,x_2,x_3)=1\Leftrightarrow 4y_2^2+9y_3^2=1$. 此方程在几何上表示准线是 y_2Oy_3 平面上椭圆、母线平行于 y_1 轴的椭圆柱面.

例 5.6　下列矩阵中,与矩阵

$$\boldsymbol{A}=\begin{pmatrix}1&2&0\\2&1&0\\0&0&1\end{pmatrix}$$

合同的矩阵是哪一个? 为什么?

(a) $\begin{pmatrix}1&&\\&1&\\&&1\end{pmatrix}$;　(b) $\begin{pmatrix}1&&\\&1&\\&&-1\end{pmatrix}$;

(c) $\begin{pmatrix}1&&\\&-1&\\&&-1\end{pmatrix}$;　(d) $\begin{pmatrix}-1&&\\&-1&\\&&-1\end{pmatrix}$.

答 应选(b).理由是:

易求得 $\boldsymbol{A}$ 的特征值是 $\lambda_1=1,\lambda_2=-1,\lambda_3=3$,于是,$\boldsymbol{A}$ 所对应的二次型的标准形中正项项数(正惯性指数)$p=2$,负项项数(负惯性指数)$q=1$.

合同的二次型应有相同的正、负惯性指数,故选(b).

例 5.7 设 $\boldsymbol{A}$ 为 3 阶对称阵,$\boldsymbol{A}$ 的秩 $R(\boldsymbol{A})=2$,且满足条件

$$\boldsymbol{A}^3+2\boldsymbol{A}^2=\boldsymbol{O}.$$

(1) 求 $\boldsymbol{A}$ 的全部特征值;(2) 当 k 为何值时,$\boldsymbol{A}+k\boldsymbol{E}$ 为正定矩阵?

解 (1) 设 λ 是 $\boldsymbol{A}$ 的特征值,由题设知 λ 必满足

$$\lambda^3+2\lambda^2=0\Rightarrow\lambda=-2 \text{ 或 } \lambda=0.$$

上式说明 $\boldsymbol{A}$ 的特征值只可能是 -2 和 0,但到底有没有特征值 -2? 有几个? 这需要进一步讨论.

因为 $\boldsymbol{A}$ 是对称阵,故 $\boldsymbol{A}$ 必相似于对角阵 $\boldsymbol{\Lambda}$;又因 $R(\boldsymbol{A})=2$,从而 $R(\boldsymbol{\Lambda})=2$,于是,$\boldsymbol{\Lambda}$ 的对角元素中恰好有两个 -2,一个 0.据此,$\boldsymbol{A}$ 的特征值为 $\lambda_1=\lambda_2=-2,\lambda_3=0$.

(2) 首先注意到,对任意的 k,因 $\boldsymbol{A}$ 是对称阵,$\boldsymbol{A}+k\boldsymbol{E}$ 仍是对称阵,故只需令 $\boldsymbol{A}+k\boldsymbol{E}$ 的特征值全为正即可.

由(1) $\boldsymbol{A}$ 的特征值为 $-2,-2,0$

$\Rightarrow\boldsymbol{A}+k\boldsymbol{E}$ 的特征值为 $-2+k,-2+k,k$

$\Rightarrow$当 $k>2$ 时,$\boldsymbol{A}+k\boldsymbol{E}$ 的特征值全为正

$\Rightarrow$当 $k>2$ 时,$\boldsymbol{A}+k\boldsymbol{E}$ 为正定矩阵.

习题解答

1. 设 $\boldsymbol{a}=\begin{pmatrix}1\\0\\-2\end{pmatrix},\boldsymbol{b}=\begin{pmatrix}-4\\2\\3\end{pmatrix}$,$\boldsymbol{c}$ 与 $\boldsymbol{a}$ 正交,且 $\boldsymbol{b}=\lambda\boldsymbol{a}+\boldsymbol{c}$,求 λ 和 $\boldsymbol{c}$.

解 以 $\boldsymbol{a}^{\mathrm{T}}$ 左乘题设关系式得

$$\boldsymbol{a}^{\mathrm{T}}\boldsymbol{b}=\lambda\boldsymbol{a}^{\mathrm{T}}\boldsymbol{a}+\boldsymbol{a}^{\mathrm{T}}\boldsymbol{c},$$

因 $\boldsymbol{a}$ 与 $\boldsymbol{c}$ 正交,有 $\boldsymbol{a}^{\mathrm{T}}\boldsymbol{c}=0$;$\boldsymbol{a}\neq\boldsymbol{0}$,有 $\boldsymbol{a}^{\mathrm{T}}\boldsymbol{a}\neq0$,故得

$$\lambda=\frac{\boldsymbol{a}^{\mathrm{T}}\boldsymbol{b}}{\boldsymbol{a}^{\mathrm{T}}\boldsymbol{a}}=\frac{-10}{5}=-2,$$

而

$$\boldsymbol{c}=\boldsymbol{b}-\lambda\boldsymbol{a}=\begin{pmatrix}-4\\2\\3\end{pmatrix}+2\begin{pmatrix}1\\0\\-2\end{pmatrix}=\begin{pmatrix}-2\\2\\-1\end{pmatrix}.$$

2. 试用施密特法把下列向量组正交化:

(1) $(\boldsymbol{a}_1,\boldsymbol{a}_2,\boldsymbol{a}_3)=\begin{pmatrix}1&1&1\\1&2&4\\1&3&9\end{pmatrix}$;

(2) $(\boldsymbol{a}_1,\boldsymbol{a}_2,\boldsymbol{a}_3)=\begin{pmatrix}1&1&-1\\0&-1&1\\-1&0&1\\1&1&0\end{pmatrix}$.

解　(1) $\boldsymbol{b}_1=\boldsymbol{a}_1=\begin{pmatrix}1\\1\\1\end{pmatrix}$,

$$\boldsymbol{b}_2=\boldsymbol{a}_2-\frac{[\boldsymbol{b}_1,\boldsymbol{a}_2]}{[\boldsymbol{b}_1,\boldsymbol{b}_1]}\boldsymbol{b}_1=\begin{pmatrix}1\\2\\3\end{pmatrix}-\frac{6}{3}\begin{pmatrix}1\\1\\1\end{pmatrix}=\begin{pmatrix}1\\2\\3\end{pmatrix}-\begin{pmatrix}2\\2\\2\end{pmatrix}=\begin{pmatrix}-1\\0\\1\end{pmatrix},$$

$$\boldsymbol{b}_3=\boldsymbol{a}_3-\frac{[\boldsymbol{b}_1,\boldsymbol{a}_3]}{[\boldsymbol{b}_1,\boldsymbol{b}_1]}\boldsymbol{b}_1-\frac{[\boldsymbol{b}_2,\boldsymbol{a}_3]}{[\boldsymbol{b}_2,\boldsymbol{b}_2]}\boldsymbol{b}_2=\begin{pmatrix}1\\4\\9\end{pmatrix}-\frac{14}{3}\begin{pmatrix}1\\1\\1\end{pmatrix}-\frac{8}{2}\begin{pmatrix}-1\\0\\1\end{pmatrix}=\frac{1}{3}\begin{pmatrix}1\\-2\\1\end{pmatrix}.$$

(2) $\boldsymbol{b}_1=\boldsymbol{a}_1=\begin{pmatrix}1\\0\\-1\\1\end{pmatrix}$,

$$\boldsymbol{b}_2=\boldsymbol{a}_2-\frac{[\boldsymbol{b}_1,\boldsymbol{a}_2]}{[\boldsymbol{b}_1,\boldsymbol{b}_1]}\boldsymbol{b}_1=\begin{pmatrix}1\\-1\\0\\1\end{pmatrix}-\frac{2}{3}\begin{pmatrix}1\\0\\-1\\1\end{pmatrix}=\frac{1}{3}\begin{pmatrix}1\\-3\\2\\1\end{pmatrix},$$

$$\boldsymbol{b}_3=\boldsymbol{a}_3-\frac{[\boldsymbol{b}_1,\boldsymbol{a}_3]}{[\boldsymbol{b}_1,\boldsymbol{b}_1]}\boldsymbol{b}_1-\frac{[\boldsymbol{b}_2,\boldsymbol{a}_3]}{[\boldsymbol{b}_2,\boldsymbol{b}_2]}\boldsymbol{b}_2=\begin{pmatrix}-1\\1\\1\\0\end{pmatrix}+\frac{2}{3}\begin{pmatrix}1\\0\\-1\\1\end{pmatrix}+\frac{2}{15}\begin{pmatrix}1\\-3\\2\\1\end{pmatrix}=\frac{1}{5}\begin{pmatrix}-1\\3\\3\\4\end{pmatrix}.$$

3. 下列矩阵是不是正交矩阵？并说明理由：

(1) $\begin{pmatrix}1&-\frac{1}{2}&\frac{1}{3}\\-\frac{1}{2}&1&\frac{1}{2}\\\frac{1}{3}&\frac{1}{2}&-1\end{pmatrix}$;　(2) $\begin{pmatrix}\frac{1}{9}&-\frac{8}{9}&-\frac{4}{9}\\-\frac{8}{9}&\frac{1}{9}&-\frac{4}{9}\\-\frac{4}{9}&-\frac{4}{9}&\frac{7}{9}\end{pmatrix}$.

解　(1) 不是，因第 1 个列向量不是单位向量；

(2) 是,因为此矩阵的 3 个列向量构成规范正交基,即它们两两正交,并且都是单位向量.

4. 设 x 为 n 维列向量,$x^T x=1$,令 $H=E-2xx^T$,证明 H 是对称的正交阵.

证 对称性:$H^T=(E-2xx^T)^T=E-2xx^T=H$.

正交性:

$$\begin{aligned} H^TH &= H^2 \text{(由 } H \text{ 的对称性)} \\ &=(E-2xx^T)(E-2xx^T) \\ &=E-4xx^T+4(xx^T)(xx^T) \\ &=E-4xx^T+4x(x^Tx)x^T \quad \text{(矩阵乘法结合律)} \\ &=E \quad (x^Tx=1). \end{aligned}$$

注 本题即第二章例 8.

5. 设 A,B 都是正交阵,证明 AB 也是正交阵.

证一 因

$$\begin{aligned} (AB)(AB)^T &=(AB)(B^TA^T) \\ &=A(BB^T)A^T \\ &=AA^T \quad (BB^T=E) \\ &=E \quad (AA^T=E), \end{aligned}$$

由定义,知 AB 为正交阵.

证二 因 A,B 为正交阵,故 A,B 均可逆,且 $A^{-1}=A^T,B^{-1}=B^T$. 于是 AB 可逆,且有

$$(AB)^{-1}=B^{-1}A^{-1}=B^TA^T=(AB)^T,$$

从而 AB 是正交阵.

6. 求下列矩阵的特征值和特征向量:

(1) $\begin{pmatrix} 2 & -1 & 2 \\ 5 & -3 & 3 \\ -1 & 0 & -2 \end{pmatrix}$; (2) $\begin{pmatrix} 1 & 2 & 3 \\ 2 & 1 & 3 \\ 3 & 3 & 6 \end{pmatrix}$; (3) $\begin{pmatrix} 0 & 0 & 0 & 1 \\ 0 & 0 & 1 & 0 \\ 0 & 1 & 0 & 0 \\ 1 & 0 & 0 & 0 \end{pmatrix}$.

解 (1)

$$|A-\lambda E|=\begin{vmatrix} 2-\lambda & -1 & 2 \\ 5 & -3-\lambda & 3 \\ -1 & 0 & -2-\lambda \end{vmatrix}$$

$$\xlongequal{c_3-(\lambda+2)c_1}\begin{vmatrix} 2-\lambda & -1 & \lambda^2-2 \\ 5 & -3-\lambda & -7-5\lambda \\ -1 & 0 & 0 \end{vmatrix}$$

$$\xlongequal{\text{按 } r_3 \text{ 展开}}\begin{vmatrix} -1 & \lambda^2-2 \\ 3+\lambda & 7+5\lambda \end{vmatrix}\xlongequal[c_2\div(1+\lambda)]{c_2-c_1}(1+\lambda)\begin{vmatrix} -1 & \lambda-1 \\ 3+\lambda & 4 \end{vmatrix}$$

$$=-(1+\lambda)^3,$$

所以 A 的特征值为 $\lambda_1=\lambda_2=\lambda_3=-1$（三重根）.

对于特征值 -1，解方程 $(A+E)x=0$. 因

$$A+E=\begin{pmatrix}3&-1&2\\5&-2&3\\-1&0&-1\end{pmatrix}\overset{r}{\sim}\begin{pmatrix}1&0&1\\0&1&1\\0&0&0\end{pmatrix},$$

得特征向量 $p=\begin{pmatrix}-1\\-1\\1\end{pmatrix}$.

注 请读者注意，在求特征值时，尽量避免对三次多项式作因式分解.

(2) $$|A-\lambda E|=\begin{vmatrix}1-\lambda&2&3\\2&1-\lambda&3\\3&3&6-\lambda\end{vmatrix}\xlongequal{c_1-c_2}\begin{vmatrix}-(1+\lambda)&2&3\\1+\lambda&1-\lambda&3\\0&3&6-\lambda\end{vmatrix}$$

$$\xlongequal[r_2+r_1]{c_1\div(1+\lambda)}(1+\lambda)\begin{vmatrix}-1&2&3\\0&3-\lambda&6\\0&3&6-\lambda\end{vmatrix}$$

$$=-(1+\lambda)\begin{vmatrix}3-\lambda&6\\3&6-\lambda\end{vmatrix}=-\lambda(\lambda+1)(\lambda-9).$$

所以 A 的特征值为 $\lambda_1=-1,\lambda_2=0,\lambda_3=9$.

当 $\lambda_1=-1$ 时，解方程 $(A+E)x=0$，由

$$A+E=\begin{pmatrix}2&2&3\\2&2&3\\3&3&7\end{pmatrix}\overset{r}{\sim}\begin{pmatrix}1&1&4\\0&0&1\\0&0&0\end{pmatrix}\overset{r}{\sim}\begin{pmatrix}1&1&0\\0&0&1\\0&0&0\end{pmatrix},$$

得对应的特征向量 $p_1=\begin{pmatrix}-1\\1\\0\end{pmatrix}$；

当 $\lambda_2=0$ 时，解方程 $Ax=0$，由

$$A=\begin{pmatrix}1&2&3\\2&1&3\\3&3&6\end{pmatrix}\overset{r}{\sim}\begin{pmatrix}1&2&3\\0&-3&-3\\0&-3&-3\end{pmatrix}\overset{r}{\sim}\begin{pmatrix}1&2&3\\0&1&1\\0&0&0\end{pmatrix}\overset{r}{\sim}\begin{pmatrix}1&0&1\\0&1&1\\0&0&0\end{pmatrix},$$

得对应的特征向量 $p_2=\begin{pmatrix}-1\\-1\\1\end{pmatrix}$；

当 $\lambda_3=9$ 时，解方程 $(A-9E)x=0$，由

$$A-9E=\begin{pmatrix}-8&2&3\\2&-8&3\\3&3&-3\end{pmatrix}\overset{r}{\sim}\begin{pmatrix}-5&5&0\\5&-5&0\\-1&-1&1\end{pmatrix}$$

$$\overset{r}{\sim}\begin{pmatrix}0&0&0\\1&-1&0\\0&-2&1\end{pmatrix}\overset{r}{\sim}\begin{pmatrix}1&-1&0\\0&-2&1\\0&0&0\end{pmatrix},$$

得对应的特征向量 $p_3=\begin{pmatrix}1\\1\\2\end{pmatrix}$.

(3) 特征多项式为

$$|A-\lambda E|=\begin{vmatrix}-\lambda&0&0&1\\0&-\lambda&1&0\\0&1&-\lambda&0\\1&0&0&-\lambda\end{vmatrix}\xlongequal[\substack{c_4\leftrightarrow c_3\\c_3\leftrightarrow c_2}]{\substack{r_4\leftrightarrow r_3\\r_3\leftrightarrow r_2}}\begin{vmatrix}-\lambda&1&&\\1&-\lambda&&\\&&-\lambda&1\\&&1&-\lambda\end{vmatrix}$$

$$=\begin{vmatrix}-\lambda&1\\1&-\lambda\end{vmatrix}\begin{vmatrix}-\lambda&1\\1&-\lambda\end{vmatrix}=(\lambda^2-1)^2,$$

所以 A 的特征值为 $\lambda_1=\lambda_2=-1,\lambda_3=\lambda_4=1$.

当 $\lambda_1=\lambda_2=-1$ 时,解方程 $(A+E)x=0$,

$$A+E=\begin{pmatrix}1&0&0&1\\0&1&1&0\\0&1&1&0\\1&0&0&1\end{pmatrix}\overset{r}{\sim}\begin{pmatrix}1&0&0&1\\0&1&1&0\\0&0&0&0\\0&0&0&0\end{pmatrix},$$

得对应的线性无关特征向量为

$$p_1=\begin{pmatrix}0\\-1\\1\\0\end{pmatrix},\quad p_2=\begin{pmatrix}-1\\0\\0\\1\end{pmatrix};$$

当 $\lambda_3=\lambda_4=1$ 时,解方程 $(A-E)x=0$,

$$A-E=\begin{pmatrix}-1&0&0&1\\0&-1&1&0\\0&1&-1&0\\1&0&0&-1\end{pmatrix}\overset{r}{\sim}\begin{pmatrix}-1&0&0&1\\0&-1&1&0\\0&0&0&0\\0&0&0&0\end{pmatrix},$$

得对应的线性无关特征向量为

$$p_3 = \begin{pmatrix}1\\0\\0\\1\end{pmatrix}, p_4 = \begin{pmatrix}0\\1\\1\\0\end{pmatrix}.$$

7. 设 $\boldsymbol{A}$ 为 n 阶矩阵,证明 $\boldsymbol{A}^{\mathrm{T}}$ 与 $\boldsymbol{A}$ 的特征值相同.

证　$\boldsymbol{A}$ 的特征值是特征多项式 $|\boldsymbol{A}-\lambda\boldsymbol{E}|$ 的根,同样 $\boldsymbol{A}^{\mathrm{T}}$ 的特征值是特征多项式 $|\boldsymbol{A}^{\mathrm{T}}-\lambda\boldsymbol{E}|$ 的根,但根据行列式性质 1,这两个特征多项式是相等的:

$$|\boldsymbol{A}-\lambda\boldsymbol{E}| = |(\boldsymbol{A}-\lambda\boldsymbol{E})^{\mathrm{T}}| = |\boldsymbol{A}^{\mathrm{T}}-\lambda\boldsymbol{E}|,$$

从而 $\boldsymbol{A}$ 与 $\boldsymbol{A}^{\mathrm{T}}$ 的特征值也相同.

注　这里特征值相同的含义是:若 λ_0 是 $\boldsymbol{A}$ 的 k 重特征值,那么它也是 $\boldsymbol{A}^{\mathrm{T}}$ 的 k 重特征值.

8. 设 n 阶矩阵 $\boldsymbol{A},\boldsymbol{B}$ 满足 $R(\boldsymbol{A})+R(\boldsymbol{B})<n$,证明 $\boldsymbol{A}$ 与 $\boldsymbol{B}$ 有公共的特征值,有公共的特征向量.

证　显然 $R(\boldsymbol{A})<n$.另一方面,

$$R(\boldsymbol{A})<n \Leftrightarrow \boldsymbol{A} \text{ 不可逆} \Leftrightarrow 0 \text{ 是 } \boldsymbol{A} \text{ 的特征值};$$

同理,0 也是 $\boldsymbol{B}$ 的特征值,于是 $\boldsymbol{A}$ 与 $\boldsymbol{B}$ 有公共的特征值 0.

$\boldsymbol{A}$ 与 $\boldsymbol{B}$ 的对应 $\lambda=0$ 的特征向量依次是方程 $\boldsymbol{Ax}=\boldsymbol{0}$ 和 $\boldsymbol{Bx}=\boldsymbol{0}$ 的非零解.于是

$$\boldsymbol{A} \text{ 与 } \boldsymbol{B} \text{ 有对应于 } \lambda=0 \text{ 的公共特征向量}$$

$$\Leftrightarrow \text{方程组} \begin{cases}\boldsymbol{Ax}=\boldsymbol{0}\\ \boldsymbol{Bx}=\boldsymbol{0}\end{cases} \text{有非零解}$$

$$\Leftrightarrow \text{方程} \begin{pmatrix}\boldsymbol{A}\\ \boldsymbol{B}\end{pmatrix}\boldsymbol{x}=\boldsymbol{0} \text{ 有非零解}$$

$$\Leftrightarrow R\begin{pmatrix}\boldsymbol{A}\\ \boldsymbol{B}\end{pmatrix}<n.$$

另一方面,由矩阵秩的性质⑤

$$R\begin{pmatrix}\boldsymbol{A}\\ \boldsymbol{B}\end{pmatrix} = R(\boldsymbol{A}^{\mathrm{T}},\boldsymbol{B}^{\mathrm{T}}) \leqslant R(\boldsymbol{A}^{\mathrm{T}})+R(\boldsymbol{B}^{\mathrm{T}}) = R(\boldsymbol{A})+R(\boldsymbol{B})<n.$$

综上,$\boldsymbol{A}$ 与 $\boldsymbol{B}$ 有公共的特征向量.

9. 设 $\boldsymbol{A}^2-3\boldsymbol{A}+2\boldsymbol{E}=\boldsymbol{O}$,证明 $\boldsymbol{A}$ 的特征值只能取 1 或 2.

证　设 λ 是 $\boldsymbol{A}$ 的特征值,则 $\lambda^2-3\lambda+2$ 是 $\boldsymbol{A}^2-3\boldsymbol{A}+2\boldsymbol{E}=\boldsymbol{O}$ 的特征值.但是,零矩阵只有特征值 0,故 $\lambda^2-3\lambda+2=0 \Rightarrow \lambda=1$ 或 $\lambda=2$.

注　本题并不是说 $\boldsymbol{A}$ 必须有特征值 1 和 2,例如当 $\boldsymbol{A}=\boldsymbol{E}$ 时,满足题设条件,但 $\boldsymbol{A}$ 只有特征值 1.

10. 设 $\boldsymbol{A}$ 为正交阵,且 $\det \boldsymbol{A}=-1$,证明 $\lambda=-1$ 是 $\boldsymbol{A}$ 的特征值.

证 由特征方程的定义,

$$\lambda=-1 \text{ 是 } \boldsymbol{A} \text{ 的特征值} \Leftrightarrow |\boldsymbol{A}+\boldsymbol{E}|=0.$$

因此,只需证$|\boldsymbol{A}+\boldsymbol{E}|=0$.而

$$|\boldsymbol{A}+\boldsymbol{E}|=|\boldsymbol{A}+\boldsymbol{A}^{\mathrm{T}}\boldsymbol{A}|=|(\boldsymbol{E}+\boldsymbol{A}^{\mathrm{T}})\boldsymbol{A}|=|\boldsymbol{A}+\boldsymbol{E}|\cdot|\boldsymbol{A}|=-|\boldsymbol{A}+\boldsymbol{E}|,$$

$$\Rightarrow 2|\boldsymbol{A}+\boldsymbol{E}|=0 \Rightarrow |\boldsymbol{A}+\boldsymbol{E}|=0.$$

11. 设$\lambda\neq 0$是m阶矩阵$\boldsymbol{A}_{m\times n}\boldsymbol{B}_{n\times m}$的特征值,证明$\lambda$也是$n$阶矩阵$\boldsymbol{BA}$的特征值.

证 根据特征值的定义证明.

设λ是矩阵$\boldsymbol{AB}$的任一非零特征值,$\boldsymbol{\xi}$是对应于它的特征向量.即有

$$\boldsymbol{AB\xi}=\lambda\boldsymbol{\xi} \tag{5.2}$$

用矩阵$\boldsymbol{B}$左乘上式两边,得

$$(\boldsymbol{BA})\boldsymbol{B\xi}=\boldsymbol{B}(\boldsymbol{AB\xi})=\boldsymbol{B}\lambda\boldsymbol{\xi}=\lambda(\boldsymbol{B\xi}),$$

若$\boldsymbol{B\xi}\neq\boldsymbol{0}$,则由特征值定义知,$\lambda$为$\boldsymbol{BA}$的特征值.下面证明$\boldsymbol{B\xi}\neq\boldsymbol{0}$.事实上,由$\lambda\neq 0$,特征向量$\boldsymbol{\xi}\neq\boldsymbol{0}$,有$\lambda\boldsymbol{\xi}\neq\boldsymbol{0}$,再由(5.2)式得$\boldsymbol{AB\xi}\neq\boldsymbol{0}$,因此$\boldsymbol{B\xi}\neq\boldsymbol{0}$.

12. 已知3阶矩阵$\boldsymbol{A}$的特征值为1,2,3,求$|\boldsymbol{A}^3-5\boldsymbol{A}^2+7\boldsymbol{A}|$.

解 令$\varphi(\lambda)=\lambda^3-5\lambda^2+7\lambda$.因1,2,3是$\boldsymbol{A}$的特征值,故$\varphi(1)=3,\varphi(2)=2,\varphi(3)=3$是$\varphi(\boldsymbol{A})=\boldsymbol{A}^3-5\boldsymbol{A}^2+7\boldsymbol{A}$的特征值.又:$\varphi(\boldsymbol{A})$为3阶方阵,于是$\varphi(1),\varphi(2),\varphi(3)$是$\varphi(\boldsymbol{A})$的全部特征值.由特征值性质得

$$\det(\varphi(\boldsymbol{A}))=\varphi(1)\varphi(2)\varphi(3)=3\times 2\times 3=18.$$

13. 已知3阶矩阵$\boldsymbol{A}$的特征值为1,2,−3,求$|\boldsymbol{A}^*+3\boldsymbol{A}+2\boldsymbol{E}|$.

解 本题与例9相仿.由特征值性质得$|\boldsymbol{A}|=1\times 2\times(-3)=-6$,知$\boldsymbol{A}$可逆,故$\boldsymbol{A}^*=|\boldsymbol{A}|\boldsymbol{A}^{-1}=-6\boldsymbol{A}^{-1}$,并且

$$\boldsymbol{B}=\boldsymbol{A}^*+3\boldsymbol{A}+2\boldsymbol{E}=-6\boldsymbol{A}^{-1}+3\boldsymbol{A}+2\boldsymbol{E}.$$

因为当$\lambda\ (\neq 0)$为$\boldsymbol{A}$的特征值时,$-6\lambda^{-1}+3\lambda+2$是$\boldsymbol{B}$的特征值.分别取$\lambda=1,2,-3$知$-1,5,-5$是$\boldsymbol{B}$的特征值.注意到$\boldsymbol{B}$为3阶方阵,故$|\boldsymbol{B}|=(-1)\times 5\times(-5)=25$.

14. 设$\boldsymbol{A},\boldsymbol{B}$都是$n$阶矩阵,且$\boldsymbol{A}$可逆,证明$\boldsymbol{AB}$与$\boldsymbol{BA}$相似.

证 因$\boldsymbol{A}$可逆,故

$$\boldsymbol{BA}=(\boldsymbol{A}^{-1}\boldsymbol{A})\boldsymbol{BA}=\boldsymbol{A}^{-1}(\boldsymbol{AB})\boldsymbol{A},$$

由定义,$\boldsymbol{AB}$与$\boldsymbol{BA}$相似.

15. 设矩阵$\boldsymbol{A}=\begin{pmatrix}2&0&1\\3&1&x\\4&0&5\end{pmatrix}$可相似对角化,求$x$.

解 先求$\boldsymbol{A}$的特征值

$$|\boldsymbol{A}-\lambda\boldsymbol{E}|=\begin{vmatrix}2-\lambda & 0 & 1\\ 3 & 1-\lambda & x\\ 4 & 0 & 5-\lambda\end{vmatrix}=(1-\lambda)\begin{vmatrix}2-\lambda & 1\\ 4 & 5-\lambda\end{vmatrix}$$

$$=(1-\lambda)^2(6-\lambda),$$

所以 $\lambda_1=\lambda_2=1$（二重根），$\lambda_3=6$（单重根）.

于是 $\boldsymbol{A}$ 可相似对角化

$\Leftrightarrow\boldsymbol{A}$ 有 3 个线性无关的特征向量（由定理 4）

$\Leftrightarrow\boldsymbol{A}$ 对应于二重特征值 1 有 2 个线性无关的特征向量

$\Leftrightarrow$方程$(\boldsymbol{A}-\boldsymbol{E})\boldsymbol{x}=\boldsymbol{0}$的系数矩阵的秩 $R(\boldsymbol{A}-\boldsymbol{E})=1$（由第四章定理 7），

另一方面，

$$\boldsymbol{A}-\boldsymbol{E}=\begin{pmatrix}1 & 0 & 1\\ 3 & 0 & x\\ 4 & 0 & 4\end{pmatrix}\overset{r}{\sim}\begin{pmatrix}1 & 0 & 1\\ 0 & 0 & x-3\\ 0 & 0 & 0\end{pmatrix},$$

于是 $R(\boldsymbol{A}-\boldsymbol{E})=1\Leftrightarrow x=3.$

16. 已知 $\boldsymbol{p}=\begin{pmatrix}1\\ 1\\ -1\end{pmatrix}$ 是矩阵 $\boldsymbol{A}=\begin{pmatrix}2 & -1 & 2\\ 5 & a & 3\\ -1 & b & -2\end{pmatrix}$ 的一个特征向量.

(1) 求参数 a,b 及特征向量 $\boldsymbol{p}$ 所对应的特征值；

(2) 问 $\boldsymbol{A}$ 能不能相似对角化？并说明理由.

解 (1) 利用特征值和特征向量的定义.

设 $\boldsymbol{p}$ 所对应的特征值是 λ，则由题设，$(\boldsymbol{A}-\lambda\boldsymbol{E})\boldsymbol{p}=\boldsymbol{0}$，即

$$\begin{pmatrix}2-\lambda & -1 & 2\\ 5 & a-\lambda & 3\\ -1 & b & -2-\lambda\end{pmatrix}\begin{pmatrix}1\\ 1\\ -1\end{pmatrix}=\boldsymbol{0}.$$

于是，得到以 a,b,λ 为未知数的线性方程组：

$$\begin{cases}\lambda+1=0,\\ a-\lambda+2=0,\\ b+\lambda+1=0,\end{cases}\Rightarrow\lambda=-1,a=-3,b=0.$$

(2) $\boldsymbol{A}$ 不能相似于对角阵. 理由是：当 $a=-3,b=0$ 时，容易求得矩阵 $\boldsymbol{A}$ 的特征多项式 $f(\lambda)=|\boldsymbol{A}-\lambda\boldsymbol{E}|=-(\lambda+1)^3$，故 $\lambda=-1$ 是 $\boldsymbol{A}$ 的三重特征值. 但 $\boldsymbol{A}+\boldsymbol{E}\neq\boldsymbol{O}$，从而 $R(\boldsymbol{A}+\boldsymbol{E})\geqslant1$，故齐次方程

$$(\boldsymbol{A}+\boldsymbol{E})\boldsymbol{x}=\boldsymbol{0}$$

没有 3 个线性无关的解. 于是，矩阵 $\boldsymbol{A}$ 对应于特征值 $\lambda=-1$ 没有 3 个线性无关的特征向量. 由方阵相似于对角阵的充要条件知，$\boldsymbol{A}$ 不能相似于一个对角阵.

17. 设 $A=\begin{pmatrix}1&4&2\\0&-3&4\\0&4&3\end{pmatrix}$,求 A^{100}.

解　利用矩阵 A 的相似对角阵来求 A^{100}.

(1) 求 A 的特征值:

$$|A-\lambda E|=\begin{vmatrix}1-\lambda&4&2\\0&-3-\lambda&4\\0&4&3-\lambda\end{vmatrix}=(1-\lambda)\begin{vmatrix}-3-\lambda&4\\4&3-\lambda\end{vmatrix}$$

$$=(1-\lambda)(\lambda-5)(\lambda+5),$$

所以 A 的特征值为 $\lambda_1=-5,\lambda_2=1,\lambda_3=5$,并且它们互不相同,由定理 4 之推论,知 A 可对角化.

(2) 对应 $\lambda_1=-5$,解方程 $(A+5E)x=0$,由

$$A+5E=\begin{pmatrix}6&4&2\\0&2&4\\0&4&8\end{pmatrix}\overset{r}{\sim}\begin{pmatrix}6&0&-6\\0&1&2\\0&0&0\end{pmatrix}\overset{r}{\sim}\begin{pmatrix}1&0&-1\\0&1&2\\0&0&0\end{pmatrix},$$

得特征向量 $p_1=\begin{pmatrix}1\\-2\\1\end{pmatrix}$;

对应 $\lambda_2=1$,解方程 $(A-E)x=0$,由

$$(A-E)=\begin{pmatrix}0&4&2\\0&-4&4\\0&4&2\end{pmatrix}\overset{r}{\sim}\begin{pmatrix}0&1&-1\\0&2&1\\0&0&0\end{pmatrix}\overset{r}{\sim}\begin{pmatrix}0&1&0\\0&0&1\\0&0&0\end{pmatrix},$$

得特征向量 $p_2=\begin{pmatrix}1\\0\\0\end{pmatrix}$;

对应 $\lambda_3=5$,解方程 $(A-5E)x=0$,由

$$A-5E=\begin{pmatrix}-4&4&2\\0&-8&4\\0&4&-2\end{pmatrix}\overset{r}{\sim}\begin{pmatrix}2&-2&-1\\0&-2&1\\0&0&0\end{pmatrix}\overset{r}{\sim}\begin{pmatrix}1&-2&0\\0&-2&1\\0&0&0\end{pmatrix},$$

得特征向量 $p_3=\begin{pmatrix}2\\1\\2\end{pmatrix}$.

(3) 令　　$$P=(p_1,p_2,p_3)=\begin{pmatrix}1&1&2\\-2&0&1\\1&0&2\end{pmatrix},$$

则由定理 2，$\boldsymbol{P}$ 为可逆阵，且

$$\boldsymbol{P}^{-1}\boldsymbol{A}\boldsymbol{P}=\boldsymbol{\Lambda}=\mathrm{diag}(-5,1,5),$$

于是

$$\boldsymbol{A}=\boldsymbol{P}\boldsymbol{\Lambda}\boldsymbol{P}^{-1}\Rightarrow\boldsymbol{A}^{100}=\boldsymbol{P}\boldsymbol{\Lambda}^{100}\boldsymbol{P}^{-1}.$$

求出 $\boldsymbol{P}^{-1}=\dfrac{1}{5}\begin{pmatrix}0&-2&1\\5&0&-5\\0&1&2\end{pmatrix}$，得

$$\begin{aligned}\boldsymbol{A}^{100}&=\frac{1}{5}\begin{pmatrix}1&1&2\\-2&0&1\\1&0&2\end{pmatrix}\begin{pmatrix}5^{100}&&\\&1&\\&&5^{100}\end{pmatrix}\begin{pmatrix}0&-2&1\\5&0&-5\\0&1&2\end{pmatrix}\\&=\frac{1}{5}\begin{pmatrix}5^{100}&1&2\cdot5^{100}\\-2\cdot5^{100}&0&5^{100}\\5^{100}&0&2\cdot5^{100}\end{pmatrix}\begin{pmatrix}0&-2&1\\5&0&-5\\0&1&2\end{pmatrix}\\&=\begin{pmatrix}1&0&5^{100}-1\\0&5^{100}&0\\0&0&5^{100}\end{pmatrix}.\end{aligned}$$

18. 在某国，每年有比例为 p 的农村居民移居城镇，有比例为 q 的城镇居民移居农村. 假设该国总人口数不变，且上述人口迁移的规律也不变. 把 n 年后农村人口和城镇人口占总人口的比例依次记为 x_n 和 y_n（$x_n+y_n=1$）.

(1) 求关系式 $\begin{pmatrix}x_{n+1}\\y_{n+1}\end{pmatrix}=\boldsymbol{A}\begin{pmatrix}x_n\\y_n\end{pmatrix}$ 中的矩阵 $\boldsymbol{A}$；

(2) 设目前农村人口与城镇人口相等，即 $\begin{pmatrix}x_0\\y_0\end{pmatrix}=\begin{pmatrix}0.5\\0.5\end{pmatrix}$，求 $\begin{pmatrix}x_n\\y_n\end{pmatrix}$.

解　(1) 这是一个应用问题. 关系式

$$\begin{pmatrix}x_{n+1}\\y_{n+1}\end{pmatrix}=\boldsymbol{A}\begin{pmatrix}x_n\\y_n\end{pmatrix}$$

可看做是向量 $\begin{pmatrix}x_n\\y_n\end{pmatrix}$ 到 $\begin{pmatrix}x_{n+1}\\y_{n+1}\end{pmatrix}$ 的递推关系式，从而有

$$\begin{pmatrix}x_n\\y_n\end{pmatrix}=\boldsymbol{A}\begin{pmatrix}x_{n-1}\\y_{n-1}\end{pmatrix}=\cdots=\boldsymbol{A}^n\begin{pmatrix}x_0\\y_0\end{pmatrix}=\frac{1}{2}\boldsymbol{A}^n\begin{pmatrix}1\\1\end{pmatrix},$$

即把应用问题归结为求 $\boldsymbol{A}$ 的幂 $\boldsymbol{A}^n$. 遵循这一思路，先求 $\boldsymbol{A}$. 由题设，有

$$\begin{cases}x_{n+1}=(1-p)x_n+qy_n\\y_{n+1}=px_n+(1-q)y_n\end{cases}\Rightarrow\begin{pmatrix}x_{n+1}\\y_{n+1}\end{pmatrix}=\begin{pmatrix}1-p&q\\p&1-q\end{pmatrix}\begin{pmatrix}x_n\\y_n\end{pmatrix},$$

故

$$\boldsymbol{A}=\begin{pmatrix}1-p&q\\p&1-q\end{pmatrix}.$$

再求 $\boldsymbol{A}$ 的特征值和特征向量.易求得 $\boldsymbol{A}$ 的特征值 $\lambda_1=1,\lambda_2=1-p-q$.

对应于 $\lambda_1=1$ 的特征向量为 $\boldsymbol{\xi}_1=\begin{pmatrix}q\\p\end{pmatrix}$;对应于 $\lambda_2=1-p-q$ 的特征向量为 $\boldsymbol{\xi}_2=\begin{pmatrix}-1\\1\end{pmatrix}$.令 $\boldsymbol{P}=(\boldsymbol{\xi}_1,\boldsymbol{\xi}_2)$,则 $\boldsymbol{P}$ 可逆,且 $\boldsymbol{P}^{-1}\boldsymbol{AP}=\begin{pmatrix}1&0\\0&r\end{pmatrix}$,其中 $r=1-p-q$.因此

$$\boldsymbol{A}=\boldsymbol{P}\begin{pmatrix}1&0\\0&r\end{pmatrix}\boldsymbol{P}^{-1}$$

$$\Rightarrow\begin{pmatrix}x_n\\y_n\end{pmatrix}=\boldsymbol{A}^n\begin{pmatrix}x_0\\y_0\end{pmatrix}=\boldsymbol{P}\begin{pmatrix}1&0\\0&r^n\end{pmatrix}\boldsymbol{P}^{-1}\begin{pmatrix}x_0\\y_0\end{pmatrix}$$

$$=\frac{1}{2(p+q)}\begin{pmatrix}2q-(q-p)r^n\\2p+(q-p)r^n\end{pmatrix},r=1-p-q.$$

19. 试求一个正交的相似变换矩阵,将下列对称阵化为对角阵:

(1) $\begin{pmatrix}2&-2&0\\-2&1&-2\\0&-2&0\end{pmatrix}$; (2) $\begin{pmatrix}2&2&-2\\2&5&-4\\-2&-4&5\end{pmatrix}$.

解 (1) 先求特征值:

$$|\boldsymbol{A}-\lambda\boldsymbol{E}|=\begin{vmatrix}2-\lambda&-2&0\\-2&1-\lambda&-2\\0&-2&-\lambda\end{vmatrix}=-\lambda(1-\lambda)(2-\lambda)-4(2-\lambda)+4\lambda$$

$$=-\lambda(1-\lambda)(2-\lambda)-8(1-\lambda)=(1-\lambda)(\lambda-4)(\lambda+2),$$

所以 $\boldsymbol{A}$ 的特征值为 $\lambda_1=-2,\lambda_2=1,\lambda_3=4$.

再求特征向量:

对应 $\lambda_1=-2$,解方程 $(\boldsymbol{A}+2\boldsymbol{E})\boldsymbol{x}=\boldsymbol{0}$,由

$$\boldsymbol{A}+2\boldsymbol{E}=\begin{pmatrix}4&-2&0\\-2&3&-2\\0&-2&2\end{pmatrix}\overset{r}{\sim}\begin{pmatrix}-2&3&-2\\0&4&-4\\0&1&-1\end{pmatrix}\overset{r}{\sim}\begin{pmatrix}-2&0&1\\0&1&-1\\0&0&0\end{pmatrix}\overset{r}{\sim}\begin{pmatrix}-2&1&0\\-2&0&1\\0&0&0\end{pmatrix},$$

得单位特征向量 $\boldsymbol{p}_1=\frac{1}{3}\begin{pmatrix}1\\2\\2\end{pmatrix}$;

对应 $\lambda_2=1$,解方程 $(\boldsymbol{A}-\boldsymbol{E})\boldsymbol{x}=\boldsymbol{0}$,由

$$\boldsymbol{A}-\boldsymbol{E}=\begin{pmatrix}1&-2&0\\-2&0&-2\\0&-2&-1\end{pmatrix}\overset{r}{\sim}\begin{pmatrix}1&-2&0\\0&-4&-2\\0&-2&-1\end{pmatrix}\overset{r}{\sim}\begin{pmatrix}1&-2&0\\0&2&1\\0&0&0\end{pmatrix},$$

得单位特征向量. $p_2=\frac{1}{3}\begin{pmatrix}2\\1\\-2\end{pmatrix}$;

对应 $\lambda_3=4$,解方程$(A-4E)x=0$,由

$$A-4E=\begin{pmatrix}-2&-2&0\\-2&-3&-2\\0&-2&-4\end{pmatrix}\overset{r}{\sim}\begin{pmatrix}1&1&0\\0&-1&-2\\0&-2&-4\end{pmatrix}\overset{r}{\sim}\begin{pmatrix}1&0&-2\\0&1&2\\0&0&0\end{pmatrix},$$

得单位特征向量 $p_3=\frac{1}{3}\begin{pmatrix}2\\-2\\1\end{pmatrix}$.

令 $$P=(p_1,p_2,p_3)=\frac{1}{3}\begin{pmatrix}1&2&2\\2&1&-2\\2&-2&1\end{pmatrix},$$

则 P 为正交阵,且有

$$P^{-1}AP=P^{\mathrm{T}}AP=\begin{pmatrix}-2&&\\&1&\\&&4\end{pmatrix}.$$

$$(2)\ \det(A-\lambda E)=\begin{vmatrix}2-\lambda&2&-2\\2&5-\lambda&-4\\-2&-4&5-\lambda\end{vmatrix}\xlongequal[c_3-c_2]{r_2+r_3}\begin{vmatrix}2-\lambda&2&-4\\0&1-\lambda&0\\-2&-4&9-\lambda\end{vmatrix}$$

$$=(1-\lambda)\begin{vmatrix}2-\lambda&-4\\-2&9-\lambda\end{vmatrix}=-(1-\lambda)^2(\lambda-10),$$

所以 A 的特征值为$\lambda_1=10,\lambda_2=\lambda_3=1$ (二重根).

对应 $\lambda_1=10$,解方程$(A-10E)x=0$,由

$$A-10E=\begin{pmatrix}-8&2&-2\\2&-5&-4\\-2&-4&-5\end{pmatrix}\overset{r}{\sim}\begin{pmatrix}2&-5&-4\\0&-9&-9\\0&-18&-18\end{pmatrix}$$

$$\overset{r}{\sim}\begin{pmatrix}2&0&1\\0&1&1\\0&0&0\end{pmatrix}\overset{r}{\sim}\begin{pmatrix}-2&1&0\\2&0&1\\0&0&0\end{pmatrix},$$

得单位特征向量 $p_1=\frac{1}{3}\begin{pmatrix}1\\2\\-2\end{pmatrix}$;

对应 $\lambda_2=\lambda_3=1$,解方程$(A-E)x=0$,由

$$A-E=\begin{pmatrix}1&2&-2\\2&4&-4\\-2&-4&4\end{pmatrix}\overset{r}{\sim}\begin{pmatrix}1&2&-2\\0&0&0\\0&0&0\end{pmatrix},$$

得线性无关特征向量：$a_1=\begin{pmatrix}0\\1\\1\end{pmatrix}, a_2=\begin{pmatrix}2\\0\\1\end{pmatrix}$. 将 a_1 和 a_2 正交化得：

$$b_1=a_1=\begin{pmatrix}0\\1\\1\end{pmatrix};\ b_2=a_2-\frac{[b_1,a_2]}{[b_1,b_1]}b_1=\begin{pmatrix}2\\0\\1\end{pmatrix}-\frac{1}{2}\begin{pmatrix}0\\1\\1\end{pmatrix}=\frac{1}{2}\begin{pmatrix}4\\-1\\1\end{pmatrix}.$$

再分别单位化得：$p_2=\frac{1}{\sqrt{2}}\begin{pmatrix}0\\1\\1\end{pmatrix}, p_3=\frac{1}{3\sqrt{2}}\begin{pmatrix}4\\-1\\1\end{pmatrix}$.

令
$$P=(p_1,p_2,p_3)=\begin{pmatrix}\frac{1}{3}&0&\frac{4}{3\sqrt{2}}\\\frac{2}{3}&\frac{1}{\sqrt{2}}&-\frac{1}{3\sqrt{2}}\\-\frac{2}{3}&\frac{1}{\sqrt{2}}&\frac{1}{3\sqrt{2}}\end{pmatrix},$$

则 P 为正交阵，且有

$$P^{-1}AP=P^{\mathrm{T}}AP=\begin{pmatrix}10&&\\&1&\\&&1\end{pmatrix}.$$

20. 设矩阵 $A=\begin{pmatrix}1&-2&-4\\-2&x&-2\\-4&-2&1\end{pmatrix}$ 与 $\Lambda=\begin{pmatrix}5&&\\&-4&\\&&y\end{pmatrix}$ 相似，求 x,y；并求一个正交阵 P，使 $P^{-1}AP=\Lambda$.

解 先求 x,y：

因 A 与 Λ 相似，故 A 的特征值是 $5,-4,y$. 由特征值性质：

$$5+(-4)+y=A\text{ 的特征值之和}$$
$$=A\text{ 的对角元之和}=2+x,$$

得 $y=1+x$.

因 $\lambda=-4$ 是 A 的特征值，有 $|A+4E|=0$.

由 $$|A+4E|=\begin{vmatrix}5&-2&-4\\-2&x+4&-2\\-4&-2&5\end{vmatrix}\xlongequal{r_3-r_1}\begin{vmatrix}5&-2&-4\\-2&x+4&-2\\-9&0&9\end{vmatrix}$$

$$\xlongequal{c_1+c_3}\begin{vmatrix}1 & -2 & -4\\ -4 & x+4 & -2\\ 0 & 0 & 9\end{vmatrix}=9(x-4),$$

得 $x=4$. 再代入 $y=1+x$, 得 $y=5$. 于是 $\boldsymbol{A}$ 的特征值为 $\lambda_1=\lambda_3=5, \lambda_2=-4$.

再求正交阵 $\boldsymbol{P}$.

对应于 $\lambda_1=\lambda_3=5$, 解方程 $(\boldsymbol{A}-5\boldsymbol{E})\boldsymbol{x}=\boldsymbol{0}$, 由

$$\boldsymbol{A}-5\boldsymbol{E}=\begin{pmatrix}-4 & -2 & -4\\ -2 & -1 & -2\\ -4 & -2 & -4\end{pmatrix}\overset{r}{\sim}\begin{pmatrix}2 & 1 & 2\\ 0 & 0 & 0\\ 0 & 0 & 0\end{pmatrix},$$

得基础解系 $\boldsymbol{\xi}_1=\begin{pmatrix}1\\ 0\\ -1\end{pmatrix}, \boldsymbol{\xi}_3=\begin{pmatrix}1\\ -2\\ 0\end{pmatrix}$. 把它们正交化、单位化, 得

$$\boldsymbol{p}_1=\frac{1}{\sqrt{2}}\begin{pmatrix}1\\ 0\\ -1\end{pmatrix}, \boldsymbol{p}_3=\frac{1}{3\sqrt{2}}\begin{pmatrix}1\\ -4\\ 1\end{pmatrix};$$

对应于 $\lambda_2=-4$ 解方程 $(\boldsymbol{A}+4\boldsymbol{E})\boldsymbol{x}=\boldsymbol{0}$, 由

$$\boldsymbol{A}+4\boldsymbol{E}=\begin{pmatrix}5 & -2 & -4\\ -2 & 8 & -2\\ -4 & -2 & 5\end{pmatrix}\overset{r}{\sim}\begin{pmatrix}5 & -2 & -4\\ 18 & 0 & -18\\ -9 & 0 & 9\end{pmatrix}$$

$$\overset{r}{\sim}\begin{pmatrix}1 & 0 & -1\\ 0 & -2 & 1\\ 0 & 0 & 0\end{pmatrix}\overset{r}{\sim}\begin{pmatrix}1 & -2 & 0\\ 0 & -2 & 1\\ 0 & 0 & 0\end{pmatrix},$$

得单位特征向量 $\boldsymbol{p}_2=\frac{1}{3}\begin{pmatrix}2\\ 1\\ 2\end{pmatrix}$.

令 $\boldsymbol{P}=(\boldsymbol{p}_1,\boldsymbol{p}_2,\boldsymbol{p}_3)=\begin{pmatrix}\frac{1}{\sqrt{2}} & \frac{2}{3} & \frac{1}{3\sqrt{2}}\\ 0 & \frac{1}{3} & -\frac{4}{3\sqrt{2}}\\ -\frac{1}{\sqrt{2}} & \frac{2}{3} & \frac{1}{3\sqrt{2}}\end{pmatrix}$, 则 $\boldsymbol{P}$ 是正交阵, 且有

$$\boldsymbol{P}^{-1}\boldsymbol{A}\boldsymbol{P}=\boldsymbol{P}^{\mathrm{T}}\boldsymbol{A}\boldsymbol{P}=\boldsymbol{\Lambda}.$$

注　(1) 在寻找 x, y 的关系式时, 题解中用了 $\boldsymbol{A}$ 的对角元之和 $=\boldsymbol{\Lambda}$ 的对角元之和以及 $|\boldsymbol{A}+4\boldsymbol{E}|=0$, 也可利用特征值的另一性质: $|\boldsymbol{A}|=\boldsymbol{A}$ 的特征值之积 $=\boldsymbol{\Lambda}$ 的特征值之积 $=|\boldsymbol{\Lambda}|$, 得 $3x+8=4y$. 但由 $|\boldsymbol{A}-5\boldsymbol{E}|=0$ 不能得到 x, y

的关系式,因$|A-5E|=0$.

(2) 因相似对角阵 Λ 是给定的,所以要注意 P 中列向量的排列与 Λ 中对角元对应.

21. 设3阶矩阵 A 的特征值为 $\lambda_1=2,\lambda_2=-2,\lambda_3=1$;对应的特征向量依次为

$$p_1=\begin{pmatrix}0\\1\\1\end{pmatrix},p_2=\begin{pmatrix}1\\1\\1\end{pmatrix},p_3=\begin{pmatrix}1\\1\\0\end{pmatrix},$$

求 A.

解 因 A 的特征值互异,故由定理2,知向量组 p_1,p_2,p_3 线性无关,于是若记矩阵 $P=(p_1,p_2,p_3)$,则 P 为可逆阵,且有

$$P^{-1}AP=\mathrm{diag}(2,-2,1)$$
$$\Rightarrow A=P\mathrm{diag}(2,-2,1)P^{-1},$$

用初等行变换求得 $P^{-1}=\begin{pmatrix}-1&1&0\\1&-1&1\\0&1&-1\end{pmatrix}$.于是

$$A=\begin{pmatrix}0&1&1\\1&1&1\\1&1&0\end{pmatrix}\begin{pmatrix}2&0&0\\0&-2&0\\0&0&1\end{pmatrix}\begin{pmatrix}-1&1&0\\1&-1&1\\0&1&-1\end{pmatrix}=\begin{pmatrix}-2&3&-3\\-4&5&-3\\-4&4&-2\end{pmatrix}.$$

22. 设3阶对称阵 A 的特征值为 $\lambda_1=1,\lambda_2=-1,\lambda_3=0$.对应 λ_1,λ_2 的特征向量依次为 $p_1=\begin{pmatrix}1\\2\\2\end{pmatrix},p_2=\begin{pmatrix}2\\1\\-2\end{pmatrix}$,求 A.

解 因 A 对称,由定理7,必有正交阵 $Q=(q_1,q_2,q_3)$,使 $Q^{\mathrm{T}}AQ=Q^{-1}AQ=\mathrm{diag}(1,-1.0)$.显然 q_1,q_2 可依次取为 p_1,p_2 的单位化向量,即

$$q_1=\frac{1}{3}\begin{pmatrix}1\\2\\2\end{pmatrix},\ q_2=\frac{1}{3}\begin{pmatrix}2\\1\\-2\end{pmatrix};$$

由定理6,q_3 与 p_1,p_2 正交,于是 q_3 可取为方程

$$\begin{pmatrix}p_1^{\mathrm{T}}\\p_2^{\mathrm{T}}\end{pmatrix}x=0$$

的单位解向量.

由
$$\begin{pmatrix}\boldsymbol{p}_1^{\mathrm T}\\ \boldsymbol{p}_2^{\mathrm T}\end{pmatrix}=\begin{pmatrix}1&2&2\\2&1&-2\end{pmatrix}\overset{r}{\sim}\begin{pmatrix}1&0&-2\\0&1&2\end{pmatrix},$$

可知 $\boldsymbol{q}_3=\dfrac{1}{3}\begin{pmatrix}2\\-2\\1\end{pmatrix}$. 于是

$$\boldsymbol{A}=\boldsymbol{Q}\operatorname{diag}(1,-1,0)\boldsymbol{Q}^{\mathrm T}\tag{5.3}$$
$$=\frac{1}{9}\begin{pmatrix}1&2&2\\2&1&-2\\2&-2&1\end{pmatrix}\begin{pmatrix}1&0&0\\0&-1&0\\0&0&0\end{pmatrix}\begin{pmatrix}1&2&2\\2&1&-2\\2&-2&1\end{pmatrix}=\frac{1}{3}\begin{pmatrix}-1&0&2\\0&1&2\\2&2&0\end{pmatrix}.$$

23. 设 3 阶对称阵 $\boldsymbol{A}$ 的特征值为 $\lambda_1=6,\lambda_2=\lambda_3=3$, 与特征值 $\lambda_1=6$ 对应的特征向量为 $\boldsymbol{p}_1=(1,1,1)^{\mathrm T}$, 求 $\boldsymbol{A}$.

解一　用与前两题相同的方法,这是求解本题及类似题型的基本方法.

(1) 求矩阵 $\boldsymbol{A}$ 的对应于特征值 $\lambda_2=\lambda_3=3$ 的两个线性无关的特征向量 $\boldsymbol{p}_2$, $\boldsymbol{p}_3$. 由对称阵特征向量的性质知, $\boldsymbol{p}_1$ 与 $\boldsymbol{p}_2$ 和 $\boldsymbol{p}_3$ 都正交,即有

$$\begin{cases}\boldsymbol{p}_1^{\mathrm T}\boldsymbol{p}_2=0,\\ \boldsymbol{p}_1^{\mathrm T}\boldsymbol{p}_3=0,\end{cases}$$

其系数矩阵 $\boldsymbol{p}_1^{\mathrm T}$ 的秩等于 1. 于是, $\boldsymbol{p}_2,\boldsymbol{p}_3$ 是它的一个基础解系,取其为

$$\boldsymbol{p}_2=\begin{pmatrix}-1\\1\\0\end{pmatrix},\boldsymbol{p}_3=\begin{pmatrix}-1\\0\\1\end{pmatrix}.$$

(2) 把向量组 $\boldsymbol{p}_2,\boldsymbol{p}_3$ 用施密特方法正交化,得

$$\tilde{\boldsymbol{p}}_2=\boldsymbol{p}_2=\begin{pmatrix}-1\\1\\0\end{pmatrix};\tilde{\boldsymbol{p}}_3=\boldsymbol{p}_3-\frac{[\boldsymbol{p}_3,\tilde{\boldsymbol{p}}_2]}{[\tilde{\boldsymbol{p}}_2,\tilde{\boldsymbol{p}}_2]}\tilde{\boldsymbol{p}}_2=\frac{1}{2}\begin{pmatrix}-1\\-1\\2\end{pmatrix}.$$

(3) 分别把向量 $\boldsymbol{p}_1,\tilde{\boldsymbol{p}}_2,\tilde{\boldsymbol{p}}_3$ 单位化,得

$$\boldsymbol{\xi}_1=\frac{1}{\sqrt3}\begin{pmatrix}1\\1\\1\end{pmatrix},\boldsymbol{\xi}_2=\frac{1}{\sqrt2}\begin{pmatrix}-1\\1\\0\end{pmatrix},\boldsymbol{\xi}_3=\frac{1}{\sqrt6}\begin{pmatrix}-1\\-1\\2\end{pmatrix}.$$

令 $\boldsymbol{Q}=(\boldsymbol{\xi}_1,\boldsymbol{\xi}_2,\boldsymbol{\xi}_3)=\begin{pmatrix}\frac{1}{\sqrt3}&\frac{-1}{\sqrt2}&\frac{-1}{\sqrt6}\\ \frac{1}{\sqrt3}&\frac{1}{\sqrt2}&\frac{-1}{\sqrt6}\\ \frac{1}{\sqrt3}&0&\frac{2}{\sqrt6}\end{pmatrix}$, 则 $\boldsymbol{Q}$ 为正交矩阵,并有

$$Q^{\mathrm{T}}AQ = Q^{-1}AQ = \mathrm{diag}(6,3,3),$$

于是 $$A = Q\mathrm{diag}(6,3,3)Q^{-1} = Q\mathrm{diag}(6,3,3)Q^{\mathrm{T}} = \begin{pmatrix}4&1&1\\1&4&1\\1&1&4\end{pmatrix}.$$

解二 因 A 是对称阵,故必存在正交阵 Q,使

$$Q^{\mathrm{T}}AQ = Q^{-1}AQ = \mathrm{diag}(6,3,3) = \Lambda,$$

也即 $$A = Q\Lambda Q^{\mathrm{T}}, \tag{5.4}$$

并且,若 Q 按列分块为 $Q=(\xi_1,\xi_2,\xi_3)$,则向量 ξ_1 是对应于特征值 $\lambda_1=6$ 的单位特征向量. 于是,由题设

$$\xi_1 = \frac{1}{\sqrt{3}}\begin{pmatrix}1\\1\\1\end{pmatrix}. \tag{5.5}$$

由(5.4)式得 $$A-3E = Q(\Lambda-3E)Q^{\mathrm{T}}$$

$$= (\xi_1,\xi_2,\xi_3)\begin{pmatrix}3&0&0\\0&0&0\\0&0&0\end{pmatrix}\begin{pmatrix}\xi_1^{\mathrm{T}}\\\xi_2^{\mathrm{T}}\\\xi_3^{\mathrm{T}}\end{pmatrix}$$

$$= 3(\xi_1,\mathbf{0},\mathbf{0})\begin{pmatrix}\xi_1^{\mathrm{T}}\\\xi_2^{\mathrm{T}}\\\xi_3^{\mathrm{T}}\end{pmatrix} = 3\xi_1\xi_1^{\mathrm{T}}$$

$$\xlongequal{(5.5)\text{式代入}}\begin{pmatrix}1&1&1\\1&1&1\\1&1&1\end{pmatrix},$$

于是 $$A = \begin{pmatrix}1&1&1\\1&1&1\\1&1&1\end{pmatrix} + 3E = \begin{pmatrix}4&1&1\\1&4&1\\1&1&4\end{pmatrix}.$$

注 (1) 第 21、22、23 题都是矩阵对角化(特别是对称阵对角化)理论的应用. 比较三题所给条件:第 21 题知 3 个特征值及 3 个特征向量;第 22 题知 3 个特征值及 2 个特征向量,且知 A 对称;第 23 题特征值中知 1 个单根,1 个重根及单根所对应的特征向量,且知 A 对称. 由第 21 题的解法,再利用对称阵的特征向量正交性,便可得第 22、23 题的解法.

(2) 第 22 题求解中,在写出单位特征向量 q_1,q_2 后,由(5.3)式有

$$A = Q\mathrm{diag}(1,-1,0)Q^{\mathrm{T}}$$

$$= (\boldsymbol{q}_1, \boldsymbol{q}_2, \boldsymbol{q}_3)\begin{pmatrix} 1 & 0 & 0 \\ 0 & -1 & 0 \\ 0 & 0 & 0 \end{pmatrix}\begin{pmatrix} \boldsymbol{q}_1^{\mathrm{T}} \\ \boldsymbol{q}_2^{\mathrm{T}} \\ \boldsymbol{q}_3^{\mathrm{T}} \end{pmatrix}$$

$$= \boldsymbol{q}_1\boldsymbol{q}_1^{\mathrm{T}} - \boldsymbol{q}_2\boldsymbol{q}_2^{\mathrm{T}},$$

由此可知对应 $\lambda_3 = 0$ 的特征向量 $\boldsymbol{q}_3$ 是不必具体求出的,因为这时 $\boldsymbol{A}$ 已由 $\boldsymbol{q}_1, \boldsymbol{q}_2$ 确定了.这是由 0 是 $\boldsymbol{A}$ 的特征值这一特殊情况所带来的方便之处.由此启发出第 23 题的解二:把求矩阵 $\boldsymbol{A}$ 转换成求 $\boldsymbol{A} - 3\boldsymbol{E}$,因为 0 是 $\boldsymbol{A} - 3\boldsymbol{E}$ 的二重特征值.

24. 设 $\boldsymbol{a} = (a_1, a_2, \cdots, a_n)^{\mathrm{T}}, a_1 \neq 0, \boldsymbol{A} = \boldsymbol{a}\boldsymbol{a}^{\mathrm{T}}$,

(1) 证明 $\lambda = 0$ 是 $\boldsymbol{A}$ 的 $n-1$ 重特征值;

(2) 求 $\boldsymbol{A}$ 的非零特征值及 n 个线性无关的特征向量.

解 首先证明 $\lambda = 0$ 是 $\boldsymbol{A}$ 的 $n-1$ 重特征值.注意到 $\boldsymbol{A}$ 为对称阵,故 $\boldsymbol{A}$ 与对角阵 $\boldsymbol{\Lambda} = \mathrm{diag}(\lambda_1, \lambda_2, \cdots, \lambda_n)$ 相似,其中 $\lambda_1, \lambda_2, \cdots, \lambda_n$ 就是 $\boldsymbol{A}$ 的全部特征值.显然 $R(\boldsymbol{A}) = 1$,从而 $R(\boldsymbol{\Lambda}) = 1$,于是 $\boldsymbol{\Lambda}$ 只有一个非零对角元,即 $\lambda = 0$ 是 $\boldsymbol{A}$ 的 $n-1$ 重特征值.

其次,求 $\boldsymbol{A}$ 的非零特征值,因 $\boldsymbol{A} = \boldsymbol{a}\boldsymbol{a}^{\mathrm{T}}$ 的对角元之和为 $\sum a_i^2$,又由特征值性质:$\boldsymbol{A}$ 的 n 个特征值之和为它的 n 个对角元之和,从而由上所证知 $\sum a_i^2$ 为 $\boldsymbol{A}$ 的(惟一的)非零特征值.

再求 $\boldsymbol{A}$ 的特征向量.

(i) 对应于 $\lambda = 0$,解方程 $\boldsymbol{A}\boldsymbol{x} = \boldsymbol{0}$.由

$$\boldsymbol{A} = \begin{pmatrix} a_1^2 & a_1a_2 & \cdots & a_1a_n \\ a_2a_1 & a_2^2 & \cdots & a_2a_n \\ \vdots & \vdots & & \vdots \\ a_na_1 & a_na_2 & \cdots & a_n^2 \end{pmatrix} \underset{\substack{r_2 - a_2r_1 \\ \cdots \\ r_n - a_nr_1}}{\overset{r_1 \div a_1}{\sim}} \begin{pmatrix} a_1 & a_2 & \cdots & a_n \\ 0 & 0 & \cdots & 0 \\ \vdots & \vdots & & \vdots \\ 0 & 0 & \cdots & 0 \end{pmatrix}, \tag{5.6}$$

得 $n-1$ 个线性无关的特征向量为:

$$\boldsymbol{\xi}_2 = \begin{pmatrix} -\dfrac{a_2}{a_1} \\ 1 \\ 0 \\ \vdots \\ 0 \end{pmatrix}, \boldsymbol{\xi}_3 = \begin{pmatrix} -\dfrac{a_3}{a_1} \\ 0 \\ 1 \\ \vdots \\ 0 \end{pmatrix}, \cdots, \boldsymbol{\xi}_n = \begin{pmatrix} -\dfrac{a_n}{a_1} \\ 0 \\ 0 \\ \vdots \\ 1 \end{pmatrix};$$

(ii) 用两种方法求对应于 $\lambda_1 = \sum a_i^2$ 的特征向量 $\boldsymbol{\xi}_1$.

方法一 由对称矩阵性质知 $\boldsymbol{\xi}_1$ 与 $\boldsymbol{\xi}_2, \cdots, \boldsymbol{\xi}_n$ 都正交,即 $\boldsymbol{\xi}_1$ 是方程

$$\begin{pmatrix} \boldsymbol{\xi}_2^{\mathrm{T}} \\ \vdots \\ \boldsymbol{\xi}_n^{\mathrm{T}} \end{pmatrix} \boldsymbol{x} = \boldsymbol{0}$$

的非零解.而由(5.6)式知 $\boldsymbol{a}^{\mathrm{T}}(\boldsymbol{\xi}_2, \boldsymbol{\xi}_3, \cdots, \boldsymbol{\xi}_n) = \boldsymbol{0}$,两边转置得

$$\begin{pmatrix} \boldsymbol{\xi}_2^{\mathrm{T}} \\ \vdots \\ \boldsymbol{\xi}_n^{\mathrm{T}} \end{pmatrix} \boldsymbol{a} = \boldsymbol{0},$$

故可取 $\boldsymbol{\xi}_1 = \boldsymbol{a}$,这样 $\boldsymbol{\xi}_1 = \boldsymbol{a}, \boldsymbol{\xi}_2, \boldsymbol{\xi}_3, \cdots, \boldsymbol{\xi}_n$ 就是 $\boldsymbol{A}$ 的 n 个线性无关的特征向量.

方法二 由 $\boldsymbol{A} = \boldsymbol{a}\boldsymbol{a}^{\mathrm{T}}$,有

$$\boldsymbol{A}\boldsymbol{a} = \boldsymbol{a}\boldsymbol{a}^{\mathrm{T}}\boldsymbol{a} = \boldsymbol{a}(\boldsymbol{a}^{\mathrm{T}}\boldsymbol{a}) = (\boldsymbol{a}^{\mathrm{T}}\boldsymbol{a})\boldsymbol{a},$$

按定义,即知 $\boldsymbol{A}$ 有非零特征值 $\lambda_1 = \boldsymbol{a}^{\mathrm{T}}\boldsymbol{a}$,且对应特征向量为 $\boldsymbol{a}$.

注 方法二事实上给出了求 $\boldsymbol{A}$ 的非零特征值的另一方法.

25. (1) 设 $\boldsymbol{A} = \begin{pmatrix} 3 & -2 \\ -2 & 3 \end{pmatrix}$,求 $\varphi(\boldsymbol{A}) = \boldsymbol{A}^{10} - 5\boldsymbol{A}^9$;

(2) 设 $\boldsymbol{A} = \begin{pmatrix} 2 & 1 & 2 \\ 1 & 2 & 2 \\ 2 & 2 & 1 \end{pmatrix}$,求 $\varphi(\boldsymbol{A}) = \boldsymbol{A}^{10} - 6\boldsymbol{A}^9 + 5\boldsymbol{A}^8$.

解 因 $\boldsymbol{A}$ 是对称阵,故正交相似于对角阵.

(1) 由 $|\boldsymbol{A} - \lambda\boldsymbol{E}| = \begin{vmatrix} 3-\lambda & -2 \\ -2 & 3-\lambda \end{vmatrix} = (3-\lambda)^2 - 4 = (1-\lambda)(5-\lambda)$,

求得 $\boldsymbol{A}$ 的特征值为 $\lambda_1 = 1, \lambda_2 = 5$.

对应 $\lambda_1 = 1$,解方程 $(\boldsymbol{A} - \boldsymbol{E})\boldsymbol{x} = \boldsymbol{0}$,由

$$\boldsymbol{A} - \boldsymbol{E} = \begin{pmatrix} 2 & -2 \\ -2 & 2 \end{pmatrix} \overset{r}{\sim} \begin{pmatrix} 1 & -1 \\ 0 & 0 \end{pmatrix};$$

得单位特征向量 $\boldsymbol{p}_1 = \dfrac{1}{\sqrt{2}}\begin{pmatrix} 1 \\ 1 \end{pmatrix}$;

对应 $\lambda_2 = 5$,解方程 $(\boldsymbol{A} - 5\boldsymbol{E})\boldsymbol{x} = \boldsymbol{0}$,由

$$\boldsymbol{A} - 5\boldsymbol{E} = \begin{pmatrix} -2 & -2 \\ -2 & -2 \end{pmatrix} \overset{r}{\sim} \begin{pmatrix} 1 & 1 \\ 0 & 0 \end{pmatrix},$$

得单位特征向量 $\boldsymbol{p}_2 = \dfrac{1}{\sqrt{2}}\begin{pmatrix} -1 \\ 1 \end{pmatrix}$.

令 $\boldsymbol{P} = (\boldsymbol{p}_1, \boldsymbol{p}_2) = \dfrac{1}{\sqrt{2}}\begin{pmatrix} 1 & -1 \\ 1 & 1 \end{pmatrix}$,则 $\boldsymbol{P}$ 是正交阵,且有

$$P^{-1}AP = P^{\mathrm{T}}AP = \Lambda = \begin{pmatrix} 1 & 0 \\ 0 & 5 \end{pmatrix} \Rightarrow A = P\Lambda P^{\mathrm{T}}$$

$$\Rightarrow \varphi(A) = P\varphi(\Lambda)P^{\mathrm{T}}$$

$$= \frac{1}{2}\begin{pmatrix} 1 & -1 \\ 1 & 1 \end{pmatrix}\begin{pmatrix} \varphi(1) & 0 \\ 0 & \varphi(5) \end{pmatrix}\begin{pmatrix} 1 & 1 \\ -1 & 1 \end{pmatrix}$$

$$= \frac{1}{2}\begin{pmatrix} 1 & -1 \\ 1 & 1 \end{pmatrix}\begin{pmatrix} -4 & \\ & 0 \end{pmatrix}\begin{pmatrix} 1 & 1 \\ -1 & 1 \end{pmatrix} = -2\begin{pmatrix} 1 & 1 \\ 1 & 1 \end{pmatrix}.$$

(2) 这是求矩阵 A 的多项式的问题. A 的特征多项式

$$|A-\lambda E| = \begin{vmatrix} 2-\lambda & 1 & 2 \\ 1 & 2-\lambda & 2 \\ 2 & 2 & 1-\lambda \end{vmatrix} \xlongequal{c_1+c_2+c_3} \begin{vmatrix} 5-\lambda & 1 & 2 \\ 5-\lambda & 2-\lambda & 2 \\ 5-\lambda & 2 & 1-\lambda \end{vmatrix} = (5-\lambda)\begin{vmatrix} 1 & 1 & 2 \\ 1 & 2-\lambda & 2 \\ 1 & 2 & 1-\lambda \end{vmatrix}$$

$$\xlongequal[r_3-r_1]{r_2-r_1} (5-\lambda)\begin{vmatrix} 1 & 1 & 2 \\ 0 & 1-\lambda & 0 \\ 0 & 1 & -(1+\lambda) \end{vmatrix} = (5-\lambda)\begin{vmatrix} 1-\lambda & 0 \\ 1 & -(1+\lambda) \end{vmatrix}$$

$$= (1-\lambda)(1+\lambda)(\lambda-5),$$

于是 A 的特征值 $\lambda_1 = -1, \lambda_2 = 1, \lambda_3 = 5$. 因为 A 是对称阵,由定理 7,存在正交阵 $Q = (\xi_1, \xi_2, \xi_3)$,使

$$Q^{\mathrm{T}}AQ = Q^{-1}AQ = \mathrm{diag}(-1,1,5) = \Lambda,$$

也即

$$A = Q\Lambda Q^{\mathrm{T}},$$

并且 Q 的列向量 ξ_i 是对应特征值 λ_i 的单位特征向量, $i = 1,2,3$. 从而有

$$\begin{aligned} \varphi(A) &= Q\varphi(\Lambda)Q^{\mathrm{T}} \\ &= Q\varphi[\mathrm{diag}(-1,1,5)]Q^{\mathrm{T}} \\ &= Q\,\mathrm{diag}(\varphi(-1),\varphi(1),\varphi(5))Q^{\mathrm{T}} \\ &= (\xi_1, \xi_2, \xi_3)\begin{pmatrix} 12 & 0 & 0 \\ 0 & 0 & 0 \\ 0 & 0 & 0 \end{pmatrix}\begin{pmatrix} \xi_1^{\mathrm{T}} \\ \xi_2^{\mathrm{T}} \\ \xi_3^{\mathrm{T}} \end{pmatrix} \\ &= 12\xi_1\xi_1^{\mathrm{T}}, \end{aligned} \tag{5.7}$$

其中 $\varphi(x) = x^{10} - 6x^9 + 5x^8$, $\varphi(-1) = 12$, $\varphi(1) = 0$, $\varphi(5) = 0$. 这样,只需计算出 ξ_1,即对应 $\lambda_1 = -1$ 的单位特征向量,代入上式即得 $\varphi(A)$.

解方程 $(A+E)x = 0$,由

$$A + E \overset{r}{\sim} \begin{pmatrix} 1 & -1 & 0 \\ 0 & 2 & 1 \\ 0 & 0 & 0 \end{pmatrix},$$

得单位特征向量 $\boldsymbol{\xi}_1=\frac{1}{\sqrt{6}}\begin{pmatrix}1\\1\\-2\end{pmatrix}$.

代入(5.7)式,即求得

$$\varphi(\boldsymbol{A})=2\begin{pmatrix}1&1&-2\\1&1&-2\\-2&-2&4\end{pmatrix}.$$

26. 用矩阵记号表示二次型:

(1) $f=x^2+4xy+4y^2+2xz+z^2+4yz$;

(2) $f=x^2+y^2-7z^2-2xy-4xz-4yz$;

(3) $f=x_1^2+x_2^2+x_3^2-2x_1x_2+6x_2x_3$.

解 (1) $f=(x,y,z)\begin{pmatrix}1&2&1\\2&4&2\\1&2&1\end{pmatrix}\begin{pmatrix}x\\y\\z\end{pmatrix}$;

(2) $f=(x,y,z)\begin{pmatrix}1&-1&-2\\-1&1&-2\\-2&-2&-7\end{pmatrix}\begin{pmatrix}x\\y\\z\end{pmatrix}$;

(3) $f=(x_1,x_2,x_3)\begin{pmatrix}1&-1&0\\-1&1&3\\0&3&1\end{pmatrix}\begin{pmatrix}x_1\\x_2\\x_3\end{pmatrix}$.

27. 写出下列二次型的矩阵:

(1) $f(\boldsymbol{x})=\boldsymbol{x}^{\mathrm{T}}\begin{pmatrix}2&1\\3&1\end{pmatrix}\boldsymbol{x}$; (2) $f(\boldsymbol{x})=\boldsymbol{x}^{\mathrm{T}}\begin{pmatrix}1&2&3\\4&5&6\\7&8&9\end{pmatrix}\boldsymbol{x}$.

解 (1) 记 $\boldsymbol{x}=\begin{pmatrix}x_1\\x_2\end{pmatrix}$,则

$$\begin{aligned}f(\boldsymbol{x})&=(x_1,x_2)\begin{pmatrix}2&1\\3&1\end{pmatrix}\begin{pmatrix}x_1\\x_2\end{pmatrix}\\&=2x_1^2+x_2^2+x_1x_2+3x_2x_1=2x_1^2+x_2^2+4x_1x_2\\&=(x_1,x_2)\begin{pmatrix}2&2\\2&1\end{pmatrix}\begin{pmatrix}x_1\\x_2\end{pmatrix},\end{aligned}$$

故 f 的矩阵为 $\begin{pmatrix}2&2\\2&1\end{pmatrix}$;

(2)与(1)相仿,

$$f(\boldsymbol{x})=\boldsymbol{x}^{\mathrm{T}}\begin{pmatrix}1&2&3\\4&5&6\\7&8&9\end{pmatrix}\boldsymbol{x}=\boldsymbol{x}^{\mathrm{T}}\begin{pmatrix}1&3&5\\3&5&7\\5&7&9\end{pmatrix}\boldsymbol{x},$$

故 f 的矩阵为 $\begin{pmatrix}1&3&5\\3&5&7\\5&7&9\end{pmatrix}$.

28．求一个正交变换化下列二次型成标准形

(1) $f=2x_1^2+3x_2^2+3x_3^2+4x_2x_3$;

(2) $f=x_1^2+x_3^2+2x_1x_2-2x_2x_3$.

解　(1) 二次型 f 的矩阵为

$$\boldsymbol{A}=\begin{pmatrix}2&0&0\\0&3&2\\0&2&3\end{pmatrix},$$

它的特征多项式为

$$|\boldsymbol{A}-\lambda\boldsymbol{E}|=\begin{vmatrix}2-\lambda&0&0\\0&3-\lambda&2\\0&2&3-\lambda\end{vmatrix}=(2-\lambda)\begin{vmatrix}3-\lambda&2\\2&3-\lambda\end{vmatrix}$$

$$=(2-\lambda)(\lambda-1)(\lambda-5),$$

所以 $\boldsymbol{A}$ 的特征值为 $\lambda_1=1,\lambda_2=2,\lambda_3=5$.

对应特征值 $\lambda_1=1$，解方程 $(\boldsymbol{A}-\boldsymbol{E})\boldsymbol{x}=\boldsymbol{0}$，由

$$\boldsymbol{A}-\boldsymbol{E}=\begin{pmatrix}1&0&0\\0&2&2\\0&2&2\end{pmatrix}\overset{r}{\sim}\begin{pmatrix}1&0&0\\0&1&1\\0&0&0\end{pmatrix},$$

得单位特征向量 $\boldsymbol{p}_1=\dfrac{1}{\sqrt{2}}\begin{pmatrix}0\\-1\\1\end{pmatrix}$;

对应特征值 $\lambda_2=2$，解方程 $(\boldsymbol{A}-2\boldsymbol{E})\boldsymbol{x}=\boldsymbol{0}$，由

$$\boldsymbol{A}-2\boldsymbol{E}=\begin{pmatrix}0&0&0\\0&1&2\\0&2&1\end{pmatrix}\overset{r}{\sim}\begin{pmatrix}0&1&0\\0&0&1\\0&0&0\end{pmatrix},$$

得单位特征向量 $\boldsymbol{p}_2=\begin{pmatrix}1\\0\\0\end{pmatrix}$;

对应特征值 $\lambda_3=5$，解方程 $(\boldsymbol{A}-5\boldsymbol{E})\boldsymbol{x}=\boldsymbol{0}$，由

$$A-5E=\begin{pmatrix}-3&0&0\\0&-2&2\\0&2&-2\end{pmatrix}\overset{r}{\sim}\begin{pmatrix}1&0&0\\0&1&-1\\0&0&0\end{pmatrix},$$

得单位特征向量 $p_3=\frac{1}{\sqrt{2}}\begin{pmatrix}0\\1\\1\end{pmatrix}$.

令 $P=(p_1,p_2,p_3)=\begin{pmatrix}0&1&0\\-\frac{1}{\sqrt{2}}&0&\frac{1}{\sqrt{2}}\\\frac{1}{\sqrt{2}}&0&\frac{1}{\sqrt{2}}\end{pmatrix}$,则 P 为正交阵,再作正交变换 $x=Py$,

即

$$\begin{pmatrix}x_1\\x_2\\x_3\end{pmatrix}=\begin{pmatrix}0&1&0\\-\frac{1}{\sqrt{2}}&0&\frac{1}{\sqrt{2}}\\\frac{1}{\sqrt{2}}&0&\frac{1}{\sqrt{2}}\end{pmatrix}\begin{pmatrix}y_1\\y_2\\y_3\end{pmatrix},$$

便把 f 化为标准形

$$f=y_1^2+2y_2^2+5y_3^2;$$

(2) 二次型的矩阵为 $A=\begin{pmatrix}1&1&0\\1&0&-1\\0&-1&1\end{pmatrix}$,它的特征多项式为

$$|A-\lambda E|=\begin{vmatrix}1-\lambda&1&0\\1&-\lambda&-1\\0&-1&1-\lambda\end{vmatrix}\xlongequal[\lambda_1\div(1-\lambda)]{r_1+r_3}(1-\lambda)\begin{vmatrix}1&0&1\\1&-\lambda&-1\\0&-1&1-\lambda\end{vmatrix}\xlongequal{c_3-c_1}(1-\lambda)\begin{vmatrix}1&0&0\\1&-\lambda&-2\\0&-1&1-\lambda\end{vmatrix}$$

$$=(1-\lambda)\begin{vmatrix}-\lambda&-2\\-1&1-\lambda\end{vmatrix}=-(\lambda-2)(\lambda-1)(\lambda+1),$$

所以 A 的特征值为 $\lambda_1=2,\lambda_2=1,\lambda_3=-1$.

对应 $\lambda_1=2$,解方程 $(A-2E)x=0$,由

$$A-2E=\begin{pmatrix}-1&1&0\\1&-2&-1\\0&-1&-1\end{pmatrix}\overset{r}{\sim}\begin{pmatrix}1&-1&0\\0&1&1\\0&0&0\end{pmatrix},$$

得单位特征向量 $p_1=\frac{1}{\sqrt{3}}\begin{pmatrix}1\\1\\-1\end{pmatrix}$;

对应 $\lambda_2=1$，解方程 $(\boldsymbol{A}-\boldsymbol{E})\boldsymbol{x}=\boldsymbol{0}$，由

$$\boldsymbol{A}-\boldsymbol{E}=\begin{pmatrix}0&1&0\\1&-1&-1\\0&-1&0\end{pmatrix}\overset{r}{\sim}\begin{pmatrix}1&0&-1\\0&1&0\\0&0&0\end{pmatrix},$$

得单位特征向量 $\boldsymbol{p}_2=\dfrac{1}{\sqrt{2}}\begin{pmatrix}1\\0\\1\end{pmatrix}$；

对应 $\lambda_3=-1$，解方程 $(\boldsymbol{A}+\boldsymbol{E})\boldsymbol{x}=\boldsymbol{0}$，由

$$\boldsymbol{A}+\boldsymbol{E}=\begin{pmatrix}2&1&0\\1&1&-1\\0&-1&2\end{pmatrix}\overset{r}{\sim}\begin{pmatrix}1&0&1\\1&1&-1\\0&-1&2\end{pmatrix}\overset{r}{\sim}\begin{pmatrix}1&0&1\\0&1&-2\\0&0&0\end{pmatrix},$$

得单位特征向量 $\boldsymbol{p}_3=\dfrac{1}{\sqrt{6}}\begin{pmatrix}-1\\2\\1\end{pmatrix}$.

令 $\boldsymbol{P}=(\boldsymbol{p}_1,\boldsymbol{p}_2,\boldsymbol{p}_3)$，则 $\boldsymbol{P}$ 为正交阵，再作正交变换 $\boldsymbol{x}=\boldsymbol{P}\boldsymbol{y}$，

即
$$\begin{pmatrix}x_1\\x_2\\x_3\end{pmatrix}=\begin{pmatrix}\frac{1}{\sqrt{3}}&\frac{1}{\sqrt{2}}&\frac{-1}{\sqrt{6}}\\\frac{1}{\sqrt{3}}&0&\frac{2}{\sqrt{6}}\\-\frac{1}{\sqrt{3}}&\frac{1}{\sqrt{2}}&\frac{1}{\sqrt{6}}\end{pmatrix}\begin{pmatrix}y_1\\y_2\\y_3\end{pmatrix},$$

则化 f 为标准形：$f=2y_1^2+y_2^2-y_3^2$.

29. 求一个正交变换把二次曲面的方程

$$3x^2+5y^2+5z^2+4xy-4xz-10yz=1$$

化成标准方程.

解 记二次曲面为 $f=1$，则 f 为二次型，它的矩阵为

$$\boldsymbol{A}=\begin{pmatrix}3&2&-2\\2&5&-5\\-2&-5&5\end{pmatrix},$$

由 $$|\boldsymbol{A}-\lambda\boldsymbol{E}|=\begin{vmatrix}3-\lambda&2&-2\\2&5-\lambda&-5\\-2&-5&5-\lambda\end{vmatrix}\xlongequal[r_3\div(-\lambda)]{r_3+r_2}(-\lambda)\begin{vmatrix}3-\lambda&2&-2\\2&5-\lambda&-5\\0&1&1\end{vmatrix}$$

$$\xlongequal{c_2-c_3}(-\lambda)\begin{vmatrix}3-\lambda&4&-2\\2&10-\lambda&-5\\0&0&1\end{vmatrix}=(-\lambda)\begin{vmatrix}3-\lambda&4\\2&10-\lambda\end{vmatrix}$$

$$=(-\lambda)(\lambda-2)(\lambda-11),$$

所以 $\boldsymbol{A}$ 的特征值为 $\lambda_1=0,\lambda_2=2,\lambda_3=11$.

对应于 $\lambda_1=0$,解方程 $\boldsymbol{Ax}=\boldsymbol{0}$,由

$$\boldsymbol{A}=\begin{pmatrix}3&2&-2\\2&5&-5\\-2&-5&5\end{pmatrix}\overset{r_1-r_2}{\underset{\substack{r_3+r_2\\r_2-2r_1}}{\sim}}\begin{pmatrix}1&-3&3\\0&11&-11\\0&0&0\end{pmatrix}\overset{r}{\sim}\begin{pmatrix}1&0&0\\0&1&-1\\0&0&0\end{pmatrix}.$$

得单位特征向量 $\boldsymbol{p}_1=\dfrac{1}{\sqrt{2}}\begin{pmatrix}0\\1\\1\end{pmatrix}$;

对应于特征值 $\lambda_2=2$,解方程 $(\boldsymbol{A}-2\boldsymbol{E})\boldsymbol{x}=\boldsymbol{0}$.由

$$\boldsymbol{A}-2\boldsymbol{E}=\begin{pmatrix}1&2&-2\\2&3&-5\\-2&-5&3\end{pmatrix}\overset{r}{\sim}\begin{pmatrix}1&2&-2\\0&-1&-1\\0&0&0\end{pmatrix}\overset{r}{\sim}\begin{pmatrix}1&0&-4\\0&1&1\\0&0&0\end{pmatrix},$$

得单位特征向量 $\boldsymbol{p}_2=\dfrac{1}{3\sqrt{2}}\begin{pmatrix}4\\-1\\1\end{pmatrix}$;

对应于特征值 $\lambda_3=11$,解方程 $(\boldsymbol{A}-11\boldsymbol{E})\boldsymbol{x}=\boldsymbol{0}$.由

$$\boldsymbol{A}-11\boldsymbol{E}=\begin{pmatrix}-8&2&-2\\2&-6&-5\\-2&-5&-6\end{pmatrix}\overset{r}{\sim}\begin{pmatrix}2&-6&-5\\0&-22&-22\\0&-11&-11\end{pmatrix}\overset{r}{\sim}\begin{pmatrix}2&0&1\\0&1&1\\0&0&0\end{pmatrix}\overset{r}{\sim}\begin{pmatrix}2&0&1\\-2&1&0\\0&0&0\end{pmatrix},$$

得单位特征向量 $\boldsymbol{p}_3=\dfrac{1}{3}\begin{pmatrix}1\\2\\-2\end{pmatrix}$.

令 $\boldsymbol{P}=(\boldsymbol{p}_1,\boldsymbol{p}_2,\boldsymbol{p}_3)=\begin{pmatrix}0&\dfrac{4}{3\sqrt{2}}&\dfrac{1}{3}\\\dfrac{1}{\sqrt{2}}&\dfrac{-1}{3\sqrt{2}}&\dfrac{2}{3}\\\dfrac{1}{\sqrt{2}}&\dfrac{1}{3\sqrt{2}}&-\dfrac{2}{3}\end{pmatrix}$,则 $\boldsymbol{P}$ 为正交阵,并且正交变换

$$\begin{pmatrix}x\\y\\z\end{pmatrix}=\begin{pmatrix}0&\dfrac{4}{3\sqrt{2}}&\dfrac{1}{3}\\\dfrac{1}{\sqrt{2}}&\dfrac{-1}{3\sqrt{2}}&\dfrac{2}{3}\\\dfrac{1}{\sqrt{2}}&\dfrac{1}{3\sqrt{2}}&-\dfrac{2}{3}\end{pmatrix}\begin{pmatrix}u\\v\\w\end{pmatrix}$$

即为所求.在此变换下,二次曲面的方程化为标准方程 $2v^2+11w^2=1$(它是椭圆柱面).

30. 证明二次型 $f=\boldsymbol{x}^{\mathrm{T}}\boldsymbol{A}\boldsymbol{x}$ 在 $\|\boldsymbol{x}\|=1$ 时的最大值为矩阵 $\boldsymbol{A}$ 的最大特征值.

证 设 $\lambda_1\geqslant\lambda_2\geqslant\cdots\geqslant\lambda_n$ 为 $\boldsymbol{A}$ 的 n 个特征值,由定理 8,知有正交变换 $\boldsymbol{x}=\boldsymbol{Q}\boldsymbol{y}$,使

$$f(\boldsymbol{x})=\boldsymbol{y}^{\mathrm{T}}\boldsymbol{Q}^{\mathrm{T}}\boldsymbol{A}\boldsymbol{Q}\boldsymbol{y}=\boldsymbol{y}^{\mathrm{T}}\boldsymbol{\Lambda}\boldsymbol{y}=\lambda_1y_1^2+\cdots+\lambda_ny_n^2.$$

又

$$\|\boldsymbol{x}\|^2=\boldsymbol{x}^{\mathrm{T}}\boldsymbol{x}=\boldsymbol{y}^{\mathrm{T}}\boldsymbol{Q}^{\mathrm{T}}\boldsymbol{Q}\boldsymbol{y}=\boldsymbol{y}^{\mathrm{T}}\boldsymbol{y}=\|\boldsymbol{y}\|^2,$$

从而

$$\begin{aligned}\max_{\|\boldsymbol{x}\|=1}f(\boldsymbol{x})&=\max_{\|\boldsymbol{y}\|=1}\boldsymbol{y}^{\mathrm{T}}\boldsymbol{\Lambda}\boldsymbol{y}=\max_{\sum y_i^2=1}(\lambda_1y_1^2+\cdots+\lambda_ny_n^2)\\&\leqslant\lambda_1\max_{\sum y_i^2=1}\sum y_i^2=\lambda_1.\end{aligned}$$

另一方面,取 $\boldsymbol{y}_0=\boldsymbol{e}_1=(1,0,\cdots,0)^{\mathrm{T}}$,即 $\boldsymbol{y}_0$ 为第 1 个分量是 1 的单位坐标向量,再令 $\boldsymbol{x}_0=\boldsymbol{Q}\boldsymbol{y}_0$,则 $\|\boldsymbol{x}_0\|=\|\boldsymbol{y}_0\|=1$,并且二次型 f 在 $\boldsymbol{x}_0$ 处的值为

$$f(\boldsymbol{x}_0)=\boldsymbol{y}_0^{\mathrm{T}}\boldsymbol{\Lambda}\boldsymbol{y}_0=\lambda_1.$$

综合以上知

$$\max_{\|\boldsymbol{x}\|=1}f(\boldsymbol{x})=\max_{\|\boldsymbol{x}\|=1}\boldsymbol{x}^{\mathrm{T}}\boldsymbol{A}\boldsymbol{x}=\lambda_1.$$

31. 用配方法化下列二次型成规范形,并写出所用变换的矩阵:

(1) $f(x_1,x_2,x_3)=x_1^2+3x_2^2+5x_3^2+2x_1x_2-4x_1x_3$;

(2) $f(x_1,x_2,x_3)=x_1^2+2x_3^2+2x_1x_3+2x_2x_3$;

(3) $f(x_1,x_2,x_3)=2x_1^2+x_2^2+4x_3^2+2x_1x_2-2x_2x_3$.

解 (1) 由于 f 中含变量 x_1 的平方项,故把含 x_1 的项归并起来,配方可得

$$\begin{aligned}f(x_1,x_2,x_3)&=x_1^2+2x_1x_2-4x_1x_3+3x_2^2+5x_3^2\\&=(x_1+x_2-2x_3)^2-x_2^2-4x_3^2+4x_2x_3+3x_2^2+5x_3^2\\&=(x_1+x_2-2x_3)^2+2x_2^2+x_3^2+4x_2x_3\\&=(x_1+x_2-2x_3)^2+2(x_2+x_3)^2-x_3^2,\end{aligned}$$

令
$$\begin{cases}y_1=x_1+x_2-2x_3,\\y_2=\sqrt{2}(x_2+x_3),\\y_3=x_3,\end{cases}\quad\text{即}\begin{cases}x_1=y_1-\dfrac{1}{\sqrt{2}}y_2+3y_3,\\x_2=\dfrac{1}{\sqrt{2}}y_2-y_3,\\x_3=y_3,\end{cases}$$

写成矩阵形式:$\boldsymbol{x}=\boldsymbol{C}\boldsymbol{y}$,这里 $\boldsymbol{C}=\begin{pmatrix}1&-\dfrac{1}{\sqrt{2}}&3\\0&\dfrac{1}{\sqrt{2}}&-1\\0&0&1\end{pmatrix}$ 为可逆阵.在此可逆变换下,f

化为规范形：

$$f(\boldsymbol{x})=f(\boldsymbol{C}\boldsymbol{y})=y_1^2+y_2^2-y_3^2.$$

(2) 由于 f 中含变量 x_1 的平方项，故把含 x_1 的项归并起来，配方可得

$$\begin{aligned}f(x_1,x_2,x_3)&=x_1^2+2x_3^2+2x_1x_3+2x_2x_3\\&=(x_1+x_3)^2+x_3^2+2x_2x_3\\&=(x_1+x_3)^2-x_2^2+(x_2+x_3)^2,\end{aligned}$$

令 $\begin{cases}y_1=x_1+x_3,\\y_2=x_2,\\y_3=x_2+x_3,\end{cases}$ 即 $\begin{cases}x_1=y_1+y_2-y_3,\\x_2=y_2,\\x_3=-y_2+y_3,\end{cases}$

写成矩阵形式：$\boldsymbol{x}=\boldsymbol{C}\boldsymbol{y}$，这里 $\boldsymbol{C}=\begin{pmatrix}1&1&-1\\0&1&0\\0&-1&1\end{pmatrix}$ 为可逆阵. 在此可逆变换下，f

化为规范形：

$$f(\boldsymbol{x})=f(\boldsymbol{C}\boldsymbol{y})=y_1^2-y_2^2+y_3^2.$$

(3) 由于 $f(x)$ 中含变量 x_1 的平方项，故把含 x_1 的项归并起来，配方可得

$$\begin{aligned}f(x_1,x_2,x_3)&=2x_1^2+x_2^2+4x_3^2+2x_1x_2-2x_2x_3\\&=2x_1^2+2x_1x_2+x_2^2+4x_3^2-2x_2x_3\\&=\left(\sqrt{2}x_1+\frac{1}{\sqrt{2}}x_2\right)^2+\frac{1}{2}x_2^2+2x_3^2-2x_2x_3+2x_3^2\\&=\left(\sqrt{2}x_1+\frac{1}{\sqrt{2}}x_2\right)^2+\left(\frac{1}{\sqrt{2}}x_2-\sqrt{2}x_3\right)^2+(\sqrt{2}x_3)^2\end{aligned}$$

令 $\begin{cases}y_1=\sqrt{2}x_1+\dfrac{1}{\sqrt{2}}x_2,\\y_2=\dfrac{1}{\sqrt{2}}x_2-\sqrt{2}x_3,\\y_3=\sqrt{2}x_3,\end{cases}$ 即 $\boldsymbol{y}=\boldsymbol{P}\boldsymbol{x}$，

这里 $\boldsymbol{P}=\begin{pmatrix}\sqrt{2}&\frac{1}{\sqrt{2}}&0\\0&\frac{1}{\sqrt{2}}&-\sqrt{2}\\0&0&\sqrt{2}\end{pmatrix}$，为可逆矩阵，且易求得

$$\boldsymbol{C}=\boldsymbol{P}^{-1}=\frac{1}{\sqrt{2}}\begin{pmatrix}1&-1&-1\\0&2&2\\0&0&1\end{pmatrix}.$$

于是在可逆变换 $\boldsymbol{x}=\boldsymbol{C}\boldsymbol{y}=\boldsymbol{P}^{-1}\boldsymbol{y}$ 下，f 化为规范形：

$$f(\boldsymbol{x})=f(\boldsymbol{C}\boldsymbol{y})=y_1^2+y_2^2+y_3^2.$$

32．设 $f=x_1^2+x_2^2+5x_3^2+2ax_1x_2-2x_1x_3+4x_2x_3$ 为正定二次型，求 a.

解　用定理 11(赫尔维茨定理)，对 f 的矩阵 $\boldsymbol{A}$ 进行讨论.

$$\boldsymbol{A}=\begin{pmatrix}1&a&-1\\a&1&2\\-1&2&5\end{pmatrix},$$

由定理 11，$\boldsymbol{A}$ 正定 $\Leftrightarrow\begin{vmatrix}1&a\\a&1\end{vmatrix}>0$ 且 $|\boldsymbol{A}|>0$.

由 $\begin{vmatrix}1&a\\a&1\end{vmatrix}>0\Rightarrow a^2<1$；由 $|\boldsymbol{A}|=-a(5a+4)>0\Rightarrow-\dfrac{4}{5}<a<0$. 合起来，当 $-\dfrac{4}{5}<a<0$ 时，$\boldsymbol{A}$ 正定，从而 f 正定.

33．判定下列二次型的正定性：

(1) $f=-2x_1^2-6x_2^2-4x_3^2+2x_1x_2+2x_1x_3$；

(2) $f=x_1^2+3x_2^2+9x_3^2-2x_1x_2+4x_1x_3$.

解　(1) f 的矩阵 $\boldsymbol{A}=\begin{pmatrix}-2&1&1\\1&-6&0\\1&0&-4\end{pmatrix}$，它的 1 阶主子式 $-2<0$；2 阶主子式 $\begin{vmatrix}-2&1\\1&-6\end{vmatrix}=11>0$；3 阶主子式，即 $|\boldsymbol{A}|=-38<0$. 由定理 11 知 f 为负定二次型.

(2) f 的矩阵 $\boldsymbol{A}=\begin{pmatrix}1&-1&2\\-1&3&0\\2&0&9\end{pmatrix}$，它的 1 阶主子式 $1>0$；2 阶主子式 $\begin{vmatrix}1&-1\\-1&3\end{vmatrix}=2>0$；3 阶主子式，即 $|\boldsymbol{A}|=6>0$，由定理 11 知 f 为正定二次型

34．证明对称阵 $\boldsymbol{A}$ 为正定的充要条件是：存在可逆阵 $\boldsymbol{U}$，使 $\boldsymbol{A}=\boldsymbol{U}^{\mathrm{T}}\boldsymbol{U}$，即 $\boldsymbol{A}$ 与单位矩阵 $\boldsymbol{E}$ 合同.

证　充分性：若存在可逆阵 $\boldsymbol{U}$，使 $\boldsymbol{A}=\boldsymbol{U}^{\mathrm{T}}\boldsymbol{U}$，任取 $\boldsymbol{x}\in\mathbb{R}^n$，$\boldsymbol{x}\neq\boldsymbol{0}$，就有 $\boldsymbol{U}\boldsymbol{x}\neq\boldsymbol{0}$，并且 $\boldsymbol{A}$ 的二次型在该处的值

$$f(\boldsymbol{x})=\boldsymbol{x}^{\mathrm{T}}\boldsymbol{A}\boldsymbol{x}=\boldsymbol{x}^{\mathrm{T}}\boldsymbol{U}^{\mathrm{T}}\boldsymbol{U}\boldsymbol{x}=[\boldsymbol{U}\boldsymbol{x},\boldsymbol{U}\boldsymbol{x}]=\|\boldsymbol{U}\boldsymbol{x}\|^2>0,$$

即矩阵 $\boldsymbol{A}$ 的二次型是正定的，从而由定义知，$\boldsymbol{A}$ 是正定矩阵.

必要性：因 $\boldsymbol{A}$ 是对称阵，由定理 7，必存在正交阵 $\boldsymbol{Q}$，使

$$\boldsymbol{Q}^{\mathrm{T}}\boldsymbol{A}\boldsymbol{Q}=\boldsymbol{\Lambda}=\mathrm{diag}(\lambda_1,\lambda_2,\cdots,\lambda_n),$$

其中 $\lambda_1,\lambda_2,\cdots,\lambda_n$ 是 $\boldsymbol{A}$ 的全部特征值.由 $\boldsymbol{A}$ 为正定矩阵,故 $\lambda_i>0, i=1,2,\cdots,n$.记对角阵 $\boldsymbol{\Lambda}_1=\operatorname{diag}(\sqrt{\lambda_1},\sqrt{\lambda_2},\cdots,\sqrt{\lambda_n})$,则有

$$\boldsymbol{\Lambda}_1^2=\operatorname{diag}(\sqrt{\lambda_1},\sqrt{\lambda_2},\cdots,\sqrt{\lambda_n})\operatorname{diag}(\sqrt{\lambda_1},\sqrt{\lambda_2},\cdots,\sqrt{\lambda_n})=\boldsymbol{\Lambda}.$$

从而

$$\boldsymbol{A}=\boldsymbol{Q}\boldsymbol{\Lambda}\boldsymbol{Q}^{\mathrm{T}}=\boldsymbol{Q}\boldsymbol{\Lambda}_1\boldsymbol{\Lambda}_1\boldsymbol{Q}^{\mathrm{T}}=(\boldsymbol{Q}\boldsymbol{\Lambda}_1)(\boldsymbol{Q}\boldsymbol{\Lambda}_1)^{\mathrm{T}},$$

记 $\boldsymbol{U}=(\boldsymbol{Q}\boldsymbol{\Lambda}_1)^{\mathrm{T}}$,显然 $\boldsymbol{U}$ 可逆,并且由上式知 $\boldsymbol{A}=\boldsymbol{U}^{\mathrm{T}}\boldsymbol{U}$.

习题 5(附答案和提示)

5.1 选择题

(1) 下列矩阵中可对角化的是(　　).

(a) $\begin{pmatrix}1&2&0\\0&1&0\\0&0&2\end{pmatrix}$　(b) $\begin{pmatrix}1&0&2\\0&2&0\\0&0&1\end{pmatrix}$　(c) $\begin{pmatrix}1&2&0\\0&2&0\\0&0&1\end{pmatrix}$　(d) $\begin{pmatrix}1&1&1\\0&1&0\\0&0&2\end{pmatrix}$

(2) 设 3 阶矩阵 $\boldsymbol{A}$ 的特征值为 0,1,2,那么 $R(\boldsymbol{A}+\boldsymbol{E})+R(\boldsymbol{A}-\boldsymbol{E})$ 为(　　).

(a) 2　(b) 3　(c) 4　(d) 5

(3) 二次型 $f=\boldsymbol{x}^{\mathrm{T}}\boldsymbol{A}\boldsymbol{x}$ 的矩阵 $\boldsymbol{A}$ 的所有对角元为正是 f 为正定的(　　).

(a) 充分条件但非必要条件　(b) 必要条件但非充分条件

(c) 充要条件　(d) 既不充分也不必要条件

(4) 设方阵 $\boldsymbol{A}$ 与 $\boldsymbol{B}$ 相似,则(　　).

(a) $\boldsymbol{A}-\lambda\boldsymbol{E}=\boldsymbol{B}-\lambda\boldsymbol{E}$

(b) $\boldsymbol{A}$ 与 $\boldsymbol{B}$ 有相同的特征值和特征向量

(c) $\boldsymbol{A}$ 与 $\boldsymbol{B}$ 都相似于一个对角阵

(d) 对任意常数 t,$\boldsymbol{A}-t\boldsymbol{E}$ 与 $\boldsymbol{B}-t\boldsymbol{E}$ 相似

(5) 设 $\boldsymbol{A}=\begin{pmatrix}1&1&1&1\\1&1&1&1\\1&1&1&1\\1&1&1&1\end{pmatrix}$,$\boldsymbol{B}=\begin{pmatrix}4&0&0&0\\0&0&0&0\\0&0&0&0\\0&0&0&0\end{pmatrix}$,则 $\boldsymbol{A}$ 与 $\boldsymbol{B}$(　　).

(a) 合同且相似　(b) 合同但不相似

(c) 不合同但相似　(d) 既不合同也不相似

5.2 设 $\boldsymbol{A}$ 为 n 阶矩阵,证明 $\boldsymbol{A}$ 为正交阵的充要条件是 $\boldsymbol{A}^*$ 为正交阵.

5.3 设 λ 是 n 阶矩阵 $\boldsymbol{A}$ 的一个特征值.

(1) 求 $\boldsymbol{A}^3,\boldsymbol{A}^3+3\boldsymbol{A}+2\boldsymbol{E}$ 的一个特征值;

(2) 若 $\boldsymbol{A}$ 可逆,求 $\boldsymbol{A}^{-1},\boldsymbol{E}-2\boldsymbol{A}^{-1}-3\boldsymbol{A}^{-2}$ 的一个特征值.

5.4 设 3 阶矩阵 $\boldsymbol{A}$ 的特征值为 $1,-1,2$,$\boldsymbol{B}=\boldsymbol{A}^3-5\boldsymbol{A}^2$,求 $\det\boldsymbol{B}$ 及 $\det(\boldsymbol{A}-5\boldsymbol{E})$.

5.5 设 4 阶矩阵 $\boldsymbol{A}$ 满足 $|\boldsymbol{A}+3\boldsymbol{E}|=0$,$\boldsymbol{A}\boldsymbol{A}^{\mathrm{T}}=2\boldsymbol{E}$,$|\boldsymbol{A}|<0$,求 $\boldsymbol{A}^*$ 的一个特征值,这里

A^* 为 A 的伴随矩阵.

5.6　设 λ_1,λ_2 是矩阵 A 的两个不同的特征值,$\alpha_1,\cdots,\alpha_r$ 是对应于特征值 λ_1 的线性无关的特征向量,$\beta_1,\cdots,\beta_s$ 是对应于特征值 λ_2 的线性无关的特征向量,证明向量组 $\alpha_1,\cdots,\alpha_r,\beta_1,\cdots,\beta_s$ 线性无关.

5.7　设 A 为 n 阶矩阵,若存在正整数 k,使 $A^k=O$(称这样的矩阵为幂零矩阵).证明:(1) $\det(A+E)=1$;(2) A 相似于对角矩阵的充要条件是 $A=O$.

5.8　已知二次曲面方程

$$x^2+ay^2+z^2+2bxy+2xz+2yz=4$$

可以经过正交变换

$$\begin{pmatrix}x\\y\\z\end{pmatrix}=P\begin{pmatrix}x'\\y'\\z'\end{pmatrix}$$

化为柱面方程 $y'^2+4z'^2=4$,求 a,b 的值及所用正交阵 P.

5.9　设 3 阶对称阵 A 的特征值是 1,2,3,矩阵 A 的对应于特征值 1 和 2 的特征向量分别是 $\alpha_1=(-1,-1,1)^{\mathrm T}$ 和 $\alpha_2=(1,-2,-1)^{\mathrm T}$.求 A.

5.10　设矩阵 $A=\begin{pmatrix}-2&0&0\\2&a&2\\3&1&1\end{pmatrix}$ 与 $B=\begin{pmatrix}-1&0&0\\0&2&0\\0&0&b\end{pmatrix}$ 相似.

(1) 求 a 和 b;

(2) 求可逆阵 P,使 $P^{-1}AP=B$.

5.11　设 $A=\begin{pmatrix}0&0&1\\x&1&y\\1&0&0\end{pmatrix}$ 有 3 个线性无关的特征向量,求 x,y 应满足的条件.

5.12　设 $A=\begin{pmatrix}1&2\\4&3\end{pmatrix}$,$\varphi(x)=x^{100}-25x^{98}+5x^{96}+19$.求 $\varphi(A)$.

5.13　设 A 为 m 阶正定阵,B 为 $m\times n$ 矩阵,证明:$B^{\mathrm T}AB$ 为正定阵的充要条件是 $R(B)=n$.

5.14　某试验性生产线每年 1 月进行熟练工与非熟练工的人数统计,然后,将 1/6 熟练工支援其他生产部门,其缺额由招收新的非熟练工补齐.新、老非熟练工经培训及实践,至年终考核有 2/5 成为熟练工.设第 n 年 1 月统计的熟练工及非熟练工所占百分比分别是 x_n 和 y_n,记为 $\begin{pmatrix}x_n\\y_n\end{pmatrix}$.

(1) 求 $\begin{pmatrix}x_{n+1}\\y_{n+1}\end{pmatrix}$ 与 $\begin{pmatrix}x_n\\y_n\end{pmatrix}$ 的关系式并写成矩阵形式 $\begin{pmatrix}x_{n+1}\\y_{n+1}\end{pmatrix}=A\begin{pmatrix}x_n\\y_n\end{pmatrix}$;

(2) 当 $\begin{pmatrix}x_1\\y_1\end{pmatrix}=\begin{pmatrix}\frac{1}{2}\\\frac{1}{2}\end{pmatrix}$ 时,求 $\begin{pmatrix}x_{n+1}\\y_{n+1}\end{pmatrix}$.

5.15 在三维空间直角坐标系中,二次曲面 $x^2+y^2-z^2-xy+2xz-2yz=0$ 表示什么样的曲面?

答案和提示

5.1 (1) (c),提示:参看例 11 之析;(2) (d),提示:$\boldsymbol{A}$ 可对角化 $\Rightarrow R(\boldsymbol{A}+\boldsymbol{E})=3$, $R(\boldsymbol{A}-\boldsymbol{E})=2$;(3) (b);(4) (d),提示:由 $\boldsymbol{P}^{-1}\boldsymbol{AP}=\boldsymbol{B}\Rightarrow\boldsymbol{P}^{-1}(\boldsymbol{A}-t\boldsymbol{E})\boldsymbol{P}=\boldsymbol{B}-t\boldsymbol{E}$;(5) (a),提示:由第一章习题 8(2)知 $\boldsymbol{A}$ 的特征值为 4,0,0,0.

5.2 略.

5.3 (1) $\lambda^3,\lambda^3+3\lambda+2$;(2) $\dfrac{1}{\lambda},1-\dfrac{2}{\lambda}-\dfrac{3}{\lambda^2}$.

5.4 $|\boldsymbol{B}|=-288,|\boldsymbol{A}-5\boldsymbol{E}|=-72$.

5.5 $\dfrac{4}{3}$,提示:由题设知 -3 为 $\boldsymbol{A}$ 的特征值;$|\boldsymbol{A}|=-4$,再参看教材第五章例 9.

5.6 提示:设有

$$k_1\boldsymbol{\alpha}_1+\cdots+k_r\boldsymbol{\alpha}_r+l_1\boldsymbol{\beta}_1+\cdots+l_s\boldsymbol{\beta}_s=\boldsymbol{0}, \tag{1}$$

将上式等号两边均左乘 $\boldsymbol{A}$,得

$$\lambda_1(k_1\boldsymbol{\alpha}_1+\cdots+k_r\boldsymbol{\alpha}_r)+\lambda_2(l_1\boldsymbol{\beta}_1+\cdots+l_s\boldsymbol{\beta}_s)=\boldsymbol{0},$$

又由式(1)两边乘 λ_2,得

$$\lambda_2(k_1\boldsymbol{\alpha}_1+\cdots+k_r\boldsymbol{\alpha}_r)+\lambda_2(l_1\boldsymbol{\beta}_1+\cdots+l_s\boldsymbol{\beta}_s)=\boldsymbol{0}.$$

上面两式相减,并由 $\lambda_1\neq\lambda_2$ 得

$$k_1\boldsymbol{\alpha}_1+\cdots+k_r\boldsymbol{\alpha}_r=\boldsymbol{0}\Rightarrow k_1=\cdots=k_r=0,$$

同理,$l_1=\cdots=l_s=0$,于是,向量组 $\boldsymbol{\alpha}_1,\cdots,\boldsymbol{\alpha}_r,\boldsymbol{\beta}_1,\cdots,\boldsymbol{\beta}_s$ 线性无关.

5.7 提示:(1) $\boldsymbol{A}$ 的特征值全为零 $\Rightarrow\boldsymbol{A}+\boldsymbol{E}$ 的特征值全为 1;(2)充分性显然;必要性:若 $\boldsymbol{A}$ 相似于对角矩阵 $\boldsymbol{\Lambda}$,则 $\boldsymbol{\Lambda}$ 一定是零矩阵,于是,$\boldsymbol{P}^{-1}\boldsymbol{AP}=\boldsymbol{O}\Rightarrow\boldsymbol{A}=\boldsymbol{O}$.

5.8 $a=3,b=1$;$\boldsymbol{P}=\begin{pmatrix}-\dfrac{1}{\sqrt{2}} & \dfrac{1}{\sqrt{3}} & \dfrac{1}{\sqrt{6}}\\ 0 & -\dfrac{1}{\sqrt{3}} & \dfrac{2}{\sqrt{6}}\\ \dfrac{1}{\sqrt{2}} & \dfrac{1}{\sqrt{3}} & \dfrac{1}{\sqrt{6}}\end{pmatrix}$,提示:参看例 5.5.

5.9 $\boldsymbol{A}=\dfrac{1}{6}\begin{pmatrix}13 & -2 & 5\\ -2 & 10 & 2\\ 5 & 2 & 13\end{pmatrix}$.

5.10 (1) $a=0,b=-2$;(2) $\boldsymbol{P}=\begin{pmatrix}0 & 0 & 1\\ 2 & 1 & 0\\ -1 & 1 & -1\end{pmatrix}$.

5.11 提示:$\boldsymbol{A}$ 的特征值 $\lambda_1=\lambda_2=1,\lambda_3=-1$. 为使对应于二重特征值 1 有两个线性无

关的特征向量,矩阵 $\boldsymbol{A}-\boldsymbol{E}$ 的秩必须等于1,由此可推得 $x+y=0$.

5.12　$\varphi(\boldsymbol{A})=\frac{1}{3}(5^{97}+19)\begin{pmatrix}1&1\\2&2\end{pmatrix}$,参看习题17和习题25.

5.13　提示:$\boldsymbol{B}^{\mathrm{T}}\boldsymbol{AB}$ 是正定矩阵$\Leftrightarrow\forall\,\boldsymbol{x}\neq\boldsymbol{0},\boldsymbol{x}^{\mathrm{T}}(\boldsymbol{B}^{\mathrm{T}}\boldsymbol{AB})\boldsymbol{x}>0\Leftrightarrow\forall\,\boldsymbol{x}\neq\boldsymbol{0},(\boldsymbol{Bx})^{\mathrm{T}}\boldsymbol{A}(\boldsymbol{Bx})>0$ $\Leftrightarrow$方程组 $\boldsymbol{Bx}=\boldsymbol{0}$ 只有零解(因为 $\boldsymbol{A}$ 是正定矩阵)$\Leftrightarrow R(\boldsymbol{B})=n$.

5.14　(1) $\begin{pmatrix}x_{n+1}\\y_{n+1}\end{pmatrix}=\boldsymbol{A}\begin{pmatrix}x_n\\y_n\end{pmatrix}$,其中 $\boldsymbol{A}=\frac{1}{10}\begin{pmatrix}9&4\\1&6\end{pmatrix}$;

(2) $\begin{pmatrix}x_{n+1}\\y_{n+1}\end{pmatrix}=\frac{1}{10}\begin{pmatrix}8-3\,\frac{1}{2^n}\\2+3\,\frac{1}{2^n}\end{pmatrix}$.

5.15　提示:因 f 的标准形中系数二正一负,故曲面是一个锥面.

*第六章

线性空间与线性变换

基本要求

1. 了解线性空间的概念，了解线性空间的基与维数，了解坐标的概念及 n 维线性空间 V_n 与数组向量空间 $\mathbb{R}^n$ 同构的原理. 知道基变换与坐标变换的原理.

2. 了解线性变换的概念，知道线性变换的像空间和核. 会求线性变换的矩阵，知道线性变换在不同基中的矩阵彼此相似. 知道线性变换的秩.

内容提要

1. 满足教材中所列八条规律的运算称为线性运算，定义了线性运算且对运算封闭的非空集合称为线性空间.

2. 线性空间的性质：

(1) 零元素是惟一的；

(2) 负元素是惟一的；

(3) $0\boldsymbol{\alpha}=\mathbf{0}$，$(-1)\boldsymbol{\alpha}=-\boldsymbol{\alpha}$，$\lambda\mathbf{0}=\mathbf{0}$；

(4) 若 $\lambda\boldsymbol{\alpha}=\mathbf{0}$，则 $\lambda=0$ 或 $\boldsymbol{\alpha}=\mathbf{0}$.

3. 第四章中讨论的 n 维数组向量的有关概念，如线性组合、线性相关与线性无关、向量组的秩、向量空间的基与维数、向量在基中的坐标等，都可直接套用到线性空间中来.

4. 设在 n 维线性空间 V_n 中取定一个基 $\boldsymbol{\alpha}_1,\boldsymbol{\alpha}_2,\cdots,\boldsymbol{\alpha}_n$，则 $\forall\,\boldsymbol{\alpha}\in V_n$，惟一存在一个 n 维数组向量 $\boldsymbol{x}=(x_1,x_2,\cdots,x_n)^{\mathrm{T}}\in\mathbb{R}^n$，使

$$\boldsymbol{\alpha}=x_1\boldsymbol{\alpha}_1+x_2\boldsymbol{\alpha}_2+\cdots+x_n\boldsymbol{\alpha}_n=(\boldsymbol{\alpha}_1,\boldsymbol{\alpha}_2,\cdots,\boldsymbol{\alpha}_n)\boldsymbol{x},$$

于是 V_n 中的向量 $\boldsymbol{\alpha}$ 与 $\mathbb{R}^n$ 中的向量 $\boldsymbol{x}$ 有一一对应的关系：$\boldsymbol{\alpha}\leftrightarrow\boldsymbol{x}$，据此，数组向量 $\boldsymbol{x}$ 称为向量 $\boldsymbol{\alpha}$ 在基[$\boldsymbol{\alpha}_1,\boldsymbol{\alpha}_2,\cdots,\boldsymbol{\alpha}_n$]中的坐标. 对应关系 $\boldsymbol{\alpha}\leftrightarrow\boldsymbol{x}$ 也可记作 $\boldsymbol{\alpha}=\boldsymbol{x}$.

由于 V_n 与$\mathbb{R}^n$ 的元素一一对应，且这种对应关系保持线性组合的对应，即设 $\boldsymbol{\alpha},\boldsymbol{\beta}\in V_n$，$\boldsymbol{x},\boldsymbol{y}\in\mathbb{R}^n$，$\lambda,\mu\in\mathbb{R}$，

$$若\ \boldsymbol{\alpha}\leftrightarrow\boldsymbol{x},\boldsymbol{\beta}\leftrightarrow\boldsymbol{y},则\ \lambda\boldsymbol{\alpha}+\mu\boldsymbol{\beta}\leftrightarrow\lambda\boldsymbol{x}+\mu\boldsymbol{y}.$$

据此，称线性空间 V_n 与$\mathbb{R}^n$ 同构. 于是任何 n 维线性空间都彼此同构，且都与$\mathbb{R}^n$ 同构. 由于 V_n 与$\mathbb{R}^n$ 同构，因此 V_n 中的抽象的线性运算就可转化为$\mathbb{R}^n$ 中的线性运算.

5. 基变换与坐标变换

设 $\boldsymbol{\alpha}_1,\boldsymbol{\alpha}_2,\cdots,\boldsymbol{\alpha}_n$ 和 $\boldsymbol{\beta}_1,\boldsymbol{\beta}_2,\cdots,\boldsymbol{\beta}_n$ 是线性空间 V_n 中的两个基，基 $\boldsymbol{\beta}_1,\boldsymbol{\beta}_2,\cdots,\boldsymbol{\beta}_n$ 用基 $\boldsymbol{\alpha}_1,\boldsymbol{\alpha}_2,\cdots,\boldsymbol{\alpha}_n$ 线性表示的表示式

$$(\boldsymbol{\beta}_1,\boldsymbol{\beta}_2,\cdots,\boldsymbol{\beta}_n)=(\boldsymbol{\alpha}_1,\boldsymbol{\alpha}_2,\cdots,\boldsymbol{\alpha}_n)\boldsymbol{P}$$

称为从基 $\boldsymbol{\alpha}_1,\boldsymbol{\alpha}_2,\cdots,\boldsymbol{\alpha}_n$ 到基 $\boldsymbol{\beta}_1,\boldsymbol{\beta}_2,\cdots,\boldsymbol{\beta}_n$ 的变换公式，n 阶矩阵 $\boldsymbol{P}=(p_{ij})_{n\times n}$ 称为过渡矩阵. $\boldsymbol{P}$ 是可逆阵，并且它的第 i 个列向量是向量 $\boldsymbol{\beta}_i$ 在基 $\boldsymbol{\alpha}_1,\boldsymbol{\alpha}_2,\cdots,\boldsymbol{\alpha}_n$ 中的坐标，$i=1,2,\cdots,n$.

设 V_n 中的向量 $\boldsymbol{\alpha}$ 在上述两个基中的坐标依次为

$$\boldsymbol{x}=(x_1,x_2,\cdots,x_n)^{\mathrm{T}}和\ \boldsymbol{x}'=(x_1',x_2',\cdots,x_n')^{\mathrm{T}},$$

则有坐标变换公式

$$\boldsymbol{x}'=\boldsymbol{P}^{-1}\boldsymbol{x}\quad(或\ \boldsymbol{x}=\boldsymbol{P}\boldsymbol{x}').$$

6. 设有两个线性空间 V 和 U，从 V 到 U 的映射 T 如果满足：对任何 $\boldsymbol{\alpha}_1,\boldsymbol{\alpha}_2\in V$，$\lambda_1,\lambda_2\in\mathbb{R}$，总有

$$T(\lambda_1\boldsymbol{\alpha}_1+\lambda_2\boldsymbol{\alpha}_2)=\lambda_1 T(\boldsymbol{\alpha}_1)+\lambda_2 T(\boldsymbol{\alpha}_2),$$

则称 T 为线性映射(或线性变换).

线性变换 T 的像集 $T(V)\subset U$ 是一个线性空间，称为 T 的像空间. 像空间维数称为线性变换 T 的秩.

集合 $S_T=\{\boldsymbol{\alpha}\mid T(\boldsymbol{\alpha})=\boldsymbol{0},\boldsymbol{\alpha}\in V\}$ 也是一个线性空间，称为线性变换 T 的核.

从线性空间 V 到其自身的线性映射称为 V 中的线性变换.

7. 线性变换的矩阵

设 T 是 n 维线性空间 V_n 中的线性变换，在 V_n 中取定一个基 $\boldsymbol{\alpha}_1,\boldsymbol{\alpha}_2,\cdots,\boldsymbol{\alpha}_n$，如果基的像用基表示的表示式为

$$T(\boldsymbol{\alpha}_1,\boldsymbol{\alpha}_2,\cdots,\boldsymbol{\alpha}_n)=(T(\boldsymbol{\alpha}_1),T(\boldsymbol{\alpha}_2),\cdots,T(\boldsymbol{\alpha}_n))=(\boldsymbol{\alpha}_1,\boldsymbol{\alpha}_2,\cdots,\boldsymbol{\alpha}_n)\boldsymbol{A},$$

则矩阵 $\boldsymbol{A}=(a_{ij})_{n\times n}$ 称为线性变换 T 在基 $\boldsymbol{\alpha}_1,\boldsymbol{\alpha}_2,\cdots,\boldsymbol{\alpha}_n$ 下的矩阵. 反之，给定矩阵 $\boldsymbol{A}$，满足 $T(\boldsymbol{\alpha}_1,\boldsymbol{\alpha}_2,\cdots,\boldsymbol{\alpha}_n)=(\boldsymbol{\alpha}_1,\boldsymbol{\alpha}_2,\cdots,\boldsymbol{\alpha}_n)\boldsymbol{A}$ 的线性变换 T 是惟一确定的.

设 $\boldsymbol{\beta}=T(\boldsymbol{\alpha}),\boldsymbol{\alpha}=(\boldsymbol{\alpha}_1,\boldsymbol{\alpha}_2,\cdots,\boldsymbol{\alpha}_n)\boldsymbol{x},\boldsymbol{\beta}=(\boldsymbol{\alpha}_1,\boldsymbol{\alpha}_2,\cdots,\boldsymbol{\alpha}_n)\boldsymbol{y}\ (\boldsymbol{x},\boldsymbol{y}\in\mathbb{R}^n)$,由 $T(\boldsymbol{\alpha})=T(\boldsymbol{\alpha}_1,\boldsymbol{\alpha}_2,\cdots,\boldsymbol{\alpha}_n)\boldsymbol{x}=(\boldsymbol{\alpha}_1,\boldsymbol{\alpha}_2,\cdots,\boldsymbol{\alpha}_n)\boldsymbol{A}\boldsymbol{x}$,得 $\boldsymbol{y}=\boldsymbol{A}\boldsymbol{x}$. 这就是说,在线性空间 V_n 中取定一个基 $\boldsymbol{\alpha}_1,\boldsymbol{\alpha}_2,\cdots,\boldsymbol{\alpha}_n$ 以后,如果向量 $\boldsymbol{\alpha},\boldsymbol{\beta}$ 的坐标依次为 $\boldsymbol{x}$ 和 $\boldsymbol{y}$,线性变换 T 的矩阵为 $\boldsymbol{A}$,那么 V_n 中的线性变换 $\boldsymbol{\beta}=T(\boldsymbol{\alpha})$ 对应 $\mathbb{R}^n$ 中的线性变换 $\boldsymbol{y}=\boldsymbol{A}\boldsymbol{x}$.

8. 设线性空间 V_n 中取定两个基 $\boldsymbol{\alpha}_1,\boldsymbol{\alpha}_2,\cdots,\boldsymbol{\alpha}_n$ 和 $\boldsymbol{\beta}_1,\boldsymbol{\beta}_2,\cdots,\boldsymbol{\beta}_n$,且

$$(\boldsymbol{\beta}_1,\boldsymbol{\beta}_2,\cdots,\boldsymbol{\beta}_n)=(\boldsymbol{\alpha}_1,\boldsymbol{\alpha}_2,\cdots,\boldsymbol{\alpha}_n)\boldsymbol{P},$$

V_n 中的线性变换 T 在这两个基下的矩阵依次为 $\boldsymbol{A}$ 和 $\boldsymbol{B}$,则

$$\boldsymbol{B}=\boldsymbol{P}^{-1}\boldsymbol{A}\boldsymbol{P},$$

这表明 V_n 中的线性变换 T 在不同基下的矩阵彼此相似.

学习要点

本章是线性代数几何理论的基本知识,初步了解这些知识是很有益的,它使我们能用更高的观点去审视前几章的内容,使它们有广泛的应用.

本章先介绍线性运算和线性空间的概念. 对于线性空间中的向量组,依据线性运算,也有线性组合、线性相关与线性无关、向量组的秩等概念,也有线性空间的基和维的概念. 然后着重讨论 n 维(有限维)线性空间.

在 n 维线性空间 V_n 中取定一个基 $\boldsymbol{\alpha}_1,\boldsymbol{\alpha}_2,\cdots,\boldsymbol{\alpha}_n$,则 V_n 中任一向量 $\boldsymbol{\alpha}$ 就可与 $\mathbb{R}^n$ 中的数组向量 $\boldsymbol{x}=(x_1,x_2,\cdots,x_n)^{\mathrm{T}}$ 建立起一一对应的关系

$$\boldsymbol{\alpha}=(\boldsymbol{\alpha}_1,\boldsymbol{\alpha}_2,\cdots,\boldsymbol{\alpha}_n)\boldsymbol{x}\leftrightarrow\boldsymbol{x},$$

并且这个对应关系保持线性组合的对应,即若 $\boldsymbol{\alpha}\leftrightarrow\boldsymbol{x},\boldsymbol{\beta}\leftrightarrow\boldsymbol{y},\lambda,\mu\in\mathbb{R}$,则

$$\lambda\boldsymbol{\alpha}+\mu\boldsymbol{\beta}\leftrightarrow\lambda\boldsymbol{x}+\mu\boldsymbol{y}.$$

于是把 $\boldsymbol{x}$ 称为 $\boldsymbol{\alpha}$ 的坐标,并把 V_n 中的线性运算转化为 $\mathbb{R}^n$ 中的线性运算.

由于 V_n 与 $\mathbb{R}^n$ 的元素有一一对应的关系,且此对应关系保持线性组合的对应,据此,称 V_n 与 $\mathbb{R}^n$ 同构. 由此可知,把 $\mathbb{R}^n$ 中的向量 $\boldsymbol{x}$ 作为 V_n 中对应向量 $\boldsymbol{\alpha}$ 的坐标,其本质就是 V_n 与 $\mathbb{R}^n$ 同构.

在论述基变换及线性变换时,都涉及一个基本关系式

$$(\boldsymbol{\beta}_1,\boldsymbol{\beta}_2,\cdots,\boldsymbol{\beta}_n)=(\boldsymbol{\alpha}_1,\boldsymbol{\alpha}_2,\cdots,\boldsymbol{\alpha}_n)\boldsymbol{P},\tag{6.1}$$

其中 $\boldsymbol{\alpha}_1,\boldsymbol{\alpha}_2,\cdots,\boldsymbol{\alpha}_n$ 是线性空间 V_n 的一个基. 我们可以从下述几方面来审视这个关系式:

(i) 从坐标角度看,$\boldsymbol{P}=(\boldsymbol{p}_1,\boldsymbol{p}_2,\cdots,\boldsymbol{p}_n)$ 的列向量 $\boldsymbol{p}_j$ 是向量 $\boldsymbol{\beta}_j$ 在基 $\boldsymbol{\alpha}_1$,

$\boldsymbol{\alpha}_2,\cdots,\boldsymbol{\alpha}_n$ 中的坐标,即

$(\boldsymbol{\beta}_1,\boldsymbol{\beta}_2,\cdots,\boldsymbol{\beta}_n)\leftrightarrow(\boldsymbol{p}_1,\boldsymbol{p}_2,\cdots,\boldsymbol{p}_n)=\boldsymbol{P},(\boldsymbol{\alpha}_1,\boldsymbol{\alpha}_2,\cdots,\boldsymbol{\alpha}_n)\leftrightarrow(\boldsymbol{e}_1,\boldsymbol{e}_2,\cdots,\boldsymbol{e}_n)=\boldsymbol{E}$.

故向量组 $\boldsymbol{\beta}_1,\boldsymbol{\beta}_2,\cdots,\boldsymbol{\beta}_n$ 的秩 $R(\boldsymbol{\beta}_1,\boldsymbol{\beta}_2,\cdots,\boldsymbol{\beta}_n)=$ 向量组 $\boldsymbol{p}_1,\boldsymbol{p}_2,\cdots,\boldsymbol{p}_n$ 的秩 $R(\boldsymbol{p}_1,\boldsymbol{p}_2,\cdots,\boldsymbol{p}_n)=$ 矩阵 $\boldsymbol{P}$ 的秩 $R(\boldsymbol{P})$.

(ii) 从基变换的角度看,若 $\boldsymbol{\beta}_1,\boldsymbol{\beta}_2,\cdots,\boldsymbol{\beta}_n$ 是线性空间 V_n 的另一个基,则关系式(6.1)便是从老基 $\boldsymbol{\alpha}_1,\boldsymbol{\alpha}_2,\cdots,\boldsymbol{\alpha}_n$ 到新基 $\boldsymbol{\beta}_1,\boldsymbol{\beta}_2,\cdots,\boldsymbol{\beta}_n$ 的基变换公式,$\boldsymbol{P}$ 是从老基到新基的过渡矩阵.这时,由于 $\boldsymbol{\beta}_1,\boldsymbol{\beta}_2,\cdots,\boldsymbol{\beta}_n$ 线性无关,故 $R(\boldsymbol{P})=n$,即 $\boldsymbol{P}$ 可逆.

(iii) 从线性变换的角度看,关系式(6.1)惟一确定了 V_n 中的一个线性变换 T,它把基 $\boldsymbol{\alpha}_1,\boldsymbol{\alpha}_2,\cdots,\boldsymbol{\alpha}_n$ 变成向量组 $\boldsymbol{\beta}_1,\boldsymbol{\beta}_2,\cdots,\boldsymbol{\beta}_n$(即 $T(\boldsymbol{\alpha}_1,\boldsymbol{\alpha}_2,\cdots,\boldsymbol{\alpha}_n)=(\boldsymbol{\beta}_1,\boldsymbol{\beta}_2,\cdots,\boldsymbol{\beta}_n)$),它在基 $\boldsymbol{\alpha}_1,\boldsymbol{\alpha}_2,\cdots,\boldsymbol{\alpha}_n$ 下的矩阵就是$(\boldsymbol{\beta}_1,\boldsymbol{\beta}_2,\cdots,\boldsymbol{\beta}_n)$的坐标所构成的矩阵$(\boldsymbol{p}_1,\boldsymbol{p}_2,\cdots,\boldsymbol{p}_n)=\boldsymbol{P}$.

上面的论述说明关系式(6.1)的重要性,理解它的涵义是掌握本章知识的一个关键.

本章中较多使用数学抽象思维的模式,例如线性运算的定义、零元素的定义等.读者对此可能比较陌生,接触多了也就能领会.线性运算的八条规律可视为线性运算的公理系统,线性运算的其他规律以及线性空间、线性变换的性质都是由此公理系统推导出来的,例如$(-1)\boldsymbol{\alpha}=-\boldsymbol{\alpha}$ 不能认为是当然的,而需用公理系统去证明.

释疑解难

问 6.1 引入线性空间的概念有什么意义?

答 笛卡儿(Descartes)创立了坐标的概念,架起了形与数之间的桥梁,这在数学发展史上是一座伟大的里程碑.我们来分析解析几何中向量(可平移的有向线段)的坐标的定义:把几何向量的全体所构成的集合记作 V,在 V 中引入几何向量的加法(平行四边形法则)及数乘几何向量的乘法,取定 3 个不共面的向量 $\boldsymbol{\alpha}_1,\boldsymbol{\alpha}_2,\boldsymbol{\alpha}_3$,则 V 中任一向量 $\boldsymbol{\alpha}$ 都可用 $\boldsymbol{\alpha}_1,\boldsymbol{\alpha}_2,\boldsymbol{\alpha}_3$ 惟一地线性表示为

$$\boldsymbol{\alpha}=x_1\boldsymbol{\alpha}_1+x_2\boldsymbol{\alpha}_2+x_3\boldsymbol{\alpha}_3,$$

于是就有一一对应的关系

$$\text{几何向量 }\boldsymbol{\alpha}\longleftrightarrow\text{有序数组 }\boldsymbol{x}=\begin{pmatrix}x_1\\x_2\\x_3\end{pmatrix}.$$

据此,我们把 $\boldsymbol{x}$ 称为 $\boldsymbol{\alpha}$ 在坐标系$[\boldsymbol{\alpha}_1,\boldsymbol{\alpha}_2,\boldsymbol{\alpha}_3]$中的坐标,并记作

$$\boldsymbol{\alpha}=\boldsymbol{x}.$$

由于集合 V 与$\mathbb{R}^3$ 的元素之间建立了一一对应的关系,且根据线性运算的运算规律,可以证明

$$\text{若 } \boldsymbol{\alpha}\longleftrightarrow\boldsymbol{x},\ \boldsymbol{\beta}\longleftrightarrow\boldsymbol{y},\text{则 } \lambda\boldsymbol{\alpha}+\mu\boldsymbol{\beta}\longleftrightarrow\lambda\boldsymbol{x}+\mu\boldsymbol{y},$$

于是我们称集合 V 为几何向量空间,并称它与数组向量空间$\mathbb{R}^3$ 同构.这样,几何向量的线性运算(几何运算)就转化为数组向量的线性运算(代数运算),使我们能用代数方法解决几何问题;反之,几何向量 $\boldsymbol{\alpha}$ 作为数组向量 $\boldsymbol{x}$ 的几何形象,也使我们对$\mathbb{R}^3$ 有直观的想象,也使我们能用几何方法解决代数问题(把"$\boldsymbol{\alpha}\leftrightarrow\boldsymbol{x}$"记作"$\boldsymbol{\alpha}=\boldsymbol{x}$",表明在线性运算中可以把 $\boldsymbol{\alpha}$ 与 $\boldsymbol{x}$ 看做同样的元素,尽管 $\boldsymbol{\alpha}$ 与 $\boldsymbol{x}$ 是分别属于两个完全不同范畴的事物).

既然坐标有如此巨大的作用,我们自然要问:在什么样的集合中可以建立坐标系?即什么样的集合可以与$\mathbb{R}^n$ 同构?为此,提出线性空间的概念:满足 8 条规律的运算称为线性运算,定义了线性运算的集合称为线性空间.如果线性空间 V 中有含 n 个向量的基 $\boldsymbol{\alpha}_1,\cdots,\boldsymbol{\alpha}_n$,则 V 中任一向量 $\boldsymbol{\alpha}$ 可由这个基惟一地线性表示为

$$\boldsymbol{\alpha}=x_1\boldsymbol{\alpha}_1+\cdots+x_n\boldsymbol{\alpha}_n=(\boldsymbol{\alpha}_1,\cdots,\boldsymbol{\alpha}_n)\boldsymbol{x},$$

由此建立起 V 中向量 $\boldsymbol{\alpha}$ 与$\mathbb{R}^n$ 中的数组向量 $\boldsymbol{x}$ 之间的一一对应关系.于是线性空间 V 与$\mathbb{R}^n$ 同构,并把 $\boldsymbol{x}$ 称为向量 $\boldsymbol{\alpha}$ 在基$[\boldsymbol{\alpha}_1,\cdots,\boldsymbol{\alpha}_n]$中的坐标.这样,$V$ 中的线性运算就转化为$\mathbb{R}^n$ 中的线性运算,就可以用$\mathbb{R}^n$ 中的向量 $\boldsymbol{x}$ 来研究 V 中的向量 $\boldsymbol{\alpha}$,甚至也可以把 $\boldsymbol{\alpha}\leftrightarrow\boldsymbol{x}$ 记作 $\boldsymbol{\alpha}=\boldsymbol{x}$,即把 $\boldsymbol{\alpha}$ 看做是 $\boldsymbol{x}$.

本章较多涉及数学的抽象思维模式.例如线性运算的定义,零元素的定义,等等.这些对非数学类专业的读者比较陌生,然而抽象思维是十分重要的.教材介绍一个在$\mathbb{R}^+$ 中定义线性运算的例子,由此例可领会到线性运算的广泛性及线性空间概念的广泛适用性.由于各式各样的线性运算都可转化为数组向量的线性运算,这就更加显示出对数组向量研究的重要意义.

问 6.2 n 阶方阵全体 M_n 在矩阵的加法与数乘运算下是否构成一个线性空间?如果是,它的维数是多少?

答 M_n 非空且对线性运算封闭,且满足所有 8 条运算规则,由定义知,它对于矩阵的加法和数乘构成一个线性空间.

令 $\boldsymbol{E}_{ij}$ 是(i,j)元为 1、其余元素均为零的 n 阶矩阵,则向量组 S

$$S=\{\boldsymbol{E}_{ij}\mid i,j=1,2,\cdots,n\}$$

是线性空间 M_n 的一个基.事实上

(1) 向量组 S 线性无关,因若有

$$\sum_{i,j} k_{ij}\boldsymbol{E}_{ij}=\boldsymbol{O}, k_{ij}\in\mathbb{R}, i,j=1,2,\cdots,n,$$

则 n 阶矩阵 $\boldsymbol{K}=(k_{ij})=\boldsymbol{O}\Rightarrow k_{ij}=0, i,j=1,2,\cdots,n$，由定义，向量组 S 线性无关；

(2) $\forall \boldsymbol{A}=(a_{ij})\in M_n$，有

$$\boldsymbol{A}=\sum_{i,j} a_{ij}\boldsymbol{E}_{ij},$$

即 $\boldsymbol{A}$ 可由向量组 S 线性表示.

于是，线性空间 M_n 的维数等于 n^2.

问 6.3 下列命题是否正确？为什么？

(1) 线性变换 T 把 V 的线性相关向量组变为线性相关向量组；

(2) 线性变换 T 把 V 的线性无关向量组变为线性无关向量组.

答 (1) 正确. 设 V 中向量组 $S:\boldsymbol{\alpha}_1,\boldsymbol{\alpha}_2,\cdots,\boldsymbol{\alpha}_m$ 线性相关，于是，存在不全为零的数 $k_1,k_2,\cdots,k_m$，使

$$k_1\boldsymbol{\alpha}_1+k_2\boldsymbol{\alpha}_2+\cdots+k_m\boldsymbol{\alpha}_m=\boldsymbol{0},$$

于是

$$\begin{aligned}\boldsymbol{0}&=T(\boldsymbol{0})=T(k_1\boldsymbol{\alpha}_1+k_2\boldsymbol{\alpha}_2+\cdots+k_m\boldsymbol{\alpha}_m)\\&=k_1T(\boldsymbol{\alpha}_1)+k_2T(\boldsymbol{\alpha}_2)+\cdots+k_mT(\boldsymbol{\alpha}_m),\end{aligned}$$

上式表明，由向量组 S 的像构成的向量组还是线性相关的.

(2) 不正确. 反例：

设 T 是线性空间 V 上的零变换，即

$$\forall \boldsymbol{\alpha}\in V, T(\boldsymbol{\alpha})=\boldsymbol{0},$$

则 T 是 V 的一个线性变换，但在此变换下，任一个线性无关向量组变为线性相关向量组.

问 6.4 如何理解 V_n 中线性变换 T 的秩就是 T 的矩阵 $\boldsymbol{A}$ 的秩 $R(\boldsymbol{A})$？这一结论有什么意义？

答 由定义知，T 的秩就是 T 的像空间 $T(V_n)$ 的维数，这里

$$T(V_n)=\{T(\boldsymbol{\alpha})\mid\boldsymbol{\alpha}\in V_n\}.$$

设 $\boldsymbol{\alpha}_1,\boldsymbol{\alpha}_2,\cdots,\boldsymbol{\alpha}_n$ 是 V_n 的一个基. $\forall\boldsymbol{\beta}\in T(V_n)$，由 $T(V_n)$ 的定义知，存在 $\boldsymbol{\xi}\in V_n$，使 $\boldsymbol{\beta}=T(\boldsymbol{\xi})$. 假设 $\boldsymbol{\xi}$ 用该基表示为

$$\boldsymbol{\xi}=x_1\boldsymbol{\alpha}+x_2\boldsymbol{\alpha}_2+\cdots+x_n\boldsymbol{\alpha}_n,$$

则

$$\boldsymbol{\beta}=T(\boldsymbol{\xi})=x_1T(\boldsymbol{\alpha}_1)+x_2T(\boldsymbol{\alpha}_2)+\cdots+x_nT(\boldsymbol{\alpha}_n).$$

上式表明，$\boldsymbol{\beta}$ 可由向量组 $T(\boldsymbol{\alpha}_1),\cdots,T(\boldsymbol{\alpha}_n)$ 线性表示，故 $\boldsymbol{\beta}\in L(T(\boldsymbol{\alpha}_1),\cdots,T(\boldsymbol{\alpha}_n))$，这里记号 $L(*)$ 表示由向量 $*$ 生成的空间. 于是

$$T(V_n)\subset L(T(\boldsymbol{\alpha}_1),\cdots,T(\boldsymbol{\alpha}_n));$$

反过来的包含关系是显然的,故

$$T(V_n)=L(T(\boldsymbol{\alpha}_1),\cdots,T(\boldsymbol{\alpha}_n)).$$

这样

$$\begin{aligned}T\text{ 的秩}&=\dim(L(T(\boldsymbol{\alpha}_1),\cdots,T(\boldsymbol{\alpha}_n)))\\&=\text{向量组 }T(\boldsymbol{\alpha}_1),\cdots,T(\boldsymbol{\alpha}_n)\text{的秩}.\end{aligned}\tag{6.2}$$

另一方面,设 n 阶矩阵 $\boldsymbol{A}$ 是 T 在上述基下的矩阵,由于 V_n 与$\mathbb{R}^n$ 同构,故映射

$$T(\boldsymbol{\alpha}_i)\longrightarrow\boldsymbol{a}_i\quad(\boldsymbol{a}_i\text{ 为 }\boldsymbol{A}\text{ 的第 }i\text{ 个列向量})$$

是一线性映射,它保持向量组的一切线性关系,于是,(6.2)式中

向量组 $T(\boldsymbol{\alpha}_1),\cdots,T(\boldsymbol{\alpha}_n)$的秩 = 矩阵 $\boldsymbol{A}$ 的列向量组的秩 = $R(\boldsymbol{A})$.

这一结论的意义是非常深刻的.有了这个结论,抽象的线性变换的研究可以转化为矩阵的研究;求像空间的维数可转化为求矩阵的秩.

例题剖析与增补

例 1 次数不超过 n 的多项式全体,记作 $P[x]_n$,即 $P[x]_n=\{P=a_nx^n+a_{n-1}x^{n-1}+\cdots+a_1x+a_0\mid a_n,\cdots,a_1,a_0\in\mathbb{R}\}$,对于通常的多项式加法,数乘多项式的乘法构成向量空间.

析 本例及下面几个例子的目的是熟悉线性空间的概念,同时也表现出线性空间的广泛性和多样性.$P[x]_n$ 是$\mathbb{R}^n$ 之外的一个重要的线性空间,其向量是多项式,维数为 $n+1$,向量 $1,x,\cdots,x^n$ 是它的基.

例 4 n 个有序实数组成的数组的全体 $S^n=\{\boldsymbol{x}=(x_1,x_2,\cdots,x_n)^{\mathrm{T}}\mid x_1,x_2,\cdots,x\in\mathbb{R}\}$对于通常的有序数组的加法及如下定义的乘法

$$\lambda\circ(x_1,\cdots,x_n)^{\mathrm{T}}=(0,\cdots,0)^{\mathrm{T}}$$

不构成向量空间.

例 5 正实数全体,记作$\mathbb{R}^+$,在其中定义加法及数乘运算为

$$a\oplus b=ab\ (a,b\in\mathbb{R}^+);\lambda\circ a=a^{\lambda}(\lambda\in\mathbb{R},a\in\mathbb{R}^+).$$

验证$\mathbb{R}^+$ 对上述加法与数乘运算构成线性空间.

析 除了显示线性运算的多样性之外,这两例的目的是要强调线性空间是集合与运算二者的结合.如例 4,$\mathbb{R}^n$ 与 S^n 是同一集合,但因定义于其上的线性运算不同,前者是线性空间而后者则不是;如例 5,$\mathbb{R}^+$ 中在题设定义的运算下构成线性空间,但$\mathbb{R}^+$ 在通常的数的运算下并不构成线性空间,在这意义上,可以说线性运算是线性空间的本质.

例 7 在 $P[x]_3$ 中取两个基

$$\boldsymbol{\alpha}_1 = x^3 + 2x^2 - x, \boldsymbol{\alpha}_2 = x^3 - x^2 + x + 1,$$

$$\boldsymbol{\alpha}_3 = -x^3 + 2x^2 + x + 1, \boldsymbol{\alpha}_4 = -x^3 - x^2 + 1;$$

及

$$\boldsymbol{\beta}_1 = 2x^3 + x^2 + 1, \boldsymbol{\beta}_2 = x^2 + 2x + 2,$$

$$\boldsymbol{\beta}_3 = -2x^3 + x^2 + x + 2, \boldsymbol{\beta}_4 = x^3 + 3x^2 + x + 2.$$

求坐标变换公式

析 (1) 本例的目的是熟悉线性空间的坐标变换.如问 6.1 所述,在线性空间 $P[x]_3$ 中取定一个基后,抽象的向量 $\boldsymbol{\alpha}$ 就与具体的有序数组向量 $\boldsymbol{x}$ 联系起来了:$\boldsymbol{\alpha} \leftrightarrow \boldsymbol{x}$.这时基变换与坐标变换无论推导过程及结论都与第四章数组向量空间$\mathbb{R}^n$ 中的相同.

(2) 4 维空间 $P[x]_3$ 中基 $1, x, x^2, x^3$ 也不妨称为自然基,因它的作用与$\mathbb{R}^4$ 中自然基 $\boldsymbol{e}_1, \boldsymbol{e}_2, \boldsymbol{e}_3, \boldsymbol{e}_4$ 相同.本例中,利用此自然基作过渡,即先分别求出从此自然基到两个基的过渡矩阵 $\boldsymbol{A}$ 和 $\boldsymbol{B}$,然后由坐标的惟一性得到用矩阵 $\boldsymbol{A}$ 与 $\boldsymbol{B}$ 表示的坐标变换公式

$$\boldsymbol{x}' = \boldsymbol{B}^{-1}\boldsymbol{A}\boldsymbol{x}.$$

例 13 设 V_2 中的线性变换 T 在基 $\boldsymbol{\alpha}_1, \boldsymbol{\alpha}_2$ 下的矩阵为

$$\boldsymbol{A} = \begin{pmatrix} a_{11} & a_{12} \\ a_{21} & a_{22} \end{pmatrix},$$

求 T 在基 $\boldsymbol{\alpha}_2, \boldsymbol{\alpha}_1$ 下的矩阵.

析 本例的目的是熟悉定理 3,该定理将两矩阵的相似赋予了深刻的几何意义:

(1) 给定 V_n 中线性变换 T,则 T 在两个基下的矩阵是相似的;

(2) 反过来,若两矩阵 $\boldsymbol{A}$ 与 $\boldsymbol{B}$ 相似,即存在可逆阵 $\boldsymbol{P}$ 使 $\boldsymbol{B} = \boldsymbol{P}^{-1}\boldsymbol{A}\boldsymbol{P}$,则 $\boldsymbol{A}$ 与 $\boldsymbol{B}$ 是同一线性变换 T 在不同基下的矩阵.

例 6.1 设 M_n 是所有 n 阶矩阵在矩阵的加法和数乘运算下构成的线性空间(见问 6.2),下列子集合中,哪一个是线性空间?若是,写出它的一个基.

(1) W_1:所有 n 阶可逆阵全体;

(2) W_2:所有 n 阶对称阵全体.

解 (1) W_1 不是线性空间,因为 W_1 对于矩阵的加法不封闭.例如,单位阵 $\boldsymbol{E}_n$ 和 $-\boldsymbol{E}_n$ 均为可逆阵,但其和为零矩阵,不再是可逆阵.

(2) W_2 是线性空间.事实上,$\forall \boldsymbol{A}, \boldsymbol{B} \in W_2, k \in \mathbb{R}$,因 $\boldsymbol{A}^{\mathrm{T}} = \boldsymbol{A}, \boldsymbol{B}^{\mathrm{T}} = \boldsymbol{B}$,所以

$$(\boldsymbol{A} + \boldsymbol{B})^{\mathrm{T}} = \boldsymbol{A}^{\mathrm{T}} + \boldsymbol{B}^{\mathrm{T}} = \boldsymbol{A} + \boldsymbol{B} \Rightarrow \boldsymbol{A} + \boldsymbol{B} \in W_2;$$

$$(k\boldsymbol{A})^{\mathrm{T}} = k\boldsymbol{A}^{\mathrm{T}} = k\boldsymbol{A} \Rightarrow k\boldsymbol{A} \in W_2,$$

上两式表明，W_2 对矩阵的线性运算封闭，于是，W_2 是线性空间. 下面求 W_2 的一个基及维数.

令 $\boldsymbol{S}_{ij}$ 是(i,j)元和(j,i)元为 1、其余元素均为零的 n 阶矩阵$(i\leqslant j, j=1,2,\cdots,n)$，则 $\boldsymbol{S}_{ij}\in W_2$，并且向量组

$$S=\{\boldsymbol{S}_{ij}\mid i=1,\cdots,j;j=1,2,\cdots,n\}$$

就是 W_2 的一个基. 事实上，若有

$$\sum_{i\leqslant j}k_{ij}\boldsymbol{S}_{ij}=\boldsymbol{O}\Rightarrow\boldsymbol{K}=(k_{ij})=\boldsymbol{O}\quad(k_{ji}=k_{ij})$$

$$\Rightarrow k_{ij}=0, i=1,\cdots,j;j=1,2,\cdots,n$$

故向量组 S 线性无关；又，对于任意的 $\boldsymbol{A}=(a_{ij})\in W_2$，$\boldsymbol{A}$ 可由向量组 S 线性表示为

$$\boldsymbol{A}=\sum_{i\leqslant j}a_{ij}\boldsymbol{S}_{ij}.$$

故向量组 S 即是 W_2 的一个基，从而 W_2 的维数为$\dfrac{n(n+1)}{2}$.

例 6.2 设线性空间 M_2 中的两个基为

$$S_1:\boldsymbol{E}_{11}=\begin{pmatrix}1&0\\0&0\end{pmatrix},\boldsymbol{E}_{12}=\begin{pmatrix}0&1\\0&0\end{pmatrix},\boldsymbol{E}_{21}=\begin{pmatrix}0&0\\1&0\end{pmatrix},\boldsymbol{E}_{22}=\begin{pmatrix}0&0\\0&1\end{pmatrix};$$

$$S_2:\boldsymbol{B}_1=\begin{pmatrix}1&0\\0&0\end{pmatrix},\boldsymbol{B}_2=\begin{pmatrix}1&1\\0&0\end{pmatrix},\boldsymbol{B}_3=\begin{pmatrix}1&1\\1&0\end{pmatrix},\boldsymbol{B}_4=\begin{pmatrix}1&1\\1&1\end{pmatrix},$$

(1) 求由基 S_1 到基 S_2 的过渡矩阵；

(2) 分别求 $\boldsymbol{A}=\begin{pmatrix}a&b\\c&d\end{pmatrix}$在上述两个基下的坐标；

(3) 求一个非零的二阶矩阵 $\boldsymbol{X}$，使 $\boldsymbol{X}$ 在上述两个基下的坐标相同.

解 (1) 因 $\boldsymbol{B}_1=\boldsymbol{E}_{11}$，$\boldsymbol{B}_2=\boldsymbol{E}_{11}+\boldsymbol{E}_{12}$，$\boldsymbol{B}_3=\boldsymbol{E}_{11}+\boldsymbol{E}_{12}+\boldsymbol{E}_{21}$，$\boldsymbol{B}_4=\boldsymbol{E}_{11}+\boldsymbol{E}_{12}+\boldsymbol{E}_{21}+\boldsymbol{E}_{22}$，写成矩阵形式，就有

$$(\boldsymbol{B}_1,\boldsymbol{B}_2,\boldsymbol{B}_3,\boldsymbol{B}_4)=(\boldsymbol{E}_{11},\boldsymbol{E}_{12},\boldsymbol{E}_{21},\boldsymbol{E}_{22})\begin{pmatrix}1&1&1&1\\0&1&1&1\\0&0&1&1\\0&0&0&1\end{pmatrix}.$$

于是，矩阵 $\boldsymbol{P}=\begin{pmatrix}1&1&1&1\\0&1&1&1\\0&0&1&1\\0&0&0&1\end{pmatrix}$就是由基 S_1 到基 S_2 的过渡矩阵.

(2) 由 $\boldsymbol{A}=\begin{pmatrix}a&b\\c&d\end{pmatrix}=a\boldsymbol{E}_{11}+b\boldsymbol{E}_{12}+c\boldsymbol{E}_{21}+d\boldsymbol{E}_{22}$

$$=(\boldsymbol{E}_{11},\boldsymbol{E}_{12},\boldsymbol{E}_{21},\boldsymbol{E}_{22})\begin{pmatrix}a\\b\\c\\d\end{pmatrix}=(\boldsymbol{B}_1,\boldsymbol{B}_2,\boldsymbol{B}_3,\boldsymbol{B}_4)\boldsymbol{P}^{-1}\begin{pmatrix}a\\b\\c\\d\end{pmatrix}.$$

于是由定义知,向量 $\boldsymbol{A}=\begin{pmatrix}a&b\\c&d\end{pmatrix}$ 在基 S_1 下的坐标为

$$(a,b,c,d)^{\mathrm{T}};$$

在基 S_2 下的坐标为

$$\boldsymbol{P}^{-1}\begin{pmatrix}a\\b\\c\\d\end{pmatrix}=\begin{pmatrix}1&-1&0&0\\0&1&-1&0\\0&0&1&-1\\0&0&0&1\end{pmatrix}\begin{pmatrix}a\\b\\c\\d\end{pmatrix}=\begin{pmatrix}a-b\\b-c\\c-d\\d\end{pmatrix}.$$

(3) 设 $\boldsymbol{X}=\begin{pmatrix}x_1&x_2\\x_3&x_4\end{pmatrix}$ 在上述两个基下坐标相同,由上述可知应有

$$\begin{pmatrix}x_1\\x_2\\x_3\\x_4\end{pmatrix}=\begin{pmatrix}x_1-x_2\\x_2-x_3\\x_3-x_4\\x_4\end{pmatrix}\Rightarrow x_2=x_3=x_4=0.$$

故 $\boldsymbol{X}=x_1\begin{pmatrix}1&0\\0&0\end{pmatrix},x_1\in\mathbb{R}$.

注　尽管本例与习题 5 所讨论的空间是不同的,但由于利用坐标(即$\mathbb{R}^n$ 中的向量)和过渡矩阵,使求解方法与过程完全类同,读者可细细体会这一点.

例 6.3　在线性空间 M_2 中(见问 6.2),取定 $\boldsymbol{A}=\begin{pmatrix}a&b\\c&d\end{pmatrix}$. 定义 M_2 中变换 T 如下:

$$T(\boldsymbol{X})=\boldsymbol{A}\boldsymbol{X}-\boldsymbol{X}\boldsymbol{A},\forall\,\boldsymbol{X}\in M_2 \tag{6.3}$$

(1) 证明:T 是 M_2 中的线性变换;

(2) 求 T 在基 $\boldsymbol{E}_{11},\boldsymbol{E}_{12},\boldsymbol{E}_{21},\boldsymbol{E}_{22}$ 下的矩阵. 其中 $\boldsymbol{E}_{ij}$ 是 (i,j) 元为 1、其余元素为零的矩阵,$i,j=1,2$.

证　(1) $\forall\,\boldsymbol{X}_1,\boldsymbol{X}_2\in M_2,k\in\mathbb{R}$,由(6.3)式,有

$$\begin{aligned}T(\boldsymbol{X}_1+\boldsymbol{X}_2)&=\boldsymbol{A}(\boldsymbol{X}_1+\boldsymbol{X}_2)-(\boldsymbol{X}_1+\boldsymbol{X}_2)\boldsymbol{A}\\&=(\boldsymbol{A}\boldsymbol{X}_1-\boldsymbol{X}_1\boldsymbol{A})+(\boldsymbol{A}\boldsymbol{X}_2-\boldsymbol{X}_2\boldsymbol{A})\\&=T(\boldsymbol{X}_1)+T(\boldsymbol{X}_2);\end{aligned}$$

$$T(k\boldsymbol{X}_1)=\boldsymbol{A}(k\boldsymbol{X}_1)-(k\boldsymbol{X}_1)\boldsymbol{A}$$

$$= k(\boldsymbol{AX}_1 - \boldsymbol{X}_1\boldsymbol{A})$$
$$= kT(\boldsymbol{X}_1),$$

故由定义知，T 是 M_2 中的线性变换.

(2) 由(6.3)式，有

$$T(\boldsymbol{E}_{11}) = T\begin{pmatrix}1&0\\0&0\end{pmatrix} = \begin{pmatrix}a&b\\c&d\end{pmatrix}\begin{pmatrix}1&0\\0&0\end{pmatrix} - \begin{pmatrix}1&0\\0&0\end{pmatrix}\begin{pmatrix}a&b\\c&d\end{pmatrix} = \begin{pmatrix}0&-b\\c&0\end{pmatrix}$$
$$= -b\boldsymbol{E}_{12} + c\boldsymbol{E}_{21}.$$

类似地，可得
$$T(\boldsymbol{E}_{12}) = -c\boldsymbol{E}_{11} + (a-d)\boldsymbol{E}_{12} + c\boldsymbol{E}_{22};$$
$$T(\boldsymbol{E}_{21}) = b\boldsymbol{E}_{11} + (d-a)\boldsymbol{E}_{21} - b\boldsymbol{E}_{22};$$
$$T(\boldsymbol{E}_{22}) = b\boldsymbol{E}_{12} - c\boldsymbol{E}_{21}.$$

于是，T 在基 $\boldsymbol{E}_{11},\boldsymbol{E}_{12},\boldsymbol{E}_{21},\boldsymbol{E}_{22}$ 下的矩阵为

$$\begin{pmatrix}0&-c&b&0\\-b&a-d&0&b\\c&0&d-a&-c\\0&c&-b&0\end{pmatrix}$$

例 6.4 已知 $\mathbb{R}^3$ 中线性变换

$$T\begin{pmatrix}x\\y\\z\end{pmatrix} = \begin{pmatrix}x+y+3z\\x+5y-z\\3x+9y+3z\end{pmatrix},$$

求 T 的像空间 $T(\mathbb{R}^3)$ 与核 S_T 的基与维数.

解 线性变换 T 的像空间 $T(\mathbb{R}^3)$ 就是 $\mathbb{R}^3$ 中某一个基在 T 下的像(向量组)所生成的空间. 这里显然较方便的是选取 $\mathbb{R}^3$ 的自然基

$$\boldsymbol{e}_1 = \begin{pmatrix}1\\0\\0\end{pmatrix}, \boldsymbol{e}_2 = \begin{pmatrix}0\\1\\0\end{pmatrix}, \boldsymbol{e}_3 = \begin{pmatrix}0\\0\\1\end{pmatrix}.$$

由 T 的定义知

$$T(\boldsymbol{e}_1) = \begin{pmatrix}1\\1\\3\end{pmatrix}, T(\boldsymbol{e}_2) = \begin{pmatrix}1\\5\\9\end{pmatrix}, T(\boldsymbol{e}_3) = \begin{pmatrix}3\\-1\\3\end{pmatrix},$$

于是
$$(T(\boldsymbol{e}_1), T(\boldsymbol{e}_2), T(\boldsymbol{e}_3)) = \begin{pmatrix}1&1&3\\1&5&-1\\3&9&3\end{pmatrix} = \boldsymbol{A},$$

于是像空间 $T(\mathbb{R}^3)$ 是矩阵 $\boldsymbol{A}$ 的列向量组所生成的空间. 由

$$A=\begin{pmatrix}1&1&3\\1&5&-1\\3&9&3\end{pmatrix}\overset{r}{\sim}\begin{pmatrix}1&1&3\\0&4&-4\\0&6&-6\end{pmatrix}\overset{r}{\sim}\begin{pmatrix}1&0&4\\0&1&-1\\0&0&0\end{pmatrix},\qquad(6.4)$$

知 $\boldsymbol{A}$ 的秩是 2,且第 1 列与第 2 列线性无关,故像空间 $T(\mathbb{R}^3)$的维数等于 2,且 $T(\boldsymbol{e}_1)=(1,1,3)^{\mathrm{T}}$,$T(\boldsymbol{e}_2)=(1,5,9)^{\mathrm{T}}$ 是 $T(\mathbb{R}^3)$的一个基.

设 $\begin{pmatrix}x\\y\\z\end{pmatrix}\in S_T$,由定义 $T\begin{pmatrix}x\\y\\z\end{pmatrix}=\boldsymbol{0}$,即 x,y,z 应满足

$$\begin{cases}x+y+3z=0,\\x+5y-z=0,\\3x+9y+3z=0,\end{cases}$$

注意到上述方程组的系数矩阵就是(6.4)式中的矩阵 $\boldsymbol{A}$,于是,由(6.4)式得该方程组的一个基础解系为$(-4,1,1)^{\mathrm{T}}$,它即是核 S_T 的一个基,且 S_T 的维数为 1.

从本例可知,$\mathbb{R}^n$ 中的线性变换 $T(\boldsymbol{x})=\boldsymbol{Ax}$,$T$ 在自然基下的矩阵就是 $\boldsymbol{A}$,自然基在 T 下的像就是 $\boldsymbol{A}$ 的列向量组,T 的像空间 $T(\mathbb{R}^n)$就是 $\boldsymbol{A}$ 的列向量组所生成的空间,$\boldsymbol{A}$ 的列向量组的最大无关组是 $T(\mathbb{R}^n)$的一个基,T 的秩 $=R(\boldsymbol{A})$,T 的核 S_T 就是齐次线性方程 $\boldsymbol{Ax}=\boldsymbol{0}$ 的解空间.

例 6.5 试找出$\mathbb{R}^4$ 中的一个线性变换 T,使 T 的像空间 $T(\mathbb{R}^4)$与核空间 S_T 相同.

解 设 T 为所求的$\mathbb{R}^4$ 中的线性变换,于是存在 4 阶方阵 $\boldsymbol{A}$,使 $T(\boldsymbol{x})=\boldsymbol{Ax}$.

$\forall\, \boldsymbol{x}\in\mathbb{R}^4$,由 $\boldsymbol{Ax}\in T(\mathbb{R}^4)$及 $T(\mathbb{R}^4)=S_T$ 知

$$\boldsymbol{A}^2\boldsymbol{x}=\boldsymbol{A}(\boldsymbol{Ax})=\boldsymbol{0},$$

由向量 $\boldsymbol{x}$ 的任意性,知 $\boldsymbol{A}^2=\boldsymbol{O}$.

另一方面 $T(\mathbb{R}^4)$的维数即为 $\boldsymbol{A}$ 的列向量组的秩 $=R(\boldsymbol{A})$;S_T 的维数即为方程 $\boldsymbol{Ax}=\boldsymbol{0}$ 的解空间的维数 $=4-R(\boldsymbol{A})$,故由 $T(\mathbb{R}^4)=S_T$,知 $R(\boldsymbol{A})=2$.

取
$$\boldsymbol{A}=\begin{pmatrix}0&0&0&0\\0&0&0&0\\1&0&0&0\\0&1&0&0\end{pmatrix},$$

即合所求.对应的线性变换为 $T(\boldsymbol{x})=\boldsymbol{Ax}$,即

$$T\begin{pmatrix}x_1\\x_2\\x_3\\x_4\end{pmatrix}=\boldsymbol{A}\begin{pmatrix}x_1\\x_2\\x_3\\x_4\end{pmatrix}=\begin{pmatrix}0\\0\\x_1\\x_2\end{pmatrix},\boldsymbol{x}=\begin{pmatrix}x_1\\x_2\\x_3\\x_4\end{pmatrix}\in\mathbb{R}^4.$$

习题解答

1. 验证：

(1) 2 阶矩阵的全体 S_1；

(2) 主对角线上的元素之和等于 0 的 2 阶矩阵的全体 S_2；

(3) 2 阶对称矩阵的全体 S_3，

对于矩阵的加法和数乘运算构成线性空间，并写出各个空间的一个基.

解 (1) 显然 S_1 对于矩阵的加法和数乘是封闭的，并且满足线性运算 8 条规律，由定义，S_1 对于矩阵的加法和数乘构成线性空间. 在 S_1 中取向量组

$$\pi_1:\boldsymbol{E}_{11}=\begin{pmatrix}1&0\\0&0\end{pmatrix},\boldsymbol{E}_{12}=\begin{pmatrix}0&1\\0&0\end{pmatrix},\boldsymbol{E}_{21}=\begin{pmatrix}0&0\\1&0\end{pmatrix},\boldsymbol{E}_{22}=\begin{pmatrix}0&0\\0&1\end{pmatrix}.$$

那么向量组 π_1 线性无关. 事实上，若有

$$\lambda_{11}\boldsymbol{E}_{11}+\lambda_{12}\boldsymbol{E}_{12}+\lambda_{21}\boldsymbol{E}_{21}+\lambda_{22}\boldsymbol{E}_{22}=\boldsymbol{0}$$

$$\Rightarrow\begin{pmatrix}\lambda_{11}&\lambda_{12}\\\lambda_{21}&\lambda_{22}\end{pmatrix}=\boldsymbol{O}\Rightarrow\lambda_{ij}=0,i=1,2;j=1,2;$$

另一方面，对于任意 $\boldsymbol{A}=\begin{pmatrix}a_{11}&a_{12}\\a_{21}&a_{22}\end{pmatrix}\in S_1$，

$$\boldsymbol{A}=a_{11}\boldsymbol{E}_{11}+a_{12}\boldsymbol{E}_{12}+a_{21}\boldsymbol{E}_{21}+a_{22}\boldsymbol{E}_{22},$$

即 $\boldsymbol{A}$ 可由向量组 π_1 线性表示. 综上，向量组 π_1 是 S_1 的一个基(从而 S_1 的维数为 4).

(2) 显然 S_2 中矩阵的加法和数乘满足线性运算的 8 条规律. 又，

$$\forall\boldsymbol{A}=\begin{pmatrix}a&b\\c&-a\end{pmatrix},\boldsymbol{B}=\begin{pmatrix}x&y\\z&-x\end{pmatrix}\in S_2,\forall\lambda\in\mathbb{R},$$

(i) $\boldsymbol{A}+\boldsymbol{B}=\begin{pmatrix}a+x&b+y\\c+z&-(a+x)\end{pmatrix}\in S_2$，故 S_2 对加法封闭；

(ii) $\lambda\boldsymbol{A}=\begin{pmatrix}\lambda a&\lambda b\\\lambda c&-\lambda a\end{pmatrix}\in S_2$，故 S_2 对数乘封闭，由上述可知 S_2 对上述线性运算构成线性空间.

取向量组

$$\pi_2:\widetilde{\boldsymbol{E}}_{11}=\begin{pmatrix}1&0\\0&-1\end{pmatrix},\boldsymbol{E}_{12}=\begin{pmatrix}0&1\\0&0\end{pmatrix},\boldsymbol{E}_{21}=\begin{pmatrix}0&0\\1&0\end{pmatrix},$$

与(1)类似,可证向量组 π_2 线性无关,且

$$\forall\boldsymbol{A}=\begin{pmatrix}a&b\\c&-a\end{pmatrix}\in S_2,\boldsymbol{A}\text{ 可由向量组}\pi_2\text{ 线性表示为}$$

$$\boldsymbol{A}=a\widetilde{\boldsymbol{E}}_{11}+b\boldsymbol{E}_{12}+c\boldsymbol{E}_{21}.$$

于是向量组 π_2 是 S_2 的一个基(因而其维数为 3).

(3) 因为对称矩阵的和与数乘仍是对称矩阵,即 S_3 对于矩阵加法和数乘是封闭的,与(2)同理,S_3 对于上述线性运算构成线性空间.

取向量组

$$\pi_3:\boldsymbol{E}_{11}=\begin{pmatrix}1&0\\0&0\end{pmatrix},\widetilde{\boldsymbol{E}}_{12}=\begin{pmatrix}0&1\\1&0\end{pmatrix},\boldsymbol{E}_{22}=\begin{pmatrix}0&0\\0&1\end{pmatrix},$$

那么(i)向量组 π_3 线性无关,事实上,若有

$$\lambda_{11}\boldsymbol{E}_{11}+\lambda_{12}\widetilde{\boldsymbol{E}}_{12}+\lambda_{22}\boldsymbol{E}_{22}=\boldsymbol{0}$$

$$\Rightarrow\begin{pmatrix}\lambda_{11}&\lambda_{12}\\\lambda_{12}&\lambda_{22}\end{pmatrix}=\boldsymbol{O}\Rightarrow\lambda_{11}=\lambda_{12}=\lambda_{22}=0;$$

(ii) $\forall\boldsymbol{A}=\begin{pmatrix}a&b\\b&d\end{pmatrix}\in S_3$,则 $\boldsymbol{A}$ 可由向量组 π_3 线性表示为

$$\boldsymbol{A}=a\boldsymbol{E}_{11}+b\widetilde{\boldsymbol{E}}_{12}+d\boldsymbol{E}_{22},$$

故向量组 π_3 是 S_3 的一个基(从而它的维数为 3).

2. 验证:与向量$(0,0,1)^{\mathrm{T}}$不平行的全体 3 维数组向量,对于数组向量的加法和数乘运算不构成线性空间.

证 事实上,$\begin{pmatrix}1\\0\\1\end{pmatrix}$与$\begin{pmatrix}-1\\0\\1\end{pmatrix}$均是$\mathbb{R}^3$中与向量$\begin{pmatrix}0\\0\\1\end{pmatrix}$不平行的向量,但它们的和

$$\begin{pmatrix}1\\0\\1\end{pmatrix}+\begin{pmatrix}-1\\0\\1\end{pmatrix}=\begin{pmatrix}0\\0\\2\end{pmatrix}$$

平行于$\begin{pmatrix}0\\0\\1\end{pmatrix}$,即该集合对于向量的加法不封闭,故不构成向量空间.

3. 在$\mathbb{R}^3$中求向量 $\boldsymbol{\alpha}=(7,3,1)^{\mathrm{T}}$ 在基

$$\boldsymbol{\alpha}_1=\begin{pmatrix}1\\3\\5\end{pmatrix},\boldsymbol{\alpha}_2=\begin{pmatrix}6\\3\\2\end{pmatrix},\boldsymbol{\alpha}_3=\begin{pmatrix}3\\1\\0\end{pmatrix}$$

下的坐标.

解 由定义,向量 $\boldsymbol{\alpha}$ 在基 $\boldsymbol{\alpha}_1,\boldsymbol{\alpha}_2,\boldsymbol{\alpha}_3$ 下的坐标就是 $\boldsymbol{\alpha}$ 由向量组 $\boldsymbol{\alpha}_1,\boldsymbol{\alpha}_2,\boldsymbol{\alpha}_3$ 线性表示式中对应的系数,也就是方程 $(\boldsymbol{\alpha}_1,\boldsymbol{\alpha}_2,\boldsymbol{\alpha}_3)\boldsymbol{x}=\boldsymbol{\alpha}$ 的解.由

$$(\boldsymbol{\alpha}_1,\boldsymbol{\alpha}_2,\boldsymbol{\alpha}_3,\boldsymbol{\alpha})=\begin{pmatrix}1&6&3&7\\3&3&1&3\\5&2&0&1\end{pmatrix}\underset{r_2\leftrightarrow r_3}{\overset{r_1-3r_2}{\sim}}\begin{pmatrix}-8&-3&0&-2\\5&2&0&1\\3&3&1&3\end{pmatrix}$$

$$\underset{\substack{r_1+2r_2\\r_2-2r_1}}{\overset{r_3+r_1}{\sim}}\begin{pmatrix}2&1&0&0\\1&0&0&1\\-5&0&1&1\end{pmatrix}\underset{\substack{r_3+5r_2\\r_1\leftrightarrow r_2}}{\overset{r_1-2r_2}{\sim}}\begin{pmatrix}1&0&0&1\\0&1&0&-2\\0&0&1&6\end{pmatrix},$$

于是,$\boldsymbol{\alpha}$ 在所给基下的坐标为 $(1,-2,6)^{\mathrm{T}}$.

4. 在 $\mathbb{R}^3$ 中取两个基

$$\boldsymbol{\alpha}_1=\begin{pmatrix}1\\2\\1\end{pmatrix},\boldsymbol{\alpha}_2=\begin{pmatrix}2\\3\\3\end{pmatrix},\boldsymbol{\alpha}_3=\begin{pmatrix}3\\7\\-2\end{pmatrix};\boldsymbol{\beta}_1=\begin{pmatrix}3\\1\\4\end{pmatrix},\boldsymbol{\beta}_2=\begin{pmatrix}5\\2\\1\end{pmatrix},\boldsymbol{\beta}_3=\begin{pmatrix}1\\1\\-6\end{pmatrix},$$

试求坐标变换公式.

解 记

$$(\boldsymbol{\alpha}_1,\boldsymbol{\alpha}_2,\boldsymbol{\alpha}_3)=\boldsymbol{A},\quad(\boldsymbol{\beta}_1,\boldsymbol{\beta}_2,\boldsymbol{\beta}_3)=\boldsymbol{B},$$

于是

$$(\boldsymbol{\beta}_1,\boldsymbol{\beta}_2,\boldsymbol{\beta}_3)=(\boldsymbol{\alpha}_1,\boldsymbol{\alpha}_2,\boldsymbol{\alpha}_3)\boldsymbol{A}^{-1}\boldsymbol{B},$$

即从基 $\boldsymbol{\alpha}_1,\boldsymbol{\alpha}_2,\boldsymbol{\alpha}_3$ 到基 $\boldsymbol{\beta}_1,\boldsymbol{\beta}_2,\boldsymbol{\beta}_3$ 的过渡矩阵为 $\boldsymbol{A}^{-1}\boldsymbol{B}$.故由定理 2 得坐标变换公式为

$$\begin{pmatrix}x_1'\\x_2'\\x_3'\end{pmatrix}=\boldsymbol{B}^{-1}\boldsymbol{A}\begin{pmatrix}x_1\\x_2\\x_3\end{pmatrix}.$$

用矩阵的初等行变换求 $\boldsymbol{B}^{-1}\boldsymbol{A}$:

$$(\boldsymbol{B},\boldsymbol{A})=\left(\begin{array}{ccc:ccc}3&5&1&1&2&3\\1&2&1&2&3&7\\4&1&-6&1&3&-2\end{array}\right)\overset{r_1\leftrightarrow r_2}{\sim}\left(\begin{array}{ccc:ccc}1&2&1&2&3&7\\3&5&1&1&2&3\\4&1&-6&1&3&-2\end{array}\right)$$

$$\underset{r_3-4r_1}{\overset{r_2-3r_1}{\sim}}\left(\begin{array}{ccc:ccc}1&2&1&2&3&7\\0&-1&-2&-5&-7&-18\\0&-7&-10&-7&-9&-30\end{array}\right)$$

$$\xrightarrow[\substack{r_3-7r_2\\ r_2\times(-1)}]{r_1+2r_2}\left(\begin{array}{ccc:ccc}1&0&-3&-8&-11&-29\\0&1&2&5&7&18\\0&0&4&28&40&96\end{array}\right)$$

$$\xrightarrow[\substack{r_1+3r_3\\ r_2-2r_1}]{r_3\div 4}\left(\begin{array}{ccc:ccc}1&0&0&13&19&43\\0&1&0&-9&-13&-30\\0&0&1&7&10&24\end{array}\right),$$

于是所求坐标变换公式为

$$\begin{pmatrix}x_1'\\x_2'\\x_3'\end{pmatrix}=\begin{pmatrix}13&19&43\\-9&-13&-30\\7&10&24\end{pmatrix}\begin{pmatrix}x_1\\x_2\\x_3\end{pmatrix}.$$

5. 在$\mathbb{R}^4$中取两个基

$$\begin{cases}\boldsymbol{e}_1=(1,0,0,0)^{\mathrm{T}},\\ \boldsymbol{e}_2=(0,1,0,0)^{\mathrm{T}},\\ \boldsymbol{e}_3=(0,0,1,0)^{\mathrm{T}},\\ \boldsymbol{e}_4=(0,0,0,1)^{\mathrm{T}},\end{cases}\quad\begin{cases}\boldsymbol{\alpha}_1=(2,1,-1,1)^{\mathrm{T}},\\ \boldsymbol{\alpha}_2=(0,3,1,0)^{\mathrm{T}},\\ \boldsymbol{\alpha}_3=(5,3,2,1)^{\mathrm{T}},\\ \boldsymbol{\alpha}_4=(6,6,1,3)^{\mathrm{T}}.\end{cases}$$

(1) 求由前一个基到后一个基的过渡矩阵;

(2) 求向量$(x_1,x_2,x_3,x_4)^{\mathrm{T}}$在后一个基下的坐标;

(3) 求在两个基下有相同坐标的向量.

解 (1) 显然有

$$(\boldsymbol{\alpha}_1,\boldsymbol{\alpha}_2,\boldsymbol{\alpha}_3,\boldsymbol{\alpha}_4)=(\boldsymbol{e}_1,\boldsymbol{e}_2,\boldsymbol{e}_3,\boldsymbol{e}_4)\begin{pmatrix}2&0&5&6\\1&3&3&6\\-1&1&2&1\\1&0&1&3\end{pmatrix},$$

所以过渡矩阵为

$$\boldsymbol{P}=\begin{pmatrix}2&0&5&6\\1&3&3&6\\-1&1&2&1\\1&0&1&3\end{pmatrix}.$$

(2) 设向量在后一个基$\{\boldsymbol{\alpha}_i\}$下的坐标为$(x_1',x_2',x_3',x_4')^{\mathrm{T}}$,则由坐标变换公式,有

$$\begin{pmatrix}x_1'\\x_2'\\x_3'\\x_4'\end{pmatrix}=\boldsymbol{P}^{-1}\begin{pmatrix}x_1\\x_2\\x_3\\x_4\end{pmatrix}=\frac{1}{27}\begin{pmatrix}12&9&-27&-33\\1&12&-9&-23\\9&0&0&-18\\-7&-3&9&26\end{pmatrix}\begin{pmatrix}x_1\\x_2\\x_3\\x_4\end{pmatrix}.$$

(3) 设向量 $\boldsymbol{y}$ 在两个基下有相同的坐标$(y_1,y_2,y_3,y_4)^{\mathrm{T}}$,由坐标变换公式,并仍记坐标向量$(y_1,y_2,y_3,y_4)^{\mathrm{T}}$ 为 $\boldsymbol{y}$,则

$$\boldsymbol{y}=\boldsymbol{P}^{-1}\boldsymbol{y}$$

即$(\boldsymbol{P}-\boldsymbol{E})\boldsymbol{y}=\boldsymbol{0}$.易求得此齐次线性方程系数矩阵的秩 $R(\boldsymbol{P}-\boldsymbol{E})=3$,从而解空间的维数等于1,且 $\boldsymbol{\xi}=(1,1,1,-1)^{\mathrm{T}}$ 为它的一个基础解系.故所求向量为

$$k\begin{pmatrix}1\\1\\1\\-1\end{pmatrix},k \text{ 为任意常数}.$$

6. 说明 xOy 平面上变换 $T\begin{pmatrix}x\\y\end{pmatrix}=\boldsymbol{A}\begin{pmatrix}x\\y\end{pmatrix}$的几何意义,其中

(1) $\boldsymbol{A}=\begin{pmatrix}-1&0\\0&1\end{pmatrix}$;(2) $\boldsymbol{A}=\begin{pmatrix}0&0\\0&1\end{pmatrix}$;(3) $\boldsymbol{A}=\begin{pmatrix}0&1\\1&0\end{pmatrix}$;(4) $\boldsymbol{A}=\begin{pmatrix}0&1\\-1&0\end{pmatrix}$.

解 (1) $T\begin{pmatrix}x\\y\end{pmatrix}=\begin{pmatrix}-1&0\\0&1\end{pmatrix}\begin{pmatrix}x\\y\end{pmatrix}=\begin{pmatrix}-x\\y\end{pmatrix}$,故 T 把向量$\begin{pmatrix}x\\y\end{pmatrix}$关于 y 轴反射为$\begin{pmatrix}-x\\y\end{pmatrix}$;

(2) $T\begin{pmatrix}x\\y\end{pmatrix}=\begin{pmatrix}0&0\\0&1\end{pmatrix}\begin{pmatrix}x\\y\end{pmatrix}=\begin{pmatrix}0\\y\end{pmatrix}$,故 T 把向量$\begin{pmatrix}x\\y\end{pmatrix}$向 y 轴投影;

(3) $T\begin{pmatrix}x\\y\end{pmatrix}=\begin{pmatrix}0&1\\1&0\end{pmatrix}\begin{pmatrix}x\\y\end{pmatrix}=\begin{pmatrix}y\\x\end{pmatrix}$,故 T 把向量$\begin{pmatrix}x\\y\end{pmatrix}$关于直线 $y=x$ 反射;

(4) $T\begin{pmatrix}x\\y\end{pmatrix}=\begin{pmatrix}0&1\\-1&0\end{pmatrix}\begin{pmatrix}x\\y\end{pmatrix}=\begin{pmatrix}y\\-x\end{pmatrix}$,故 T 把向量$\begin{pmatrix}x\\y\end{pmatrix}$先关于直线 $y=x$ 反射,再关于 x 轴反射;或者把向量绕原点顺时针方向旋转 90°.

7. n 阶对称阵的全体 V 对于矩阵的线性运算构成一个$\frac{1}{2}n(n+1)$维线性空间(参见例 6.1).给出 n 阶可逆矩阵 $\boldsymbol{P}$,以 $\boldsymbol{A}$ 表示 V 中的任一元素,变换

$$T(\boldsymbol{A})=\boldsymbol{P}^{\mathrm{T}}\boldsymbol{A}\boldsymbol{P}$$

称为合同变换.试证合同变换 T 是 V 中的线性变换.

证 $\forall \boldsymbol{A},\boldsymbol{B}\in V,\forall k\in\mathbb{R}$,由变换 T 的定义,有

$$[T(\boldsymbol{A})]^{\mathrm{T}}=(\boldsymbol{P}^{\mathrm{T}}\boldsymbol{A}\boldsymbol{P})^{\mathrm{T}}=\boldsymbol{P}^{\mathrm{T}}\boldsymbol{A}^{\mathrm{T}}\boldsymbol{P}=\boldsymbol{P}^{\mathrm{T}}\boldsymbol{A}\boldsymbol{P}=T(\boldsymbol{A}),$$

因此 $T(\boldsymbol{A})\in V$,即 T 是 V 中的变换.又

$$T(\boldsymbol{A}+\boldsymbol{B})=\boldsymbol{P}^{\mathrm{T}}(\boldsymbol{A}+\boldsymbol{B})\boldsymbol{P}=\boldsymbol{P}^{\mathrm{T}}\boldsymbol{A}\boldsymbol{P}+\boldsymbol{P}^{\mathrm{T}}\boldsymbol{B}\boldsymbol{P}=T(\boldsymbol{A})+T(\boldsymbol{B});$$

$$T(k\boldsymbol{A})=\boldsymbol{P}^{\mathrm{T}}(k\boldsymbol{A})\boldsymbol{P}=k\boldsymbol{P}^{\mathrm{T}}\boldsymbol{A}\boldsymbol{P}=kT(\boldsymbol{A}).$$

由线性变换的定义,知 T 是 V 中的线性变换.

8. 函数集合

$$V_3 = \{\boldsymbol{\alpha} = (a_2 x^2 + a_1 x + a_0)\mathrm{e}^x \mid a_2, a_1, a_0 \in \mathbb{R}\}$$

对于函数的线性运算构成3维线性空间.在 V_3 中取一个基

$$\boldsymbol{\alpha}_1 = x^2\mathrm{e}^x, \boldsymbol{\alpha}_2 = x\mathrm{e}^x, \boldsymbol{\alpha}_3 = \mathrm{e}^x,$$

求微分运算D在这个基下的矩阵.

解 根据微分运算的规则,容易看出D是 V_3 中的一个线性变换,直接计算基向量在D下的像,即可求得D在上述基下的矩阵:

$$\mathrm{D}(\boldsymbol{\alpha}_1) = \mathrm{D}(x^2\mathrm{e}^x) = x^2\mathrm{e}^x + 2x\mathrm{e}^x = (\boldsymbol{\alpha}_1, \boldsymbol{\alpha}_2, \boldsymbol{\alpha}_3)\begin{pmatrix}1\\2\\0\end{pmatrix};$$

$$\mathrm{D}(\boldsymbol{\alpha}_2) = \mathrm{D}(x\mathrm{e}^x) = x\mathrm{e}^x + \mathrm{e}^x = (\boldsymbol{\alpha}_1, \boldsymbol{\alpha}_2, \boldsymbol{\alpha}_3)\begin{pmatrix}0\\1\\1\end{pmatrix};$$

$$\mathrm{D}(\boldsymbol{\alpha}_3) = \mathrm{D}(\mathrm{e}^x) = \mathrm{e}^x = (\boldsymbol{\alpha}_1, \boldsymbol{\alpha}_2, \boldsymbol{\alpha}_3)\begin{pmatrix}0\\0\\1\end{pmatrix}.$$

于是有

$$\mathrm{D}(\boldsymbol{\alpha}_1, \boldsymbol{\alpha}_2, \boldsymbol{\alpha}_3) = (\boldsymbol{\alpha}_1, \boldsymbol{\alpha}_2, \boldsymbol{\alpha}_3)\begin{pmatrix}1 & 0 & 0\\2 & 1 & 0\\0 & 1 & 1\end{pmatrix},$$

上式中等号右端的矩阵就是D在上述基下的矩阵.

9. 2阶对称矩阵的全体

$$V_3 = \left\{\boldsymbol{A} = \begin{pmatrix}x_1 & x_2\\x_2 & x_3\end{pmatrix} \middle| x_1, x_2, x_3 \in \mathbb{R}\right\}$$

对于矩阵的线性运算构成3维线性空间.在 V_3 中取一个基

$$\boldsymbol{A}_1 = \begin{pmatrix}1 & 0\\0 & 0\end{pmatrix}, \boldsymbol{A}_2 = \begin{pmatrix}0 & 1\\1 & 0\end{pmatrix}, \boldsymbol{A}_3 = \begin{pmatrix}0 & 0\\0 & 1\end{pmatrix},$$

在 V_3 中定义合同变换

$$T(\boldsymbol{A}) = \begin{pmatrix}1 & 0\\1 & 1\end{pmatrix}\boldsymbol{A}\begin{pmatrix}1 & 1\\0 & 1\end{pmatrix},$$

求 T 在基 $\boldsymbol{A}_1, \boldsymbol{A}_2, \boldsymbol{A}_3$ 下的矩阵.

解 对于 $i=1,2,3$,把 $\boldsymbol{A}_i$ 看做 V_3 中的向量,并记为 $\boldsymbol{\alpha}_i$,分别计算基向量在 T 下的像如下:

$$T(\boldsymbol{\alpha}_1) = \begin{pmatrix}1 & 0\\1 & 1\end{pmatrix}\begin{pmatrix}1 & 0\\0 & 0\end{pmatrix}\begin{pmatrix}1 & 1\\0 & 1\end{pmatrix}$$

$$= \begin{pmatrix} 1 & 1 \\ 1 & 1 \end{pmatrix} = \boldsymbol{\alpha}_1 + \boldsymbol{\alpha}_2 + \boldsymbol{\alpha}_3 = (\boldsymbol{\alpha}_1, \boldsymbol{\alpha}_2, \boldsymbol{\alpha}_3) \begin{bmatrix} 1 \\ 1 \\ 1 \end{bmatrix};$$

$$T(\boldsymbol{\alpha}_2) = \begin{pmatrix} 1 & 0 \\ 1 & 1 \end{pmatrix} \begin{pmatrix} 0 & 1 \\ 1 & 0 \end{pmatrix} \begin{pmatrix} 1 & 1 \\ 0 & 1 \end{pmatrix}$$

$$= \begin{pmatrix} 0 & 1 \\ 1 & 2 \end{pmatrix} = \boldsymbol{\alpha}_2 + 2\boldsymbol{\alpha}_3 = (\boldsymbol{\alpha}_1, \boldsymbol{\alpha}_2, \boldsymbol{\alpha}_3) \begin{bmatrix} 0 \\ 1 \\ 2 \end{bmatrix};$$

$$T(\boldsymbol{\alpha}_3) = \begin{pmatrix} 1 & 0 \\ 1 & 1 \end{pmatrix} \begin{pmatrix} 0 & 0 \\ 0 & 1 \end{pmatrix} \begin{pmatrix} 1 & 1 \\ 0 & 1 \end{pmatrix}$$

$$= \begin{pmatrix} 0 & 0 \\ 0 & 1 \end{pmatrix} = \boldsymbol{\alpha}_3 = (\boldsymbol{\alpha}_1, \boldsymbol{\alpha}_2, \boldsymbol{\alpha}_3) \begin{bmatrix} 0 \\ 0 \\ 1 \end{bmatrix},$$

从而
$$T(\boldsymbol{\alpha}_1, \boldsymbol{\alpha}_2, \boldsymbol{\alpha}_3) = (\boldsymbol{\alpha}_1, \boldsymbol{\alpha}_2, \boldsymbol{\alpha}_3) \begin{bmatrix} 1 & 0 & 0 \\ 1 & 1 & 0 \\ 1 & 2 & 1 \end{bmatrix},$$

即 T 在基 $\boldsymbol{\alpha}_1, \boldsymbol{\alpha}_2, \boldsymbol{\alpha}_3$ 下的矩阵是 $\begin{bmatrix} 1 & 0 & 0 \\ 1 & 1 & 0 \\ 1 & 2 & 1 \end{bmatrix}$.

习题 6(附答案和提示)

6.1 已知$\mathbb{R}^3$ 的两个基

$$\boldsymbol{e}_1 = \begin{bmatrix} 1 \\ 0 \\ 0 \end{bmatrix}, \boldsymbol{e}_2 = \begin{bmatrix} 0 \\ 1 \\ 0 \end{bmatrix}, \boldsymbol{e}_3 = \begin{bmatrix} 0 \\ 0 \\ 1 \end{bmatrix} \quad 和 \quad \boldsymbol{\alpha}_1 = \begin{bmatrix} 1 \\ 0 \\ 0 \end{bmatrix}, \boldsymbol{\alpha}_2 = \begin{bmatrix} 1 \\ 1 \\ 0 \end{bmatrix}, \boldsymbol{\alpha}_3 = \begin{bmatrix} 1 \\ 1 \\ 1 \end{bmatrix}.$$

(1) 求由基 $\boldsymbol{e}_1, \boldsymbol{e}_2, \boldsymbol{e}_3$ 到基 $\boldsymbol{\alpha}_1, \boldsymbol{\alpha}_2, \boldsymbol{\alpha}_3$ 的过渡矩阵;

(2) 若由基 $\boldsymbol{\alpha}_1, \boldsymbol{\alpha}_2, \boldsymbol{\alpha}_3$ 到基 $\boldsymbol{\beta}_1, \boldsymbol{\beta}_2, \boldsymbol{\beta}_3$ 的过渡矩阵为 $\boldsymbol{P} = \begin{bmatrix} 1 & -1 & 0 \\ 0 & 1 & -1 \\ 0 & 0 & 1 \end{bmatrix}$,求 $\boldsymbol{\beta}_1, \boldsymbol{\beta}_2, \boldsymbol{\beta}_3$.

6.2 设 V 是所有 2 阶矩阵在矩阵的线性运算下所构成的线性空间 M_2,它的两个基Ⅰ和Ⅱ为

$$\text{Ⅰ}: \boldsymbol{E}_{11} = \begin{pmatrix} 1 & 0 \\ 0 & 0 \end{pmatrix}, \boldsymbol{E}_{12} = \begin{pmatrix} 0 & 1 \\ 0 & 0 \end{pmatrix}, \boldsymbol{E}_{21} = \begin{pmatrix} 0 & 0 \\ 1 & 0 \end{pmatrix}, \boldsymbol{E}_{22} = \begin{pmatrix} 0 & 0 \\ 0 & 1 \end{pmatrix};$$

$$\text{Ⅱ}: \boldsymbol{F}_1=\begin{pmatrix}2&1\\-1&1\end{pmatrix}, \boldsymbol{F}_2=\begin{pmatrix}0&3\\1&0\end{pmatrix}, \boldsymbol{F}_3=\begin{pmatrix}5&3\\2&1\end{pmatrix}, \boldsymbol{F}_4=\begin{pmatrix}6&6\\1&3\end{pmatrix}.$$

(1) 求从基Ⅰ到基Ⅱ的过渡矩阵；

(2) 求 $\boldsymbol{A}=\begin{pmatrix}4&0\\2&-1\end{pmatrix}$ 在基Ⅰ和基Ⅱ下的坐标.

6.3　若 $\mathbb{R}^3$ 中变换 T 定义为

$$T\begin{pmatrix}x_1\\x_2\\x_3\end{pmatrix}=\begin{pmatrix}2x_1-x_2\\x_1+x_2\\x_1\end{pmatrix},$$

(1) 证明 T 是 $\mathbb{R}^3$ 中的线性变换；(2) 求 T 在自然基下的矩阵.

6.4　设 $V=M_2$(见习题 6.2),在 V 中定义变换 T 为

$$\forall \boldsymbol{A}\in V, T(\boldsymbol{A})=\begin{pmatrix}1&1\\1&1\end{pmatrix}\boldsymbol{A}\begin{pmatrix}1&2\\-1&1\end{pmatrix};$$

(1) 证明 T 为 V 中的线性变换；

(2) 求 T 的秩.

6.5　设线性空间 $\mathbb{R}^3$ 中的线性变换 T 在基 $\boldsymbol{e}_1,\boldsymbol{e}_2,\boldsymbol{e}_3$ 下的矩阵为 $\boldsymbol{A}=(a_{ij})_{3\times3}$,这里 $\boldsymbol{e}_i$ 为单位坐标向量,$i=1,2,3$.

(1) 求 T 在基 $\boldsymbol{e}_3,\boldsymbol{e}_2,\boldsymbol{e}_1$ 下的矩阵；

(2) 求 T 在基 $\boldsymbol{e}_1+\boldsymbol{e}_2,\boldsymbol{e}_2,\boldsymbol{e}_3$ 下的矩阵.

6.6　已知线性空间 $\mathbb{R}^n$ 中的线性变换 T 满足

$$T(x_1,x_2,\cdots,x_n)^{\mathrm{T}}=(0,x_1,\cdots,x_{n-1})^{\mathrm{T}},$$

求 T 的像空间 $T(\mathbb{R}^n)$ 与 T 的核 S_T.

6.7　已知 $\mathbb{R}^3$ 的两个基 $\boldsymbol{\alpha}_1,\boldsymbol{\alpha}_2,\boldsymbol{\alpha}_3$ 和 $\boldsymbol{\beta}_1,\boldsymbol{\beta}_2,\boldsymbol{\beta}_3$,且

$$\boldsymbol{\beta}_1=2\boldsymbol{\alpha}_1+\boldsymbol{\alpha}_2+3\boldsymbol{\alpha}_3;\boldsymbol{\beta}_2=\boldsymbol{\alpha}_1+\boldsymbol{\alpha}_2+2\boldsymbol{\alpha}_3;\boldsymbol{\beta}_3=\boldsymbol{\alpha}_1+\boldsymbol{\alpha}_2+\boldsymbol{\alpha}_3,$$

又,线性变换 T 在基 $\boldsymbol{\alpha}_1,\boldsymbol{\alpha}_2,\boldsymbol{\alpha}_3$ 下的矩阵为 $\boldsymbol{A}=\begin{pmatrix}5&7&-5\\0&4&-1\\2&8&3\end{pmatrix}$.

(1) 求向量 $\boldsymbol{\gamma}=4\boldsymbol{\alpha}_1-5\boldsymbol{\alpha}_2-\boldsymbol{\alpha}_3$ 在基 $\boldsymbol{\beta}_1,\boldsymbol{\beta}_2,\boldsymbol{\beta}_3$ 下的坐标；

(2) 求 T 在基 $\boldsymbol{\beta}_1,\boldsymbol{\beta}_2,\boldsymbol{\beta}_3$ 下的矩阵.

答案和提示

6.1　(1) 过渡矩阵 $\boldsymbol{A}=\begin{pmatrix}1&1&1\\0&1&1\\0&0&1\end{pmatrix}$；(2) $\boldsymbol{\beta}_1=\begin{pmatrix}1\\0\\0\end{pmatrix},\boldsymbol{\beta}_2=\begin{pmatrix}0\\1\\0\end{pmatrix},\boldsymbol{\beta}_3=\begin{pmatrix}0\\0\\1\end{pmatrix}$.

6.2　(1) 过渡矩阵

$$P=\begin{pmatrix}2&0&5&6\\1&3&3&6\\-1&1&2&1\\1&0&1&3\end{pmatrix};$$

(2) A 在基 Ⅰ 下的坐标为 $(4,0,2,-1)^{\mathrm T}$；A 在基 Ⅱ 下的坐标为 $P^{-1}(4,0,2,1)^{\mathrm T}=\left(1,\frac{1}{3},2,-\frac{4}{3}\right)^{\mathrm T}$.

其中
$$P^{-1}=\frac{1}{27}\begin{pmatrix}12&9&-27&-33\\1&12&-9&-23\\9&0&0&-18\\-7&-3&9&26\end{pmatrix}.$$

6.3 (1) 略；(2) $\begin{bmatrix}2&-1&0\\1&1&0\\1&0&0\end{bmatrix}$.

6.4 T 的秩等于 2.

6.5 (1) T 在(e_3,e_2,e_1)下的矩阵为 $\begin{bmatrix}a_{33}&a_{32}&a_{31}\\a_{23}&a_{22}&a_{21}\\a_{13}&a_{12}&a_{11}\end{bmatrix}$；

(2) T 在 e_1+e_2,e_2,e_3 下的矩阵为 $\begin{bmatrix}a_{11}+a_{12}&a_{12}&a_{13}\\a_{21}+a_{22}-a_{11}-a_{12}&a_{22}-a_{12}&a_{23}-a_{13}\\a_{31}+a_{32}&a_{32}&a_{33}\end{bmatrix}$.

6.6 $T(\mathbb{R}^n)=\{(0,x_1,\cdots,x_{n-1})^{\mathrm T}\mid x_i\in\mathbb{R},i=1,2,\cdots,n-1\}$；

$S_T=\{(x,0,\cdots,0)^{\mathrm T}\mid x\in\mathbb{R}\}$，

$T(\mathbb{R}^n)$的维数等于 $n-1$，S_T 的维数等于 1.

6.7 提示：(1) 过渡矩阵 $P=\begin{bmatrix}2&1&1\\1&1&1\\3&2&1\end{bmatrix}$，$P^{-1}=\begin{bmatrix}1&-1&0\\-2&1&1\\1&1&-1\end{bmatrix}$；故 γ 在 β_1,β_2,β_3 下的坐标为 $P^{-1}\begin{bmatrix}4\\-5\\-1\end{bmatrix}=\begin{bmatrix}9\\-14\\0\end{bmatrix}$；

(2) T 在 β_1,β_2,β_3 下的矩阵为 $P^{-1}AP=\begin{bmatrix}1&0&4\\18&14&2\\-18&-12&-3\end{bmatrix}$.

自 测 题 一

（时间 120 分钟，总分 100 分）

1．选择题（本题共 3 小题，每小题 4 分，共 12 分）

(1) $\boldsymbol{C}=\begin{pmatrix}\boldsymbol{A} & \boldsymbol{O}\\ \boldsymbol{O} & \boldsymbol{B}\end{pmatrix}$的伴随阵$\boldsymbol{C}^*=($　　$)$.

(a) $\begin{pmatrix}|\boldsymbol{A}|\boldsymbol{A}^* & \boldsymbol{O}\\ \boldsymbol{O} & |\boldsymbol{B}|\boldsymbol{B}^*\end{pmatrix}$　　(b) $\begin{pmatrix}|\boldsymbol{B}|\boldsymbol{B}^* & \boldsymbol{O}\\ \boldsymbol{O} & |\boldsymbol{A}|\boldsymbol{A}^*\end{pmatrix}$

(c) $\begin{pmatrix}|\boldsymbol{A}|\boldsymbol{B}^* & \boldsymbol{O}\\ \boldsymbol{O} & |\boldsymbol{B}|\boldsymbol{A}^*\end{pmatrix}$　　(d) $\begin{pmatrix}|\boldsymbol{B}|\boldsymbol{A}^* & \boldsymbol{O}\\ \boldsymbol{O} & |\boldsymbol{A}|\boldsymbol{B}^*\end{pmatrix}$

(2) 设 $\boldsymbol{A}$ 为 n 阶对称阵，$\boldsymbol{P}$ 为 n 阶可逆阵，$\boldsymbol{x}$ 是 $\boldsymbol{A}$ 的对应特征值 λ 的特征向量，则$(\boldsymbol{P}^{-1}\boldsymbol{AP})^{\mathrm{T}}$ 对应 λ 的特征向量是(　　).

(a) $\boldsymbol{P}^{-1}\boldsymbol{x}$　　(b) $\boldsymbol{Px}$　　(c) $\boldsymbol{P}^{\mathrm{T}}\boldsymbol{x}$　　(d) $(\boldsymbol{P}^{-1})^{\mathrm{T}}\boldsymbol{x}$

(3) 设矩阵 $\boldsymbol{B}=\begin{pmatrix}0 & 0 & 1\\ 0 & 1 & 0\\ 1 & 0 & 0\end{pmatrix}$，已知矩阵 $\boldsymbol{A}$ 相似于 $\boldsymbol{B}$，则 $R(\boldsymbol{A}-2\boldsymbol{E})+R(\boldsymbol{A}-\boldsymbol{E})=($　　$)$.

(a) 2　　(b) 3　　(c) 4　　(d) 5

2．(10 分)计算 n 阶行列式

$$D_n=\begin{vmatrix}x_1+3 & x_2 & \cdots & x_n\\ x_1 & x_2+3 & \cdots & x_n\\ \vdots & \vdots & & \vdots\\ x_1 & x_2 & \cdots & x_n+3\end{vmatrix}.$$

3．(10 分)设 3 阶矩阵 $\boldsymbol{A}$ 和 $\boldsymbol{B}$ 满足 $\boldsymbol{A}^*\boldsymbol{BA}=2\boldsymbol{BA}-8\boldsymbol{E}$，且 $\boldsymbol{A}=\begin{pmatrix}1 & 0 & 0\\ 0 & -2 & 0\\ 0 & 0 & 1\end{pmatrix}$，求 $\boldsymbol{B}$.

4．(12 分)已知向量

$$\boldsymbol{\alpha}_1=\begin{pmatrix}1\\0\\1\\0\end{pmatrix},\boldsymbol{\alpha}_2=\begin{pmatrix}2\\2\\a\\2\end{pmatrix},\boldsymbol{\alpha}_3=\begin{pmatrix}3\\1\\1\\1\end{pmatrix},\boldsymbol{\beta}=\begin{pmatrix}4\\-1\\6\\b\end{pmatrix},$$

(1) 问 a,b 取何值时，$\boldsymbol{\beta}$ 不能由向量组 $\boldsymbol{\alpha}_1,\boldsymbol{\alpha}_2,\boldsymbol{\alpha}_3$ 线性表示？

(2) 问 a,b 取何值时，$\boldsymbol{\beta}$ 能由向量组 $\boldsymbol{\alpha}_1,\boldsymbol{\alpha}_2,\boldsymbol{\alpha}_3$ 线性表示？并且写出其一般表示式.

5. (10分)已知向量组 $A:\boldsymbol{\alpha}_1=\begin{pmatrix}8\\-4\\1\\1\end{pmatrix},\boldsymbol{\alpha}_2=\begin{pmatrix}1\\2\\-3\\7\end{pmatrix}$ 及向量组 $B:\boldsymbol{\beta}_1=\begin{pmatrix}3\\-2\\1\\-1\end{pmatrix}$，$\boldsymbol{\beta}_2=\begin{pmatrix}1\\-2\\2\\-4\end{pmatrix}$，证明向量组 A 与向量组 B 等价.

6. (12分)设向量组 $\boldsymbol{a}_1,\boldsymbol{a}_2,\boldsymbol{a}_3$ 线性无关，问常数 s,t 满足什么条件时，向量组 $\boldsymbol{a}_2-s\boldsymbol{a}_1,2\boldsymbol{a}_3+\boldsymbol{a}_2,3\boldsymbol{a}_1-t\boldsymbol{a}_3$ 也线性无关.

7. (16分)已知二次型 $f=x_1^2+4x_2^2+4x_3^2-4x_1x_2+4x_1x_3-8x_2x_3$，求正交变换 $\boldsymbol{x}=\boldsymbol{P}\boldsymbol{y}$，把 f 化为标准形，这里，$\boldsymbol{x}=\begin{pmatrix}x_1\\x_2\\x_3\end{pmatrix},\boldsymbol{y}=\begin{pmatrix}y_1\\y_2\\y_3\end{pmatrix}$，并指出方程 $f=4$ 表示何种曲面.

8. (10分)设三阶对称阵 $\boldsymbol{A}$ 的特征值为 $\lambda_1=-1,\lambda_2=\lambda_3=1$，对应于 λ_1 的特征向量 $\boldsymbol{\xi}_1=(0,1,1)^{\mathrm{T}}$，求 $\boldsymbol{A}$.

9. (8分)证明矩阵 $\boldsymbol{A}=\begin{pmatrix}1&1&1\\1&1&1\\1&1&1\end{pmatrix}$ 与 $\boldsymbol{B}=\begin{pmatrix}3&0&0\\0&0&0\\0&0&0\end{pmatrix}$ 相似并且合同.

简　答

1. (1) (d);(2) (c);(3) (c)，$\boldsymbol{B}$ 的特征值 1,1,−1，故 $R(\boldsymbol{B}-2\boldsymbol{E})=3$；又 $\boldsymbol{B}$ 对称，$R(\boldsymbol{B}-\boldsymbol{E})=1$. $\boldsymbol{A}-2\boldsymbol{E}$ 与 $\boldsymbol{A}-\boldsymbol{E}$ 依次与 $\boldsymbol{B}-2\boldsymbol{E},\boldsymbol{B}-\boldsymbol{E}$ 相似，$R(\boldsymbol{A}-2\boldsymbol{E})=R(\boldsymbol{B}-2\boldsymbol{E}),R(\boldsymbol{A}-\boldsymbol{E})=R(\boldsymbol{B}-\boldsymbol{E})$.

2．把各列加到第一列，然后提取第一列的公因子$\left(\sum_{i=1}^{n} x_i+3\right)$，再通过行列式的变换化为上三角形行列式

$$D_n=\left(\sum_{i=1}^{n} x_i+3\right)\begin{vmatrix}1 & x_2 & \cdots & x_n\\ 1 & x_2+3 & \cdots & x_n\\ \vdots & \vdots & & \vdots\\ 1 & x_2 & \cdots & x_n+3\end{vmatrix}$$

$$=\left(\sum_{i=1}^{n} x_i+3\right)\begin{vmatrix}1 & x_2 & \cdots & x_n\\ 0 & 3 & \cdots & 0\\ \vdots & \vdots & & \vdots\\ 0 & 0 & \cdots & 3\end{vmatrix}=3^{n-1}\left(\sum_{i=1}^{n} x_i+3\right).$$

3．$|\boldsymbol{A}|=-2\neq 0$，故 $\boldsymbol{A}$ 可逆．

$$\boldsymbol{A}^*\boldsymbol{BA}=2\boldsymbol{BA}-8\boldsymbol{E}\Rightarrow \boldsymbol{AA}^*\boldsymbol{BA}=2\boldsymbol{ABA}-8\boldsymbol{A}\Rightarrow \boldsymbol{AA}^*\boldsymbol{B}=2\boldsymbol{AB}-8\boldsymbol{E}$$
$$\Rightarrow|\boldsymbol{A}|\boldsymbol{B}=2\boldsymbol{AB}-8\boldsymbol{E}\Rightarrow(2\boldsymbol{A}-|\boldsymbol{A}|\boldsymbol{E})\boldsymbol{B}=8\boldsymbol{E},$$

即 $\quad \operatorname{diag}(4,-2,4)\boldsymbol{B}=8\boldsymbol{E}\Rightarrow\boldsymbol{B}=8(\operatorname{diag}(4,-2,4))^{-1}=\operatorname{diag}(2,-4,2).$

4．参阅第四章习题 28. 记矩阵 $\boldsymbol{A}=(\boldsymbol{\alpha}_1,\boldsymbol{\alpha}_2,\boldsymbol{\alpha}_3)$，则有

$\boldsymbol{\beta}$ 能由向量组 $\boldsymbol{\alpha}_1,\boldsymbol{\alpha}_2,\boldsymbol{\alpha}_3$ 线性表示

$\Leftrightarrow$非齐次方程组 $\boldsymbol{Ax}=\boldsymbol{\beta}$ 有解$\Leftrightarrow R(\boldsymbol{A})=R(\boldsymbol{A},\boldsymbol{\beta})$，

另一方面

$$(\boldsymbol{A},\boldsymbol{\beta})=\begin{pmatrix}1 & 2 & 3 & 4\\ 0 & 2 & 1 & -1\\ 1 & a & 1 & 6\\ 0 & 2 & 1 & b\end{pmatrix}\overset{r}{\sim}\begin{pmatrix}1 & 2 & 3 & 4\\ 0 & 2 & 1 & -1\\ 0 & a+2 & 0 & 0\\ 0 & 0 & 0 & b+1\end{pmatrix},$$

于是：(1) 当 $b\neq-1$ 时，$R(\boldsymbol{A})\neq R(\boldsymbol{A},\boldsymbol{\beta})$，$\boldsymbol{\beta}$ 不能由向量组 $\boldsymbol{\alpha}_1,\boldsymbol{\alpha}_2,\boldsymbol{\alpha}_3$ 线性表示；(2) 当 $b=-1,a\neq-2$ 时，$R(\boldsymbol{A})=R(\boldsymbol{A},\boldsymbol{\beta})=3$，$\boldsymbol{\beta}$ 可由向量组 $\boldsymbol{\alpha}_1,\boldsymbol{\alpha}_2,\boldsymbol{\alpha}_3$ 惟一地线性表示为 $\boldsymbol{\beta}=7\boldsymbol{\alpha}_1-\boldsymbol{\alpha}_3$；(3) 当 $b=-1,a=-2$ 时，$R(\boldsymbol{A})=R(\boldsymbol{A},\boldsymbol{\beta})=2$，方程组 $\boldsymbol{Ax}=\boldsymbol{\beta}$ 有无穷多解，其通解为

$$\boldsymbol{x}=\begin{pmatrix}7\\0\\-1\end{pmatrix}+k\begin{pmatrix}-4\\-1\\2\end{pmatrix}=\begin{pmatrix}7-4k\\-k\\2k-1\end{pmatrix},k\in\mathbb{R}.$$

于是，$\boldsymbol{\beta}$ 由向量组 $\boldsymbol{\alpha}_1,\boldsymbol{\alpha}_2,\boldsymbol{\alpha}_3$ 线性表示的一般表示式为

$$\boldsymbol{\beta}=(-4k+7)\boldsymbol{\alpha}_1-k\boldsymbol{\alpha}_2+(2k-1)\boldsymbol{\alpha}_3,k\in\mathbb{R}.$$

5．显然 $R_A=R_B=2$，又

$$(\boldsymbol{A},\boldsymbol{B})\overset{r}{\sim}\begin{pmatrix}1&0&\frac{2}{5}&\frac{1}{5}\\0&1&-\frac{1}{5}&-\frac{3}{5}\\0&0&0&0\\0&0&0&0\end{pmatrix},$$

故 $R_A=R_B=R(\boldsymbol{A},\boldsymbol{B})$，两向量组等价.

6. 参看习题 4.2，$st\neq-6$.

7. f 的矩阵为

$$\boldsymbol{A}=\begin{pmatrix}1&-2&2\\-2&4&-4\\2&-4&4\end{pmatrix},$$

其特征值为 $\lambda_1=\lambda_2=0,\lambda_3=9$.

对应于特征值 $\lambda_1=\lambda_2=0$ 的两个正交化的单位特征向量为 $\boldsymbol{p}_1=\left(\frac{2}{\sqrt5},\frac{1}{\sqrt5},0\right)^{\mathrm T}$，$\boldsymbol{p}_2=\left(-\frac{2}{3\sqrt5},\frac{4}{3\sqrt5},\frac{5}{3\sqrt5}\right)^{\mathrm T}$；对应于特征值 $\lambda_3=9$ 的单位特征向量为 $\boldsymbol{p}_3=\left(\frac{1}{3},-\frac{2}{3},\frac{2}{3}\right)^{\mathrm T}$. 令

$$\boldsymbol{P}=(\boldsymbol{p}_1,\boldsymbol{p}_2,\boldsymbol{p}_3),$$

则 $\boldsymbol{P}$ 为正交矩阵，再令正交变换 $\boldsymbol{x}=\boldsymbol{Py}$，在此变换下，$f$ 化为标准形：$f=9y_3^2$.

方程 $f=4$，在几何上表示是 $y_3=\pm\frac{2}{3}$ 的两个平行于坐标平面 y_1Oy_2 的平面，且与原点的距离为 $\frac{2}{3}$.

8. 对应于 $\lambda_2=\lambda_3=1$ 的两个线性无关的特征向量 $\boldsymbol{\xi}_2,\boldsymbol{\xi}_3$，必定与 $\boldsymbol{\xi}_1$ 正交，故可取

$$\boldsymbol{\xi}_2=\begin{pmatrix}1\\0\\0\end{pmatrix},\boldsymbol{\xi}_3=\begin{pmatrix}0\\1\\-1\end{pmatrix}.$$

并且 $\boldsymbol{\xi}_2,\boldsymbol{\xi}_3$ 也已正交，于是，若记

$$\boldsymbol{P}=(\boldsymbol{\xi}_1,\boldsymbol{\xi}_2,\boldsymbol{\xi}_3)=\begin{pmatrix}0&1&0\\\frac{1}{\sqrt2}&0&\frac{1}{\sqrt2}\\\frac{1}{\sqrt2}&0&-\frac{1}{\sqrt2}\end{pmatrix},$$

则 $\boldsymbol{P}$ 为正交阵,且有 $\boldsymbol{P}^{-1}\boldsymbol{AP}=\begin{pmatrix}-1&0&0\\0&1&0\\0&0&1\end{pmatrix}$,于是

$$\boldsymbol{A}=\boldsymbol{P}\mathrm{diag}(-1,1,1)\boldsymbol{P}^{-1}=\boldsymbol{P}\mathrm{diag}(-1,1,1)\boldsymbol{P}^{\mathrm{T}}=\begin{pmatrix}1&0&0\\0&0&-1\\0&-1&0\end{pmatrix}.$$

9. $\boldsymbol{A}$ 的特征多项式(参阅第一章习题 8(2))

$$|\boldsymbol{A}-\lambda\boldsymbol{E}|=\begin{vmatrix}1-\lambda&1&1\\1&1-\lambda&1\\1&1&1-\lambda\end{vmatrix}=(3-\lambda)(-\lambda)^2.$$

知 $\boldsymbol{A}$ 的特征值为 3,0,0,于是,$\boldsymbol{A}$ 必可正交对角化为 $\boldsymbol{B}=\mathrm{diag}(3,0,0)$,因正交相似变换既是相似变换,又是合同变换,从而矩阵 $\boldsymbol{A}$ 与 $\boldsymbol{B}$ 相似且合同.

自 测 题 二

（时间 120 分钟，总分 100 分）

1. 填空题（本题共 4 小题，每小题 3 分，共 12 分）

(1) 设向量 $\boldsymbol{\alpha}=\begin{pmatrix}1\\2\\3\end{pmatrix}$，$\boldsymbol{\beta}=\begin{pmatrix}3\\2\\1\end{pmatrix}$，矩阵 $\boldsymbol{A}=\boldsymbol{\alpha\beta}^{\mathrm{T}}$，则 $\boldsymbol{A}^6=$ ________.

(2) 设 4 阶矩阵 $\boldsymbol{A}$ 的秩是 2，则其伴随矩阵 $\boldsymbol{A}^*$ 的秩是________.

(3) 设 $\boldsymbol{A}=\begin{pmatrix}1 & 2 & -2\\4 & t & -3\\3 & -1 & 1\end{pmatrix}$，并且 $\boldsymbol{A}$ 的列向量组线性相关，则 $t=$ ________.

(4) 设 λ 为方阵 $\boldsymbol{A}$ 的一个特征值，$|\boldsymbol{A}|=2$，则 $(\boldsymbol{A}^*)^3-2\boldsymbol{E}$ 必有特征值________（$\boldsymbol{A}^*$ 为 $\boldsymbol{A}$ 的伴随矩阵）.

2. (10 分) 计算 n 阶行列式

$$D_n=\begin{vmatrix}a+1 & a & \cdots & a\\1 & a+1 & & \\\vdots & & \ddots & \\1 & & & a+1\end{vmatrix},$$

其中未写出的元素全为 0.

3. (10 分) 设 n 阶矩阵 $\boldsymbol{A}$ 和 $\boldsymbol{B}$ 满足 $\boldsymbol{AB}=\boldsymbol{A}+\boldsymbol{B}$，

(1) 证明 $\boldsymbol{A}-\boldsymbol{E}$ 为可逆矩阵；(2) 若 $\boldsymbol{A}=\begin{pmatrix}3 & 5 & 0\\1 & 2 & 0\\0 & 0 & 2\end{pmatrix}$，求 $\boldsymbol{B}$.

4. (8 分) 求下列向量组的一个最大无关组，并把其余向量用此最大无关组线性表示.

$$\boldsymbol{\alpha}_1=\begin{pmatrix}1\\2\\3\\-4\end{pmatrix},\boldsymbol{\alpha}_2=\begin{pmatrix}2\\3\\-4\\1\end{pmatrix},\boldsymbol{\alpha}_3=\begin{pmatrix}2\\-5\\8\\-3\end{pmatrix},\boldsymbol{\alpha}_4=\begin{pmatrix}5\\26\\-9\\-12\end{pmatrix},\boldsymbol{\alpha}_5=\begin{pmatrix}3\\-4\\1\\2\end{pmatrix}.$$

5. (14 分)已知线性方程组

$$\begin{cases}(1-\lambda)x_1+(1-\lambda)x_2+\qquad x_3=1+\lambda,\\(1-2\lambda)x_1+(1-\lambda)x_2+\qquad x_3=1,\\\qquad x_1+\qquad x_2+(1-\lambda)x_3=1,\end{cases}$$

问 λ 为何值时,此方程组有惟一解、无解或有无穷多解? 并在有无穷多解时求出通解.

6. (10 分)设向量组 $A:\boldsymbol{a}_1,\boldsymbol{a}_2,\boldsymbol{a}_3$ 及向量组 $B:\boldsymbol{b}_1=3\boldsymbol{a}_1+2\boldsymbol{a}_2+\boldsymbol{a}_3,\boldsymbol{b}_2=\boldsymbol{a}_1+2\boldsymbol{a}_2,\boldsymbol{b}_3=2\boldsymbol{a}_1+\boldsymbol{a}_3$,证明向量组 B 线性无关的充要条件是向量组 A 线性无关.

7. (8 分)设矩阵 $\boldsymbol{A}=(\boldsymbol{a}_1,\boldsymbol{a}_2,\boldsymbol{a}_3,\boldsymbol{a}_4)$. $\boldsymbol{a}_1,\boldsymbol{a}_3$ 是 $\boldsymbol{A}$ 的列向量组的最大无关组,且 $\boldsymbol{a}_2=2\boldsymbol{a}_1-3\boldsymbol{a}_3,\boldsymbol{a}_4=-\boldsymbol{a}_1+\boldsymbol{a}_3$;向量 $\boldsymbol{b}=\boldsymbol{a}_1+2\boldsymbol{a}_3-\boldsymbol{a}_4$. 求方程 $\boldsymbol{Ax}=\boldsymbol{b}$ 的通解.

8. (16 分)设矩阵 $\boldsymbol{A}=\begin{pmatrix}1&2&2\\2&1&2\\2&2&1\end{pmatrix}$,多项式 $\varphi(x)=x^9-25x^7$,求正交阵 $\boldsymbol{P}$,使 $\boldsymbol{P}^{-1}\varphi(\boldsymbol{A})\boldsymbol{P}$ 为对角阵.

9. (12 分)设二次型 $f=x_1^2+x_2^2+x_3^2+2ax_1x_2+2x_1x_3+2bx_2x_3$ 通过正交变换 $\begin{pmatrix}x_1\\x_2\\x_3\end{pmatrix}=\boldsymbol{P}\begin{pmatrix}y_1\\y_2\\y_3\end{pmatrix}$ 化为 $f=y_2^2+2y_3^2$,求 a,b.

简　答

1. (1) $10^5\begin{pmatrix}3&2&1\\6&4&2\\9&6&3\end{pmatrix}$;(2) 0,由定义或参阅习题四题 25;(3) 3;(4) $\dfrac{8}{\lambda^3}-2$.

2. 把 D_n 按第 n 行展开得递推关系式

$$\begin{aligned}D_n&=(a+1)D_{n-1}-a(a+1)^{n-2}=(a+1)^2D_{n-2}-2a(a+1)^{n-2}=\cdots\\&=(a+1)^{n-1}D_1-(n-1)a(a+1)^{n-2}=(a+1)^{n-2}[a^2-(n-3)a+1].\end{aligned}$$

3. (1) $\boldsymbol{AB}=\boldsymbol{A}+\boldsymbol{B}\Rightarrow(\boldsymbol{A}-\boldsymbol{E})(\boldsymbol{B}-\boldsymbol{E})=\boldsymbol{E}\Rightarrow\boldsymbol{A}-\boldsymbol{E}$ 可逆;(2) $\boldsymbol{AB}=\boldsymbol{A}+\boldsymbol{B}\Rightarrow(\boldsymbol{A}-\boldsymbol{E})\boldsymbol{B}=\boldsymbol{A}\Rightarrow\boldsymbol{B}=(\boldsymbol{A}-\boldsymbol{E})^{-1}\boldsymbol{A}$(由(1))$\Rightarrow\boldsymbol{B}=\dfrac{1}{3}\begin{pmatrix}2&5&0\\1&1&0\\0&0&6\end{pmatrix}$,其中$(\boldsymbol{A}-$

$$E)^{-1}=\frac{1}{3}\begin{pmatrix}-1&5&0\\1&-2&0\\0&0&3\end{pmatrix}.$$

4. $$(\boldsymbol{\alpha}_1,\boldsymbol{\alpha}_2,\boldsymbol{\alpha}_3,\boldsymbol{\alpha}_4,\boldsymbol{\alpha}_5)=\begin{pmatrix}1&2&2&5&3\\2&-3&-5&26&-4\\3&-4&8&-9&1\\-4&1&-3&-12&2\end{pmatrix}$$

$$\overset{r}{\sim}\begin{pmatrix}1&0&0&5&-1\\0&1&0&2&1\\0&0&1&-2&1\\0&0&0&0&0\end{pmatrix},$$

于是 $\boldsymbol{\alpha}_1,\boldsymbol{\alpha}_2,\boldsymbol{\alpha}_3$ 为向量组的一个最大无关组，且 $\boldsymbol{\alpha}_4=5\boldsymbol{\alpha}_1+2\boldsymbol{\alpha}_2-2\boldsymbol{\alpha}_3$，$\boldsymbol{\alpha}_5=-\boldsymbol{\alpha}_1+\boldsymbol{\alpha}_2+\boldsymbol{\alpha}_3$.

5. 对带参数 λ 的增广矩阵进行矩阵的初等行变换方法可参看问 3.5 或教材第三章例 13，这里仅给出用行列式求解的方法.

系数矩阵的行列式为

$$\begin{vmatrix}1-\lambda&1-\lambda&1\\1-2\lambda&1-\lambda&1\\1&1&1-\lambda\end{vmatrix}=\lambda^2(\lambda-2),$$

所以，当 $\lambda\neq0,\lambda\neq2$ 时，方程组有惟一解；当 $\lambda=2$ 时，方程组的增广矩阵成为

$$\begin{pmatrix}-1&-1&1&3\\-3&-1&1&1\\1&1&-1&1\end{pmatrix}\overset{r}{\sim}\begin{pmatrix}1&1&-1&3\\0&1&-1&5\\0&0&0&1\end{pmatrix},$$

系数矩阵的秩 $=2$，增广矩阵的秩 $=3$，故无解；当 $\lambda=0$ 时，方程组的增广矩阵为

$$\begin{pmatrix}1&1&1&1\\1&1&1&1\\1&1&1&1\end{pmatrix}\overset{r}{\sim}\begin{pmatrix}1&1&1&1\\0&0&0&0\\0&0&0&0\end{pmatrix},$$

系数矩阵的秩 $=$ 增广矩阵的秩 $=1<3$，故有无穷多解，其通解为

$$\boldsymbol{x}=\begin{pmatrix}x_1\\x_2\\x_3\end{pmatrix}=k_1\begin{pmatrix}-1\\1\\0\end{pmatrix}+k_2\begin{pmatrix}-1\\0\\1\end{pmatrix}+\begin{pmatrix}1\\0\\0\end{pmatrix},k_1,k_2\in\mathbb{R}.$$

6. $\boldsymbol{B}=\boldsymbol{AK}$，其中 $\boldsymbol{K}=\begin{pmatrix}3&1&2\\2&2&0\\2&0&1\end{pmatrix}$ 为可逆阵 $\Rightarrow\boldsymbol{A}=\boldsymbol{BK}^{-1}$，

即 A 组可由 B 组线性表示$\Rightarrow A$ 组与 B 组等价$\Rightarrow R_A=R_B\Rightarrow B$ 组的秩$=3$ 的充要条件是 A 组的秩$=3\Rightarrow B$ 组线性无关的充要条件是 A 组线性无关.

7. 由题设 $R(\boldsymbol{A})=2$ 且 $\boldsymbol{Ax}=\boldsymbol{0}$ 的基础解系为

$$(2,-1,-3,0)^{\mathrm{T}},(1,0,-1,1)^{\mathrm{T}};$$

非齐次方程特解为$(1,0,2,-1)^{\mathrm{T}}$,故方程的通解为

$$\boldsymbol{x}=\begin{pmatrix}1\\0\\2\\-1\end{pmatrix}+c_1\begin{pmatrix}2\\-1\\-3\\0\end{pmatrix}+c_2\begin{pmatrix}1\\0\\-1\\1\end{pmatrix},c_1,c_2\in\mathbb{R}.$$

8. $\boldsymbol{A}$ 的特征多项式为

$$|\boldsymbol{A}-\lambda\boldsymbol{E}|=\begin{vmatrix}1-\lambda & 2 & 2\\2 & 1-\lambda & 2\\2 & 2 & 1-\lambda\end{vmatrix}=(5-\lambda)(-1-\lambda)^2,$$

$\boldsymbol{A}$ 的特征值为 $\lambda_1=5,\lambda_2=\lambda_3=-1$.

对应于特征值 $\lambda_1=5$ 的单位化特征向量为 $\boldsymbol{p}_1=\dfrac{1}{\sqrt{3}}(1,1,1)^{\mathrm{T}}$,对应于特征值 $\lambda_2=\lambda_3=-1$ 的两线性无关特征向量为

$$\boldsymbol{\xi}_2=\begin{pmatrix}-1\\1\\0\end{pmatrix},\boldsymbol{\xi}_3=\begin{pmatrix}-1\\0\\1\end{pmatrix},$$

把它们正交化、单位化得

$$\boldsymbol{p}_2=\frac{1}{\sqrt{2}}\begin{pmatrix}-1\\1\\0\end{pmatrix},\boldsymbol{p}_3=\frac{1}{\sqrt{6}}\begin{pmatrix}-1\\-1\\2\end{pmatrix}.$$

令 3 阶矩阵

$$\boldsymbol{P}=(\boldsymbol{p}_1,\boldsymbol{p}_2,\boldsymbol{p}_3)=\begin{pmatrix}\frac{1}{\sqrt{3}} & -\frac{1}{\sqrt{2}} & -\frac{1}{\sqrt{6}}\\\frac{1}{\sqrt{3}} & \frac{1}{\sqrt{2}} & -\frac{1}{\sqrt{6}}\\\frac{1}{\sqrt{3}} & 0 & \frac{2}{\sqrt{6}}\end{pmatrix},$$

则 $\boldsymbol{P}$ 即为所求正交矩阵,且因

$$\boldsymbol{P}^{-1}\boldsymbol{AP}=\mathrm{diag}(5,-1,-1)=\boldsymbol{\Lambda},$$

于是,$\boldsymbol{P}^{-1}\varphi(\boldsymbol{A})\boldsymbol{P}=\varphi(\boldsymbol{P}^{-1}\boldsymbol{AP})=\varphi(\boldsymbol{\Lambda})=\mathrm{diag}(\varphi(5),\varphi(-1),\varphi(-1))=$

diag(0,24,24).

9. f 在正交变换前后的矩阵分别为

$$\boldsymbol{A}=\begin{pmatrix}1&a&1\\a&1&b\\1&b&1\end{pmatrix}\quad 和\quad \boldsymbol{B}=\begin{pmatrix}0&0&0\\0&1&0\\0&0&2\end{pmatrix},$$

于是,它们相似,从而有相同的特征多项式,即

$$|\boldsymbol{A}-\lambda\boldsymbol{E}|=|\boldsymbol{B}-\lambda\boldsymbol{E}|\Rightarrow\lambda^3-3\lambda^2+(2-a^2-b^2)\lambda+(a-b)^2=\lambda^3-3\lambda^2+2\lambda,$$

比较上式等号两边的 λ 的相同幂次项的系数,知

$$\begin{cases}(a-b)^2=0\\2-a^2-b^2=2\end{cases}\Rightarrow a=b=0.$$

郑重声明